呼伦贝尔草原
生态系统碳氮循环与优化管理

● 刘红梅 杨殿林 王 慧 张海芳 李 刚 李 洁 等 著

中国农业科学技术出版社

图书在版编目（CIP）数据

呼伦贝尔草原生态系统碳氮循环与优化管理 / 刘红梅等著．-- 北京：中国农业科学技术出版社，2021.10

ISBN 978-7-5116-5469-4

Ⅰ.①呼…　Ⅱ.①刘…　Ⅲ.①草原生态系统 - 碳循环 - 研究 - 呼伦贝尔市 ②草原生态系统 - 氮循环 - 研究 - 呼伦贝尔市　Ⅳ.① S812.29

中国版本图书馆 CIP 数据核字（2021）第 179687 号

责任编辑　王惟萍
责任校对　马广洋
责任印制　姜义伟　王思文

出 版 者　中国农业科学技术出版社
北京市中关村南大街 12 号　　邮编：100081
电　　话　（010）82106643（编辑室）（010）82109702（发行部）
（010）82109709（读者服务部）
传　　真　（010）82106631
网　　址　http: // www.castp.cn
经 销 者　各地新华书店
印 刷 者　北京中科印刷有限公司
开　　本　170 mm × 240 mm　1/16
印　　张　16　彩插 2 面
字　　数　310 千字
版　　次　2021 年 10 月第 1 版　2021 年 10 月第 1 次印刷
定　　价　86.80 元

著者名单

《呼伦贝尔草原生态系统碳氮循环与优化管理》

刘红梅　杨殿林　王　慧
张海芳　李　刚　李　洁
王　宇　王丽丽　李　明
李睿颖　张　昊　张金玲
张贵龙　张思宇　张艳军
周忠凯　赵　帅　赵建宁
赵晓琛　荆佳强　修伟明
姜　娜　洪　杰　秦　洁
高晶晶　海　香　萨仁其力莫格
蒋立宏　赖　欣　谭炳昌

前言 PREFACE

天然草地植被是地球陆地表面最大的绿色植被层，总面积占地球陆地表面积的41%。碳氮循环作为草原生态系统最基本的生态过程，调节和维持着生态系统生产力与稳定性。近年来，由于过度放牧、刈割等人为活动对草地碳氮循环过程的影响日益强烈。不仅如此，自工业革命以来，大气氮沉降增加呈现全球化趋势。大气氮沉降借助其对土壤碳固定、植物氮素利用等极大地干预了陆地生态系统碳蓄积和氮素重新分配过程。过量氮沉降导致土壤酸化，改变植物组成、影响土壤碳库和氮循环，影响草原生态系统的功能。研究碳氮循环过程对上述变化的响应过程及机制，可为全面分析和评估全球变化对草原生态系统的影响以及为草地生物多样性保护和退化草地恢复提供科学依据，对提高草原土壤碳积累、减少氮素损失、实现草原的可持续利用具有重要意义。

贝加尔针茅草原是亚洲中部草原区所特有的草原群系，是草甸草原的代表类型之一，在我国主要分布在松辽平原、蒙古高原东部的森林草原地带。自20世纪80年代以来，由于放牧、刈割等不合理的利用制度，贝加尔针茅草原发生不同程度的退化，是中国草原主要的退化草地类型之一。碳氮循环不仅各自对全球变暖有重要贡献，而且两者的循环过程显著耦合，互相影响。土壤碳、氮含量也是决定土壤肥力的关键因素，增加土壤有机碳储量、提高氮素利用率是实现生产和生态双赢的主要措施之一。

近年来，农业农村部环境保护科研监测所农业生物多样性与生态农业创新团队在国家自然科学基金项目（30770367、31170435、41877343）、国家科技支撑计划项目（2012BAD13B07）、农业科技成果转化资金项目（2013GB23260579）及中央级公益性科研院所基本科研业务费专项资助下，以内蒙古呼伦贝尔贝加尔针茅草甸草原为对象，通过长期施氮模拟氮沉降增加控制实验、养分添加实验和不同利用方式实验，研究氮沉降增加、养分添加和不同利用方式对草地生态系统主要碳氮循环过程及微生物学特性的影响。《呼伦贝尔草原生态系统碳氮循环与优化管理》一书是这一研究的最新进展。

本书共12章：第1章 绪论，介绍了生物多样性与生态系统功能、外源氮添加对陆地生态系统碳氮循环的影响、放牧和利用方式对草原生态系统的影响的国内外研究进展；第2章 研究区域概况与研究方法；第3章 氮添加对贝加尔针茅和羊草光合特征的影响，从植物生理生态学角度阐述氮添加对草地生态系统的影响；第4章 氮添加对草原温室气体通量的影响，比较分析了不同氮添加水平下，草原温室气体排放通量特征、草原增温潜势；第5章 氮添加对草原土壤碳氮转化特征的影响，比较分析了不同氮添加水平下，土壤活性有机碳组分、碳库管理指数和碳氮转化的响应特征；第6章 氮添加对草原主要植物和土壤化学计量特征的影响，从草原主要植物生态化学计量特征、土壤化学计量特征和土壤团聚体化学计量特征分析对氮添加的响应；第7章 氮添加对贝加尔针茅草原土壤微生物群落的影响，比较分析了不同氮添加水平对草原土壤微生物群落结构、功能多样性的变化，以及土壤细菌、真菌群落结构和多样性变化特征，土壤氮转化功能基因丰度特征变化，从土壤微生物学角度分析土壤碳氮积累、转化特征与微生物群落变化之间的耦合关系；第8～10章 从草原主要植物叶片性状、生态化学计量特征、土壤活性有机碳组分和土壤化学计量特征变化分析对养分添加和不同利用方式的响应；第11章 呼伦贝尔草地基况变化与管理建议；第12章 主要结论与展望。本书可供生物多样性与生态农业相关领域的科研、管理和生产人员参考。

本书虽几易其稿，但限于水平和时间，缺点和疏漏在所难免，敬请读者批评指正。

著 者

2021年3月于天津

目录 CONTENTS

第1章 绪 论

1.1 研究背景与研究意义

陆地生态系统是人类赖以生存和持续发展的生命支持系统，是受人类活动影响最强烈的区域。天然草地植被是地球陆地表面最大的绿色植被层，总面积占地球陆地表面积的41%。草地生态系统不仅具有维持生物多样性、维护全球CO_2平衡和水分循环等重要的生态功能（陈佐忠等，2003），同时也是约占世界总人口17%的9.38亿人口的家园。草地作为陆地植被中重要的植被类型之一，在区域气候变化及全球碳氮循环中扮演着重要的角色（周华坤等，2000），对其相关的研究也得到了较快的发展。然而，随着人口的不断增长以及人类经济活动范围的扩大和资源利用强度的加深，草地退化日益严重、物种多样性不断降低，草地生态系统受到严重胁迫，人类面临的生态风险在不断加剧（Tilman，2000）。加强草地生态系统研究是人类社会实现可持续发展的重大研究课题之一。物种多样性对生态系统功能作用的研究是当今生态学研究的核心领域之一。生态系统生产力水平是其功能的重要表现形式，而植物群落的生产力，即生态系统的初级生产力，是生态系统生产力的基础。因此研究植物群落物种多样性与初级生产力的关系，对于揭示植物多样性对生态系统功能的作用具有重要的意义。

氮沉降作为全球变化的重要的现象之一，其所带来的一系列生态问题日益严重，影响陆地生态系统的结构和功能，成为近年来国内外生态学家关注的热点问题之一（Janssens et al.，2010；Maskell et al.，2010）。在全球范围内，高氮沉降的增加呈现全球化的趋势（Throop，2005；Galloway et al.，2004）。在工业发达的欧洲和北美，高氮沉降对草原生态系统健康造成的影响已严重威胁到草原生物多样性和生态系统功能（Maston et al.，2002）。我国已成为继北美和欧洲之后的第三大氮沉降集中区域（Mo et al.，2008），自1961年到2008年氮沉降比例增加了59%（Lu et al.，2014）。据预测到2050年，全球氮沉积将达到195 Tg N/a（Galloway et al.，2004）。大量而持续的氮沉降对草地生态系统的组成及功能必将造成深远的影响。我国草地面积约4×10^8 hm^2，占全国国土面积的41.7%，是我国现有耕地面积的3.3倍（张新时等，2016），草原生态系统在全球碳氮循环和气候变化响应中发挥重要作用。氮沉降增加使草原植物多样性降低（Stevens et al.，2004），改变土壤细菌 / 真菌比值（Liu et al.，2013；Leff et al.，2015），改变土壤微生物群落结构组成及功能特征（Leff et al.，2015），土壤微生物群落结构及多样性发生改变（刘红梅等，2017），进而引起草原生态系统结构组成与功能改变。目前，对草原生态系统碳-氮耦合过程及其调控机制认识不足是制约评估草地增汇 / 减排效果，预测分析全球变化对草原生态系统服务功能影响的瓶颈性问题（于贵瑞等，2013）。在氮沉降增加的背景下，草原生态系统中生物因子、非生物环境因子以及交互作用是怎样影响草原生态系统功能的，这些变化对草原碳氮循环产生怎样的影响尚缺乏明确的认识，研究和预测氮沉降对天然草地生态系统的影响，并通过草原生态系统的科学管理，充分利用目前及未来氮素输入的可能变化成为当前亟待解决的重要科学问题。对于制定科学的草地生态系统管理对策，实现天然草地的可持续发展具有重要的理论和实践意义。

呼伦贝尔草原是世界著名大草原之一，具有温带草原的典型特征。在呼伦贝尔区域尺度上，研究主要草地群落的植物多样性与生态系统初级生产力的关系、气候变化和草地不同利用方式对草地生态系统碳氮循环的影响，探讨植物多样性对草地生态系统功能的作用，评估和预测草地生态系统对全球变化的响应，为草地资源的合理利用与保护管理以及退化草地生态系统的恢复与重建提供理论依据，并可为生物多样性与生态系统生产力关系的研究奠定基础。

1.2 生物多样性与生态系统功能

生物多样性和生态系统是人类赖以生存和发展的基础，是社会稳定和可持续发展的根本保障（Tittensor et al.，2014；潘玉雪等，2018）。生物多样性与生态系统功能的关系是当前生态学研究的热点和难点，全球生物多样性丧失削弱生态系统功能和对人类有益的生态系统服务的可持续性已达成共识（Thomsen et al.，2017；Butchart et al.，2010）。近年来有关生物多样性和生态系统功能的关系研究，包括净初级生产力、养分循环和分解的研究表明随着生物多样性丧失的加快生态系统属性也加速下降并最终影响生态系统服务的发挥。生态系统是生物和非生物群落相互作用的综合体（Currie et al.，2015）。这些相互作用，包括所有生物多样性组成部分，决定了生态系统服务的数量和质量。生态系统功能是生态系统为人类提供生态服务的过程和基础，没有生态系统功能，生态系统就不可能为人类提供各种服务。生态系统服务的每一种形式都必须有生态系统功能作为支撑（黄桂林等，2012；Brockerhoff et al.，2017）。生物多样性是生态系统功能的主要驱动力已被得到广泛认可（Hooper et al.，2005）。生物多样性和生态系统功能之间关系的明确，可以为高效利用或者管理生态系统功能以求达到生态系统服务的最大化和最优化提供基础，还可以在生态系统和生物多样性的恢复方面提供理论支持。

1.2.1 生物多样性与生态系统生产力

生物多样性是生物及其与环境形成的生态复合体以及与此相关的各种生态过程的总和，包括数以百万计的动物、植物、微生物和它们所拥有的基因以及它们与其生存环境形成的复杂的生态系统，是生命系统的基本特征（马克平，1993）。生产力是指植物的第一性生产力，即在单位时间内，单位面积上的植物群落生产有机物质的速率，也称为初级生产力。绿色植物捕获太阳能，通过光合作用将光能转化为化学能，为消费者（包括人类）和分解者提供物质和能源，这是地球上一切生命活动所需要能量的基本源泉。随着世界人口的不断增长、文明的高速发展、生活水平的持续提高，为维持日益增长的人类消耗，高生产力成为人类社会迫切追求的目标。在一般情况下，植物群落的生产力与生物量呈正相关。因此，有时可用生物量作为生产力的一种指标（彭少麟等，2003）。

对生物多样性与生产力之间的关系研究可以追溯到两个世纪以前，Darwin（1995）研究指出，拥有更高植物多样性的群落会有更高的初级生产力。对此，生物学界展开了激烈的争论，有关的模型也层出不穷，总的归纳起来大致有生物多样性与生产力呈正相关、生物多样性与生产力呈负相关、生物多样性与生产力呈单峰函数形式（先增加后减少）以及多样性与生产力关系不明显等（Huston et al., 2000；Gary et al., 2001）。对究竟是系统生产力决定物种的分布，还是物种的多少决定系统的生产力，或是两者之间相互影响，至今依然争论不休。Waide 等（1999）对近 200 个研究结果进行统计，结果是 30% 呈单峰函数关系，26% 呈正线性关系，12% 呈负线性关系，32% 关系不明显。随着研究的生物类型（植物、动物或微生物）、环境类型（陆地或水生）和时间尺度的变化，生产力与生物多样性关系也在发生变化，并没有一致的模式（Gray et al., 2001）。在区域尺度上，生产力和多样性的关系是单峰函数（hump-shaped）格局。解释这种格局的假说很多，其中最有说服力的是环境异质性假说（Grimm et al., 1997；Rapson et al., 1997）。Fridley 等（2002）认为，不同的资源供给率会导致不同的多样性-生产力的关系。

近年来，多数研究结果认为，植物多样性变化能够改变生态系统对水分、养分和光能的利用效率，影响群落内的食物关系（营养结构）和干扰发生的频率、程度以及范围。多样性会导致更高的群落生产力、更高的系统稳定性和更高的抗入侵能力（Naeem et al.，1994；Hector et al.，1999；Kennedy et al.，2002）。对这些实验结果的解释，生态学家又产生了分歧，因为有2种机制，取样效应和生态位互补效应，都可能会产生这样的结果。取样效应，即群落的物种多样性越高，高竞争力和高生产力的物种被选中并成为群落优势种的概率就越高（Huston et al.，1997；Aarssen et al.，1997），表现为在一个均质的生境中，具有不同竞争力的物种竞争同一种有限资源，对资源需求最低的物种则会将生境资源浓度降至最低，并最终在竞争获胜，该物种将拥有最大的生物量和更高生产力。每一个样地中群落生产力取决于该类高产物种的生产力，且随群落物种多样性的增加，从物种库中找到高产物种的可能性越大。因此，群落生产力随物种多样性的增加而单调增加，最高值的渐进线是由最具竞争力的物种生产力所决定（Tilman，1997）。生态位互补效应是指大多数生境都具有时空异质性，物种对此具有不同的响应。不同物种在资源利用上的差异，或者物种之间存在正的相关关系（Bertness et al.，1997），能够更完全地捕获和利用资源，因而比单一物种在单作条件下具有更高的生产力。生境异质性越高，群落生产力对多样性的依赖性就越接近于线性。Pfisterer等（2002）认为，多样性对生产力有正效应，这种正效应在没有扰动的群落中会更强烈。群落物种越丰富，在扰动中地上生物量下降幅度越大；在干旱扰动中多样性对生产力的正效应削弱；物种丰富的群落在扰动前受益于互补，在扰动中受损更严重。

1.2.2 生物多样性与生态系统稳定性

生物多样性与生态系统稳定性之间关系一直备受人们的关注，并在学术界引起广泛的争论。20世纪50年代，Elton（1958）提出多样性-稳定性假说，即群落稳定性和抵御外来种入侵的能力均随多样性的增加而增加。该假说在很长的一段时间里，被公认为生态学的中心法则、核心准则或公理。到20世纪70年代初期，一些学者对稳定性随物种多样性增加而提高的观点提出质疑，他们认为较高的物种多样性并不总是意味着较稳定的生态系统功能（Gardner et al.，1970；Goodman，1975），复杂性的增加，将不可避免地削弱系统的稳定性。20世纪90年代以后，更多的生态系统结构与功能的理论探索和实验生态学的研究成果支持了多样性-稳定性假说。Tilman（2000）研究指出，多样性通过均衡效应、超生长和负协方差效应稳定了群落和生态系统过程，但同时使种群的稳定性降低。较高的多样性可以增加植物群落的生产力、生态系统营养的保持力和生态系统的稳定性。Ives等（1999）认为，种群多度的长期变异性依赖于物种对环境波动的敏感性和种间相互作用对环境波动的放大效应，生物多样性使物种对环境波动响应类型的多样性增加，从而使群落的稳定性增加，而具有竞争作用的物种数目和作用强度对群落水平的稳定性几乎不起作用。因此，在评价生物多样性对群落变异性的效应时，应强调物种与环境的相互作用和不同物种对环境波动敏感性的差异。越来越多的学者认为，生物多样性对生态系统稳定性是至关重要的，生物多样性是生态系统经历破坏性环境干扰时维持系统功能的生物保障。多样性可提高系统抵抗力和降低时间尺度上的变异性。

1.2.3 草原群落植物多样性与生产力

草原是陆地生态系统的重要组成部分。在生物多样性的生态系统功能研究中，草原生态系统是最受瞩目的自然和半自然生态系统类型。草原不仅为多种野生动物和食草动物提供食物，而且是农作物种质最宝贵的基因库，是药剂和工业产品的潜在来源，也是繁殖、迁徙的鸟类等物种的重要生境，为人类提供肉类、奶类、皮毛产品、旅游等其他产品和服务。草原生态系统是承受人类活动影响最剧烈的陆地生态系统。对于温带草原生态系统，人类活动的干扰（过度放牧、开垦、外来物种引入）和管理措施（控制火烧、捕食者控制、围封、刈割、施肥）是影响生物多样性的主要因素。Tilman 等（1996）通过人为控制下有足够重复的草地小区实验表明，生态系统生产力随多样性的增加而增加。高的植物多样性可使主要限制性养分和土壤矿质态氮更完全地被利用，减少生态系统中氮素的淋溶损失。天然草地植物生产力和土壤氮素利用率也随植物丰富度的增加而提高，从而支持了多样性-生产力和多样性-稳定性假说。其他分析结果也表明，功能群组成和功能群植物多样性对草地群落的生产力和养分动态具有相似的决定作用。Hector 等（1999）在欧洲的 8 个不同地点，北至瑞典，西至葡萄牙和爱尔兰，东部和南部至希腊，进行了人为控制下草地生物多样性实验，发现多样性和物种组成对生产力均具有强烈的影响，2 a 实验结果表明，多样性的丧失将导致生产力的显著降低。

白永飞等（2001）通过对内蒙古锡林河流域草原群落植物多样性的研究认为，不同植物对养分、光和水分的利用方式不同，生态系统通过互补性资源利用对植物的丰富度做出响应。植物在资源利用上的互补性具有空间、时间和养分偏爱的特点，如根系深度的不同，植物资源需求的物候学差异，以及对硝酸盐、铵和溶解态氮偏爱程度不同。对于植物生长限制性资源，较高的植物多样性增加了植物的资源总截取量，减少了生态系统的养分损失，从而增加了生产力。然而，对于由一个或一些物种占优势的群落，植物组成的差异对生态系统过程具有更大的影响。Hooper 等（1997）用实验的方法，评价了植物多样性对草地生产力、资源的植物有效性和氮淋溶损失的影响，结果表明生产力和氮素动态在更大的程度上是由植物组成的差异决定的，功能群组成比功能群丰富度对生态系统过程具有更大的影响。

不同类型的生态系统维持其高生产力所需要的物种数目不同，因为多样性的影响来自不同物种个体间的相互作用（Tilman，1999）。生态系统的生产力依赖于其局部多样性，而生态系统的局部多样性依赖于区域多样性。植物丰富度高的群落，其群落地上生物量的年度间变异显著地低于植物丰富度低的群落。而在物种水平上则相反，植物丰富度高的群落，植物种生物量的年度间变异也高。高多样性与高稳定性的一致性在于，不同植物对干扰的敏感性不同，干扰敏感种减少了其生物量，通过竞争的释放使其他成分的多度增加，补偿了减少的生物量。这样，敏感者生物量的减少以及其他种生物量的增加（补偿作用），就导致了单个植物水平上生物量的变异性增加。功能相似而环境敏感性不同的植物稳定了生态系统的过程，而功能和对环境敏感性都不同的植物使生态系统对环境变化表现得更加脆弱。Sankaran 等（1999）研究了天然稀树草原的组成稳定性对干扰的响应，认为草原群落组成上的稳定性与多样性之间呈负相关，低多样性的群落比高多样性群落在组成上更稳定。物种的周转可分解为定居和丧失两部分，物种定殖与最初的多样性呈负相关，而物种丧失则与最初的多样性呈正相关。多数情况下，定殖物种数目要超过丧失的物种数目，从而使物种周转与多样性呈正相关。

1.3 外源氮添加对陆地生态系统碳氮循环的影响

1.3.1 外源氮添加对植物功能特性和光合特征的影响

植物功能特性受遗传因素和外界环境共同影响（Donovan et al.，2011），其变化既表征了生态系统基本的演替过程，也反映了群落对不同干扰所做出的综合响应，客观地表达了植物对环境条件的适应机制（Mclntyre et al.，1999）。叶片是植物获取资源的重要器官，对环境变化敏感且可塑性大（韦兰英等，2008），故以植物叶片为研究对象，更能反映植物对环境变化的响应与适应机制。光合作用显著影响植物叶片的发育、化学成分、生物产量形成等各种生理过程（Ceulemans et al.，1999），是植物对环境变化最敏感的生理过程之一。叶是植物通过光合作用获取能源和合成光合产物的主要器官，叶片的结构性状一定程度上决定了叶片光合生理活性及其对资源的利用效率。养分保持是植物对养分贫瘠生境的适应策略之一，高的养分保持能力说明植物具有较强的适应能力（Aerts et al.，2000）。

绿叶比叶面积（Specific leaf area，SLA）和养分浓度是衡量植物养分保持能力的2个主要叶片功能特性。比叶面积反映了植物获取环境资源的能力（黄菊莹等，2009；Wright et al.，2004），通常与植物的生长和生存对策有紧密的联系，反映植物对不同生境的适应特征。绿叶养分浓度反映了植物对土壤养分的吸收特性（Grime et al.，1997）。养分保持能力强的植物，通常具有较低的叶片养分浓度、比叶面积和光合作用能力（Wright et al.，2004；Reich et al.，1997）。植物叶片的比叶面积、叶绿素含量、叶氮（N）含量、叶磷（P）含量等生理生态特征体现物种本身的生物学特性，与植物的生长对策及植物利用资源的能力紧密联系，能够反映植物适应环境变化所形成的生存对策，具有重要的生态学意义。

氮素是植物体内氨基酸、蛋白质、核酸、辅酶以及光合色素分子等的主要组成，通常情况下，氮素供给增加往往会使得植物叶N含量增加。叶N含量是植物光合能力的决定性因素，光合作用时碳水化合物的形成碳（C）过程中需要大量蛋白酶N的参与，而蛋白酶的装配形成前提是需要大量遗传物质核酸的复制和转录P，因此植物体的C与N、P含量具有明显的相关性。叶N含量与光合速率密切相关（郑淑霞等，2007）。在植物叶片中，大约有75%的叶N存在于叶绿体中，其中30%～50%的氮被核酮糖-1,5-二磷酸羧化酶（Rubisco）所占据。由于在光合作用过程中，叶绿素以及Rubisco对于植物的光合能力具有重要的作用。因此，如果不考虑其他环境因子的影响，叶N含量往往能够反映光合的能力，叶N含量与光合能力呈现线性正相关关系（Bekele et al.，2003）。在一定范围内，叶N含量的增加会使得叶绿素含量和Rubisco的活性增加，但当叶N含量超过一定值后，叶绿素含量和Rubisco活性达到一定极限后，光合能力将呈现下降趋势。从更大范围来看，光合能力与叶N含量之间呈现出典型的曲线关系（Evans，1983）。叶N含量在一定范围内呈现对光合能力的限制作用主要与以下因素有关：一是CO_2在胞间和叶绿体之间的转移存在着阻碍；二是由于基因活动以及蛋白质的合成受到高N∶P，低P含量和高碳水化合物含量的影响，导致总Rubisco含量的降低；三是随着其他养分的限制，被激活的Rubisco含量减少，Rubisco活性将可能降低。氮含量较高的叶片通常具有较高的最大光合速率。但是，过度施氮将可能引起叶片碳限制产生，导致CO_2同化速率降低（Nakaji et al.，2001）。植物叶片的光合能力不仅受到氮素供应水平的影响，而且与不同的氮素供应形态有着密切的关系。曹翠玲等（2004）的研究表明，氮素形态几乎影响光合作用的每个环节，包括对作物叶绿素、光合速率、暗反应的主要酶以及光呼吸等均有明显的影响，直接或间接影响着植物光合固碳能力。除了氮的供应水平及形态会影响植物的光合能力以外，光合氮利用效率（PNUE）也是影响植物光合能力的主要因素之一。光合氮利用效率是光合能力与叶片氮素含量的比值，它是衡量植物利用氮营养和合理分配氮的能力，是氮对植物光合生产力乃至生长产生影响的重要指标。不同植物种的光合氮利用效率不同，氮在光合器官和非光合器官之间的分配以及氮在不同光合器官中的分配均会影响光合氮利用效率。Knops 等（2000）研究发现，氮输入会通过促进叶片面积增大，叶片数目增多，使得植物地上部分对光的竞争能力增强，从而间接影响植物的光合作用。一些模拟氮沉降的实验结果表明，氮素输入对植被的生长有明显的促进作用（Neff et al.，2002）。也有一些研究表明，过量的氮输入会引起土壤的酸化，导致土壤 pH 值降低，引起土壤中磷及一些其他盐基阳离子的有效性降低，引起植物中养分的失衡，从而会抑制植物的生长发育（Guo et al.，2010）。大量研究发现，氮添加会显著增加草原植物叶 N：P（李博等，2015；宾振钧等，2014）。长期氮添加会改变不同植物种群的生长速率，使植物群落组成和多样性发生变化（胡钧宇等，2014），而这些改变大多数是由于土壤中的养分的变化所致（Ordoñez et al.，2009；Palmroth et al.，2014）。北美和欧洲的氮施肥实验表明，有效氮的增加会提高养分含量高的物种的生长速率和优势度同时减少本地种的物种丰富度（Huenneke et al.，1990）。

1.3.2 外源氮添加对温室气体排放的影响

气候变化以温室气体 CO_2、CH_4、N_2O 浓度持续上升，全球气候变暖（Lobell et al.，2011）为主要特征，同时伴有氮沉降加剧（Lopez-Iglesias et al.，2014）等现象。全球气候变化对全球生态系统以及生物多样性造成的负面影响和潜在影响，以及由此而引发的各种生态环境问题已引起了全社会的密切关注。IPCC（2007）第四次报告中指出：全球变暖已经是事实，而引起全球变暖的主要因素就是温室气体排放。地球大气层是一个复杂的多相化学体系，其中，99% 由 N_2 和 O_2 组成，这两种气体能够透射入射的太阳辐射，并且反射长波辐射；然而，大气中还存在 CO_2、CH_4、N_2O 等痕量气体，尽管它们的总浓度仅占大气浓度的一小部分，但这些气体不仅能透射入射的太阳辐射，而且能够吸收来自地球的长波辐射，导致地球表面温度升高，这种增温效应就是通常所称的“温室效应”，而能够产生温室效应的这些气体就是所谓的“温室气体”。CO_2、CH_4、N_2O 是引起全球变暖的 3 种最主要的温室气体，其增温效应分别为 60%，15% 和 5%（Lashof et al.，1990），其中，CO_2 所占比例较大，但是，相同质量 CH_4 和 N_2O 的全球增温潜势（Global Warming Potential，简称 GWP）则分别是 CO_2 的 25 倍和 298 倍（100 a 时间尺度），对全球变暖的贡献超过 25%。CH_4 具有较强的化学活性，能参与对流层中许多重要的大气化学过程。N_2O 不仅参与大气中的光化学反应，还会间接破坏平流层中的臭氧层。工业革命前数千年时间里，大气中温室气体浓度相对稳定，自工业革命以来，世界人口增长、大量的化石燃料燃烧和土地利用方式改变等因素，导致大气中 CO_2、CH_4 和 N_2O 分别以每年 0.5%，0.8% 和 0.3% 的速度增长（Mosier et al.，1998）。温室气体浓度的增加会影响大气逆辐射，使大气的保温效应加强，以致地球表层气温升高。在气候变化的背景下，作为温室气体主要源和汇，陆地生态系统可以调节大气中各种气体含量。在非饱和的自然土壤（森林、草地）CH_4 吸收和 N_2O 排放只占 CH_4 总汇的 9% 和总源的 4%，但却是陆地土壤 CH_4 和 N_2O 源汇估算中最大不确定性之处。

全球碳循环研究中一个关键的科学问题是已知的碳汇与碳源不平衡，数量上存在 2～4 Pg C/a 的"漏失汇（missing sink）"，主要分布在中高纬度森林地区（Myneni et al.，2001）。自工业革命以来，大气中活性氮增加了 11.5 倍，导致全球大气氮沉降量增加了 2.5 倍。长期缓慢的氮沉降输入显著增加受氮限制的陆地生态系统的碳储量，是正确解释"漏失汇"的重要途径之一（Magnani et al.，2007）。目前对碳、氮循环的相互作用机理还缺乏深入的认识，有关氮沉降驱动的陆地生态系统固碳率还存在很大分歧。氮素是植物生长必需的重要营养元素，氮素输入增加将显著影响全球碳、氮循环。已有研究表明，氮素添加对植物生长、生物活性、凋落物转化以及温室气体通量等方面均有影响，同时，氮素添加和其他影响因素之间的交互作用也对温室气体通量有非常重要的影响（Hyde et al.，2006；Kaisi et al.，2008）。宗宁等（2013）在青藏高原高寒草甸进行的研究发现，短期氮素添加通过促进土壤微生物活性以及植物地上部分生产力的升高，进而促进生态系统 CO_2 的排放。李寅龙等（2014）实验结果也得出相似结论，在氮素添加条件下，内蒙古短花针茅草原生态系统净 CO_2 交换和生态系统呼吸值均有所升高。韩广轩等（2004）对农田生态系统 CO_2 通量的研究表明，施氮肥处理的 CO_2 排放通量比不施肥处理增加 85% 以上，即氮素添加显著促进 CO_2 排放。珊丹等（2009）研究表明，添加氮素对土壤 CO_2 排放没有显著影响。

张炜等（2008）经过统计得出结论，大量实验结果表明添加氮素降低 CH_4 吸收速率，王汝南等（2012）研究表明，随氮素添加水平增加，对 CH_4 吸收的抑制作用也在增强。莫江明等（2005）在鼎湖山进行了不同浓度氮素添加实验，研究表明，当氮素施用量达到 300 kg N/（hm^2·a）后，土壤功能发生改变，由 CH_4 的汇转变为源。Sitaula 等（2000）认为添加氮肥会降低土壤对 CH_4 的吸收，Castro 等（1994）和 Mosier 等（1991）分别在森林和草原进行的氮素添加实验也得出与此相同的结论。Kravchenko 等（2002）实验发现，添加铵态氮抑制

土壤对 CH_4 的吸收，且抑制效应与施氮量呈正比。Whalen 等（2000）关于氮素添加的研究中，未发现氮素添加显著影响 CH_4 通量，并解释是因为该地区土壤含氮量未达到饱和状态。氮素添加对 CH_4 通量的影响还未有一致结论，主要是由于氮肥类型、用量及施肥方式都会对温室气体 CH_4 的生成和吸收产生影响。

N_2O 是三大主要温室气体之一，由于其在大气中较长的生命周期以及较大的辐射潜力，加剧了温室效应。N_2O 主要是土壤中的硝化及反硝化反应产生的，是土壤中 N 流失的主要途径之一。据统计，每年我国农业活动排放的 N_2O，其中有 74% 的氮素来自氮肥施用（Xing et al.，1999）。合理施肥被认为目前较合理的减少 N_2O 排放的措施之一。许多研究结果表明，添加氮素对 N_2O 通量有影响，且氮素添加量与 N_2O 排放通量之间表现出线性相关（Mosier et al.，2006）。Aerts 等（1999）和 Keller 等（2005）的研究均得出结论，添加硝态氮或铵态氮后，由于增加了土壤中硝化、反硝化细菌的反应底物供给，导致 N_2O 排放通量显著增加，Del 等（2006）研究也发现，添加氮素可以促进 N_2O 排放。丁洪等（2004）在菜地里进行长期氮素添加的研究得出，施氮处理的反硝化损失量占氮肥施用量的 5.1%，且相比对照，N_2O 的排放通量极显著增加。Matson 等（2002）在温带森林的研究发现，在大多数研究中，短期内的氮素添加对土壤 N_2O 排放通量的影响不显著，但随着处理时间延长，氮素添加显著促进 N_2O 排放。吕超群等（2007）研究表明，在长达几十年的时间里，氮素添加不会对 N_2O 通量产生显著影响。

影响温室气体通量的主要因素是土壤温度、含水量等土壤环境因子（李世朋等，2003）。在一定范围内，土壤温度与土壤 CO_2 排放通量表现为显著正相关（周存宇等，2004）。当土壤温度超过 40℃时，土壤 CO_2 排放速率受到影响，开始下降（Castelle et al.，1990）。陈全胜等（2004）研究表明，当温度较高时，温度不再是影响土壤 CO_2 排放的主要因子。贾丙瑞等（2004）在对羊草样地温室气体排放观测研究中发现，土壤 CO_2 排放通量与土壤 5 cm 处温度指数的相关性最好。土壤呼吸对温度变化的敏感程度通常用 Q10 值表示，研究发现，Q10 值与土壤温度总体上呈负相关关系（Luo et al.，2001），而冬季的 Q10 值要比夏季高（Fierer et al.，2003；张冬秋等，2005）。CH_4 的产生与产甲烷菌有关，其吸收则与甲烷氧化菌有关，土壤温度能够影响土壤中微生物活性，因此，温度对 CH_4 的产生、氧化以及释放等有微生物参与的过程均有影响。有研究发现，稻田中 CH_4 的排放速率与气温、土壤 5 cm 和 10 cm 处温度均表现出极显著相关，并与土壤 5 cm 处温度的相关性最高（陈苇等，2002）。Sterinkamp 等（2001）认为，当土壤温度低于 10℃时，温度能够显著影响 CH_4 通量，而当土壤温度大于 10℃

时，温度对 CH_4 通量的影响逐渐减弱。土壤温度也是影响 N_2O 通量的主要因子，因为土壤温度对 N_2O 的产生过程中的微生物活性有影响（李海防等，2007）。Bouma 等（1997）研究指出，土壤含水量过高和过低都会限制土壤 CO_2 排放，因为土壤含水量过低会抑制土壤中微生物和植物根系的呼吸作用，而土壤含水量过高则会堵塞土壤空隙，影响 CO_2 排放。在缺水地区，土壤含水量作为抑制因子时，其将取代土壤温度成为影响土壤呼吸的首要因素（Wang et al.，2003）；也有研究者认为在草地生态系统中，CO_2 排放通量主要受温度季节性变化的影响，在干旱季节才受到土壤含水量的影响（Conant et al.，1998）。蔡祖聪等（1999）对 3 种不同土壤进行培养实验，发现 CH_4 的吸收通量与土壤含水量显著负相关。徐星凯等（1999）认为，当土壤含水量在 15%～22% 时，土壤氧化 CH_4 的能力最强。Gulledge 等（1998）研究表明，在草原、森林等土壤相对干燥的生态系统中，土壤含水量为持水量的 15%～40% 时，CH_4 吸收量最多。土壤含水量主要通过影响土壤通气、氧化还原、微生物活性和 N_2O 的扩散速率来影响土壤中 N_2O 的排放（耿会立，2004）。秦赛赛（2014）研究表明，较高土壤含水量导致土壤变成厌氧环境，微生物进行反硝化反应产生 N_2O 的作用增强。目前，仍然缺乏相应的研究来量化草原氮沉降变化与温室气体变化之间的关系，需要开展更多的针对不同草原类型的研究。

1.3.3 外源氮添加对土壤理化性质和碳氮转化特征的影响

1.3.3.1 外源氮添加对土壤理化性质影响

氮沉降对土壤理化性质产生了一定影响。大气氮沉降增加引起草原土壤氮素储量及速效态氮含量变化。Zhang 等（2012）对我国内蒙古典型草原研究发现，随着氮添加量增大，土壤总氮、速效氮含量均有所增加。Verena 等（2012）在亚高山草原进行的模拟氮沉降实验表明，50 kg N/（hm^2·a）氮添加量对土壤总氮含量无显著性影响。Horswill 等（2008）在英国酸性草原模拟氮沉降实验表明，140 kg N/（hm^2·a）氮添加量对土壤全氮含量无显著性影响。但超出植物和土壤微生物需求阈值以后，将出现土壤氮饱和，导致土壤氮淋溶增加。苏洁琼等（2014）研究表明，施氮对 0～10 cm 和 10～20 cm 土层土壤全磷含量无显著影响。施氮会促进地表植被生长，促进植物对磷的吸收，施氮使土壤速效磷含量降低（Zeglin et al.，2007）。康俊霞等（2014）针对内蒙古典型温带草原研究发现，长期氮素添加不仅可以改变植被物种组成，而且可以通过提高草原绿色植物的初级生产力致使草原的地上有机碳库显著增加；同时对地下有机碳库也存在促进作用。长期氮添加导致土壤酸化，降低土壤 pH 值（Zhou et al., 2016）。这是因为氮沉降使得土壤中铵态氮含量升高，而 NH_4^+ 氧化成亚硝酸盐过程中，释放出 H^+，因此氮沉降增加会造成土壤酸化。氮沉降使得植物获得的土壤可利用氮素增加，植物根系浅层化，从而导致土壤密度增加（Jungk，2001），容重增大。高氮沉降造成土壤含水量降低，较低的含水量使得凋落物分解速度减慢，促进了土壤有机质的增加（涂利华等，2009；刘星等，2015）。

土壤团聚体是土壤颗粒通过有机物的胶结作用及动植物活动的团聚作用而形成的土壤结构的基本单元（李睿等，2015；Yang et al., 2019），土壤团聚体的组成与土壤的理化性质有着密切的联系，影响着植物的生长（Rahman et al., 2017）。土壤中团聚体的性质与有机碳含量及其稳定性有着不可分割的联系，土壤有机碳是团聚体结构重要的影响因素之一，且土壤团聚体的形成过程也是土壤有机碳固持重要的途径。郭虎波等（2013）对杉木人工林土壤团聚体的研究发现，中低氮处理可以提高土壤大团聚体含量以及团聚体平均重量直径，而高氮处理对土壤团聚体的含量与平均重量直径表现出一定的抑制作用。陈盈等（2014）通过长期施肥研究黑土的团聚化作用发现，施用化肥却导致土壤的微团聚体及黏粒含量升高，土壤结构遭到破坏，团聚体稳定性下降。土壤有机碳作为土壤理化的重要指标，其组分特征影响着土壤质量和土壤肥力，并且对促进土壤团聚体的形成有着重要的作用，同时土壤团聚体的形成还可能是土壤固碳的过程。Fornara 等（2012）研究发现，氮沉降增加对土壤有机碳的积累存在“碳饱和点”，土壤固定有机碳的能力在施氮量高于 100 kg N/（$hm^2 \cdot a$）处理下显著下降，阻碍了土壤有机碳的积累。

1.3.3.2 外源氮添加对土壤碳库和碳转化的影响

碳和氮是重要的生命物质，也是地球非生物组成部分的重要元素。土壤是碳和氮的重要储存库，土壤碳氮转化是陆地上最为重要的生态系统过程之一。土壤中碳氮过程是陆地生态系统中物质循环与能量交换的关键。当前，人类对全球碳氮循环的干扰已经远远超过对地球上其他主要生物地球化学循环的影响（Gruber et al., 2008）。大气氮沉降借助其对土壤碳固定（Eisenlord et al., 2013）、植物氮素利用等的直接或间接作用，极大地干预了生态系统碳蓄积和氮素重新分配过程。氮沉降带来生态系统氮输入增加以及土壤环境的显著变化，并与气候变化一起，进一步导致和加剧氮循环过程的改变。大气氮沉降引起土壤温湿度、酸碱性，以及土壤 C∶N 和氮的有效性等土壤环境因素的变化（Chen et al., 2015），引起凋落物的质量和数量的变化，改变土壤生物、微生物与植物之间的养分分配，直接或间接地影响土壤生物和微生物的生长、活动和群落组成，进而影响土壤碳氮转化（Saarsalmi et al.，2012）。

陆地生态系统碳库主要存在于植被和土壤中，土壤碳库是植被碳库的2.5～3倍（Post et al.，2000），土壤碳贮量约占总碳贮量的89.4%，土壤碳库的微小变动都会对大气CO_2浓度产生重要影响。因此，陆地土壤碳库碳贮量及其变化和调控机制的研究是陆地碳循环研究的核心。氮元素的生物地球化学循环过程作为陆地生态系统最基本的物质循环过程，对全球变化及人类活动存在敏感的响应，并且与碳等其他元素的生物地球化学循环过程密切耦合。土壤碳库包括土壤无机碳和有机碳。由于土壤无机碳以碳酸盐的形式存在，活性很低，对环境因子变化的反应不敏感，所以对土壤碳库的研究主要侧重于土壤有机碳库。土壤有机碳库储量巨大，较小幅度的变化就会影响CO_2的排放，也影响土壤对植物养分的供应。氮是影响陆地生态系统碳循环过程、改变其碳源汇特征的重要因素之一。目前，氮输入对碳循环过程的影响机制大致归结为2个方面：一方面，氮元素是植物体内蛋白质、核酸、酶和叶绿素等的重要组成部分，植物进行光合作用吸收CO_2的同时也需要从土壤中吸收适量的可利用氮素构成生命有机体（王贺正等，2013）；另一方面，作为陆地生态系统最关键的两大生源要素，碳、氮元素在植物有机体内以及土壤中常常维持一定的比例关系（Hessen et al.，2004），这种生物化学计量学比例关系在很大程度上控制着植物碳生产以及植物向土壤碳归还等碳循环关键过程，并影响植物体内碳的积累与分配（Holland et al.，1999），决定着陆地生态系统的碳源汇功能。对于大多数陆地生态系统而言，土壤中的可利用氮素相对于植物的生长需求往往是不足的，氮元素的缺乏影响到陆地生态系统净初级生产力的形成，进而限制了植物对CO_2的持续吸收（Vitousek et al.，2002）。天然草地土壤有机碳输入主要来源是植物地表凋落物残体和植物根系残体，草地土壤有机碳输出则取决于土壤微生物的分解作用。

氮沉降增加影响植物多样性（Stevens et al.，2004）、植物生物量（李文娇等，2015）、土壤碳矿化速率和土壤微生物活性，从而影响陆地生态系统碳输入、输出和固碳潜力。土壤有机碳是土壤微生物的重要新陈代谢底物，氮沉降增加引起土壤有机碳含量的变化对微生物特性有较大影响。氮沉降对有机碳储存量的影响取决于有机碳输入的分解和矿化过程的动态平衡。氮沉降增加植物生产量和凋落物，增加土壤有机碳含量（Shi et al.，2016）。一些研究认为，氮添加提高微生物的分解活性，加速有机养分的分解，从而使得有机碳含量下降（Mack et al.，2004；李焕茹等，2018）。也有研究表明，氮输入使得有机养分的输入与有机养分的分解相平衡，从而对土壤有机碳含量无显著影响（Wang et al.，2014）。不同的结果取决于不同的生态系统、氮施入的水平和氮输入的持续时间。氮添加引起植物群落地上部氮吸收量增加，引起植物群落组成发生变化，植物凋落物组成相应改变，使得土壤中来自植物的碳源种类和数量发生改变（Yang et al.，2011）。氮添加影响土壤有机碳的积累和矿化，从而引起水溶性有机碳和易氧化有机碳含量的变化。由于土壤表层水热条件和通气状况较好，且表层聚集了植物的凋落物，土壤微生物活性高，使得土壤表层的水溶性有机碳明显高于下层。Silveira 等（2003）在美国东南部的多年生草牧场施氮肥 2 a 后采集 0～20 cm 土壤的分析结果表明：施氮肥对土壤总有机碳和总氮短期没有影响，但高水平施氮导致了＜53 mm 的颗粒有机碳的线性增加。与总有机碳相比，颗粒有机碳对土壤管理措施（放牧、施氮等）更敏感（Franzluebbers et al.，2002）。另外，Zeng 等（2010）在中国科尔沁沙地草地 5 a 的施氮 200 kg N/（hm^2·a）实验中也未发现土壤总有机碳含量存在明显变化；肖胜生（2010）对中国内蒙古温带半干旱典型草原连续 2 个生长季的研究结果也表明，土壤表层总有机碳含量的季节变化较小，人为施氮对土壤总有机碳含量没有明显影响，并指出这是由于施氮对羊草群落生物量及初级生产力的促进作用与施氮对土壤有机质分解的促进作用相互抵消所致。另外，与土壤中总有机碳含量的高背景值相比，土壤总有机碳含量的细微变化往往不能被察觉和检测到。

土壤有机碳库根据土壤有机碳的周转速率和降解的难易程度分为活性碳库，慢性碳库和惰性碳库等。其中活性有机碳对外界环境变化敏感，与土壤养分供应与作物生长密切相关。活性有机碳（包括土壤微生物量碳、易氧化有机碳、水溶性有机碳）及土壤碳转化相关酶是反映土壤碳转化特征的指标（Jiang et al.，2010）。Blair 等（1995）针对农业生态系统提出了碳库管理指数指标，这个指标结合了土壤碳库和碳库活度 2 个指标，能全面反映外界条件对土壤有机碳组分数量和质量的影响，近年来常用作评价土壤有机碳变化的监测指标。土壤碳矿化是指土壤有机碳在微生物作用下分解成 CO_2 的过程，其矿化速率影响土壤养分元素的释放、供应和温室气体排放等。同时，土壤有机碳的矿化速率受温度、水分、土壤微生物活性和理化性质等因素的影响，且与土壤碳、氮含量有关，土壤有机碳动态变化过程主要体现在其积累 / 矿化过程上。有研究表明，氮素添加会促进土壤呼吸速率，从而使更多的 C 以 CO_2 的形式释放到大气中，降低土壤碳储量（Izauralde et al.，2000）。土壤有机碳含量较低时，土壤有机碳矿化受碳素限制，而当有机碳含量和 C：N 比值较高时，土壤有机碳矿化受氮素限制（Weintraub et al.，2003）。王建林等（2014）研究认为，当土壤 C：N 比值较高，土壤微生物在分解有机质过程中存在氮受限情况，与植物争夺土壤氮素，不利于植物生长。Hyvönen 等（2008）对北欧的 15 个森林的长期氮添加定位实验表明，增加氮素输入降低了土壤有机碳矿化，有利于土壤有机碳积累。关于氮沉降对土壤有机碳矿化的影响有促进、抑制和影响不显著等不同的结论。目前，氮沉降对草原生态系统土壤有机碳影响结果存在分歧，土壤有机碳含量在不同氮沉降水平下的变化规律尚无定论，土壤活性有机碳组分对氮沉降的响应有待进一步分析研究。

1.3.3.3 外源氮添加对土壤氮转化的影响

氮沉降增加条件下，陆地生态系统土壤氮素矿化和氮有效性都会受到影响。大气氮沉降作为草原氮循环的驱动因素，对土壤无机氮和可溶性有机氮的转化速率有很大影响。如土壤氮素矿化、硝化和氨化作用等。土壤氮素矿化是土壤有机态氮在微生物作用下转化为植物可吸收利用的无机态氮的过程，是生态系统氮循环的中心环节（Schimel et al.，2004）。土壤氮素矿化是反映土壤供氮能力的重要因素之一，已成为国内外研究的热点问题之一。增加氮肥能够促进土壤中氮矿化作用，但是，机理现今却不清楚。目前主要推测有以下原因：①增氮能添加土壤的无机氮，这些无机氮被微生物吸收固定，进而促使了有机氮的矿化与释放；②增氮肥能够促进植物根系的发育，并通过根系的一系列生物作用促进氮的吸收；③增氮也会添加一些无机氮，如硝酸铵等，土壤中发生的盐效应导致化学性质、物理性质的进一步变化，如渗透压的变化、土壤 pH 值的改变。此外还有，增氮肥能够调控土壤 C：N，暂时使土壤氮矿化发生变化。

土壤氮矿化是在土壤微生物的作用下，土壤中的有机态氮转化为无机态氮的生物化学过程，决定着土壤氮素的可利用性。土壤氮矿化过程包括氮的氨化作用和硝化作用，氨化作用是指土壤微生物裂解溶解性有机氮释放 NH_4^+ 过程，硝化作用是指 NH_4^+ 被硝化细菌作用形成 NO_2^- 和 NO_3^- 的过程。N_2O 作为主要温室气体之一，主要通过 NH_4^+ 的硝化过程和 NO_3^- 的反硝化过程产生。氮沉降影响了草原生态系统的土壤铵态氮含量，而土壤 NH_4^+ 既是氨化作用的产物又是硝化作用的原料，从而影响了氮矿化过程。土壤溶解性有机氮是氮的氨化作用原料，因此土壤溶解性有机氮含量影响氮的氨化过程。有研究表明，氮沉降降低了土壤 C：N，加快土壤氮矿化过程。但也有研究表明，氮沉降导致了土壤酸化，抑制土壤微生物活性，降低了土壤氮矿化。杨江龙（2002）研究表明，施氮草地土壤中氮素的矿化作用大都高于未施氮的同一类型草地，氮素添加促进原来土壤有机氮分解、释放。在中国东北部的松嫩草甸草原用添加 100 kg N/（$hm^2 \cdot a$）的硝酸铵模拟氮沉降，也发现氮添加增加了土壤氮素矿化速率。白洁冰等（2011）研究氮素输入对青藏高原3种高寒草地土壤氮矿化的影响发现，氮素输入显著促进了高寒草原土壤氮矿化速率，土壤氮矿化速率随着氮处理剂量的增加而升高，对于氮素添加促进土壤的氮矿化作用这一现象，推测可能是由于施入的无机氮被微生物固定，从而促使原来有机氮的矿化和释放。但氮素添加达到一定程度后也会限制矿化作用，张璐等（2009）对内蒙古羊草草原不同氮添加处理土壤的室内培养实验研究表明，氮添加显著改变土壤累积氮矿化量，低氮添加累积氮矿化量最高，中等氮添加净矿化作用最高。罗亲普等（2016）对内蒙古温带典型草原原位培养实验表明，高氮处理促进净硝化速率、氨化速率和矿化速率。吕玉等（2016）研究认为，在一定施氮范围内，随着施氮量增加，土壤硝化势和土壤硝化速率增加，而高氮处理下降低。Gundersen等（1998）研究表明，在氮限制地区氮输入增加会提高净矿化速率，而在氮循环速率较快的地区，氮添加反而会降低土壤的净氮矿化作用。除此之外，由于模拟氮沉降实验一般都是一段时间内进行氮素添加，不会永久持续进行，因此，氮素添加对土壤氮素矿化的作用存在一个时间范围。综合以上研究结论，净氮矿化速率不仅受到氮添加量的影响，还与研究区土壤氮素本底值有关。氮沉降增加了土壤氮输入，但不同生态系统的氮矿化对氮沉降增加响应存在差异。

1.3.3.4 外源氮添加对土壤碳氮转化耦合特征的影响

土壤碳、氮含量及其动态平衡是反映土壤质量状况的重要指示指标，直接影响着土壤肥力和生产力。大多数研究表明，土壤碳含量的增加会伴随土壤氮含量增加，两者具有耦合效应。土壤碳元素与氮元素含量存在很强的耦合性，在林地和农田碳氮耦合特征研究中都得到了证实。碳、氮是组成土壤微生物有机体重要元素，碳氮比影响土壤微生物生长。土壤有机氮的矿化在释放出无机氮的同时，伴随着碳的释放，自养硝化作用与碳的吸收利用相伴。因此土壤的碳氮转化过程是相互耦合的。

在大气氮沉降增加的背景下，土壤碳氮含量、碳氮转化速率与温室气体排放密切相关。土壤碳氮的转化受土壤C：N比值的控制（Chen et al.，2014），在氮素充足的条件下，较高的植物残体投入和较低的C：N导致土壤微生物更倾向于利用新的碳源底物，减少原有有机质的矿化（Hagedorn et al.，2003）；而当氮素受限制条件下，高的植物残体投入和较高的C：N会增加土壤微生物对氮素的需求，从而促进土壤原有机质的分解（Bloor et al.，2009）。土壤碳源的供应与微生物新陈代谢有密切相关性，添加碳源可明显提高土壤微生物活性，加快外源氮的输入向微生物量氮转化，降低无机氮在土壤中的累积，从而达到调控土壤氮转化的目的。土壤碳矿化和氮矿化的关系大都研究认为是正相关关系，微生物分解有机质释放 CO_2 的同时释放无机氮。但 Song 等（2011）对青藏高原高山草甸研究表明，在土壤碳、氮元素都为缺乏情况下，土壤碳矿化和氮矿化为负相关关系，认为只有有机物释放的无机氮满足微生物需要之后才会释放到土壤中。氮沉降增加条件下，温带草甸草原土壤碳氮转化耦合特征关系尚不清楚。

1.3.4 外源氮添加对植物和土壤化学计量特征的影响

生态化学计量学综合生物学、物理学和化学等学科的基本原理，通过分析比较生态系统生态过程中不同元素之间的平衡关系，为研究植物与土壤相互作用与 C、N、P 循环提供了新思路。N 和 P 是自然陆地生态系统的主要限制性元素，在植物生长过程中的各种生理代谢活动中发挥了十分重要的作用，相互独立而又相互影响（Han et al.，2005），最终对植物叶 C 的固定产生影响。植物体内任何一种元素含量发生变化时都会引起 C∶N∶P 化学计量比值的变化，根据植物 N∶P 的变化，可以判断植物受 N 或 P 哪种营养元素的相对限制。土壤养分组成是植物的外界环境中非常重要的因子，植物光合作用和矿质代谢等过程与土壤养分供应状况有显著相关性。研究氮沉降增加对陆地生态系统植物 C、N 和 P 元素含量以及元素之间计量比值的影响，有助于深入揭示植物种间的相互作用、植物适应对策以及植物群落的演替趋势以及生物地球化学循环对全球变化的响应。土壤是植物生长的基质，为植物体生长提供养分。全球陆地生态系统大多受到 N 限制，尤其是土壤 C∶N∶P 计量学特征对陆地生态系统中碳固定过程具有极强的调控作用（Hessen et al.，2004）。又由于 C、N、P 循环是在植物群落和土壤系统之间相互转换的，因此，将植物和土壤作为一个系统，探讨生态系统组分间 C、N、P 元素的相互之间及其与氮沉降增加的关系，对于深入理解氮沉降增加背景下系统各组分之间的化学计量学的协变关系具有重要意义。

生态化学计量学在植物中的应用较为广泛，氮添加通过增加土壤的氮输入而影响植物氮元素的含量，使植物的 N∶P 发生改变（曹红兵，2016），并在一定程度上会改变植物群落组成结构（Lü et al.，2011）。宾振钧等（2014）对青藏高原高寒草甸氮添加实验发现，植物叶 N 含量较低，植物受氮影响显著，不同植物物种对氮添加的响应不同。Liu 等（2013）研究发现，受氮沉降增加的影响，在过去的 21 a（1980—2000 年），我国陆地生态系统叶 N 含量增加了 32.8%。土壤有效态氮的增加影响植物对元素的需求平衡，使生态系统更易受磷元素限制，最终引起群落结构和生态功能的变化（Bobbink et al.，2010）。有关氮沉降对磷元素需求平衡的影响，目前主要有 2 种观点：一种观点认为，由于土壤中磷主要来源于岩石风化且磷输入随土壤年龄的增加而减少，并且磷在土壤中的周转能力低于氮（Aerts et al.，2000），持续氮沉降将导致生态系统从氮限制转向磷限制（Peñuelas et al.，2012）；另一种观点认为，氮沉降背景下，生态系统将会受氮和磷的共同限制，即植物生长对氮、磷共同添加的响应高于对氮、磷单独施加的响应（Elseret al.，2007；Harpole et al.，2011）。

关于氮沉降或氮添加对陆地生态系统化学计量学影响，国内外已开展了一些研究。Lü 等（2013）对内蒙古典型草原氮添加实验发现，连续 4 a 的氮素添加提高了土壤中有效氮和磷含量以及优势物种叶 N 和 P 含量，但降低了叶 N 和 P 的回收效率，表明氮素添加同时加速了氮、磷的循环过程，也显示氮、磷在植物吸收和利用过程中存在耦合作用。詹书侠等（2016）对我国北方典型草原氮添加实验表明，在低氮和高氮水平添加下，羊草对磷添加的响应与适应机制不同。低氮水平，羊草主要通过增加光合速率和比根长，提高光合能力和根系对氮的获取能力促进地上部分的生长；在高氮水平，磷添加对羊草的个体生长无明显促进作用，主要通过保持较高的比叶面积（SLA）和比根长，提高对光资源的截获能力和根系对 N 的获取和吸收能力，维持地上部分的生长。Ordoñez 等（2009）对全球 99 个地点 474 种植物比叶面积、叶氮磷浓度和氮磷比沿土壤梯度的分布研究发现，土壤肥力与植物比叶面积和叶氮磷浓度成正比；土壤肥力更多地决定了植物叶片性状，而气候条件则更多地决定了植物的生活型。土壤团聚体结构特征的差异导致团体中养分含量也存在差异，而在不同粒径土壤团聚体中物理化学性质上的不同导致了其中土壤微生物活性和养分周转特征也不一样，从而引起各粒径团聚体中碳、氮和磷的分布及其生态化学计量学特征也存在差异。Zhong 等（2017）在中国东南部的木荷人工林的氮素添加实验中发现随着氮素添加量的增加，土壤总氮有所增加，pH 值和 C∶N 降低，未显著影响土壤团聚体中的有机碳，并认为土壤团聚体的物理保护导致微生物的活性降低，从而阻碍了有机碳的分解。目前关于陆地生态系统 C、N 和 P 生态化学计量学特征的研究多集中于植物和土壤领域，而对植物-土壤 C、N 和 P 营养元素传递与调节机理的研究还比较薄弱，应进一步深入研究植物-土壤的营养元素相互关系和传递机制。

1.3.5 外源氮添加对土壤酶活性的影响

土壤酶是土壤的重要组分，主要来自微生物、植物和动物的活体或残体。土壤酶参与土壤的重要生物化学反应过程，包括有机质分解、合成与转化过程。土壤酶活性作为微生物群落活性表征指标之一（Alvarez et al.，2000），反映土壤生物化学反应的方向和强度，被广泛用于评价土壤营养物质循环转化状况和评价肥料施用的效果（和文祥等，2010）。约有60余种酶类存在于土壤中，划分为水解酶、氧化还原酶、转移酶、异构酶、连接酶和裂解酶六大类，这些酶在土壤养分转化中起着重要的作用（关松荫，1986）。目前广泛进行研究的酶主要包括水解酶和氧化酶，水解酶活性影响纤维素、半纤维素等较易分解的有机质，氧化酶活性影响木质素、腐殖质、芳香族化合物的分解和可溶性有机碳的输出（Sinsabaugh et al.，2010）。参与土壤氮磷碳元素循环的土壤酶（脲酶、磷酸酶、蔗糖酶等）用来评估土壤养分循环的变化。多酚氧化酶、过氧化氢酶、过氧化物酶等氧化酶活性与土壤腐殖化过程、生物呼吸强度紧密相关（林先贵，2010）。各种土壤酶积极参与土壤碳氮的转化，对提高土壤肥力有重要作用，而土壤碳氮状况又是土壤酶活性的基础，对土壤酶活性有着不可忽视的影响。土壤中的各种酶并不是孤立存在的，而是密切配合，相互影响，相互作用，在土壤养分循环转化起着十分重要的作用。

氮沉降通过改变土壤理化因子，改变土壤微生物对底物的利用模式（Phoenix et al.，2012），从而引起土壤酶活性变化，进而影响微生物对有机质分解、矿化和腐殖质形成（Gao et al.，2015），最终影响土壤养分循环。在大多数陆地生态系统中，氮素是营养限制因子。施氮能减轻氮素限制，为植物和微生物生长提供丰富的营养来源。国内外关于氮沉降对陆地生态系统土壤酶活性已开展了一些研究，但在不同生态系统中，土壤酶活性对氮沉降增加的响应有所不同。一些研究表明，氮沉降促进了土壤脲酶（刘星等，2015；Wang et al.，2008）、多酚氧化酶活性（张艺等，2017）；而另一些研究表明，氮沉降增加抑制了脲酶（孙亚男等，2016；Wang et al.，2014；苏洁琼等，2014）、过氧化物酶、蔗糖酶活性（刘星等，2015）。低氮沉降［40 kg N/（hm^2·a）］促进中亚热带米槠天然林土壤β-葡萄糖苷酶、纤维素水解酶、多酚氧化酶和过氧化物酶活性（周嘉聪等，2017）。氮添加显著抑制了湿地松林土壤有机质中碳、氮、磷水解酶和氧化酶活性，且高氮对酶活性抑制效果更明显（张闯等，2016）。氮添加抑制了高寒草甸0～10 cm土层土壤脲酶活性，抑制了0～10 cm土层和10～20 cm土层土壤纤维素酶活性（孙亚男等，2016）。氮添加明显抑制了腾格里沙漠东南缘的荒漠化草原0～10 cm土层和10～20 cm土层土壤脲酶、蔗糖酶、过氧化氢酶活性，且不同酶活性在土层深度、氮添加水平和年际间存在差异（苏洁琼等，2014）。Wang等（2011）研究表明，混合形式的氮比单一形式氮对脲酶、酸性磷酸酶、过氧化氢酶、蔗糖酶和多酚氧化酶的影响更大。Wright等（2001）研究表明，土壤酶活性与养分有效性之间存在着负反馈作用。张艺等（2017）研究表明，脲酶、酸性磷酸酶与土壤微生物量碳呈显著正相关性，过氧化氢酶与多酚氧化酶活性与微生物量碳含量呈显著负相关性。氮添加或模拟氮沉降对土壤水解酶和氧化酶活性的影响不一致，可能与气候条件、植被类型、土壤类型、氮添加量、氮添加时间长短、土壤养分含量不同等有关，有待进一步开展深入研究。

1.3.6 外源氮添加对土壤微生物的影响

1.3.6.1 外源氮添加对土壤微生物群落的影响

土壤微生物作为草地土壤生态系统中极为重要的组成部分，参与土壤碳、氮的循环及土壤有机物的矿化过程（Zhao et al.，2017），对有机物分解、养分转化、供应起着主导作用，是草地土壤质量变化的重要指标。土壤微生物群落组成的变化会导致土壤物质循环和养分利用的改变。土壤微生物是土壤生态系统变化的敏感指标，易受外界调控措施和不同干扰的影响，且其数量和种类随土壤环境因子和土壤深度的影响。前人研究发现，氮沉降会改变土壤微生物学特性，显著改变土壤微生物生物量（Chen et al.，2015；洪丕征等，2016），改变细菌：真菌比值，进而改变土壤微生物群落结构（Leff et al.，2015）。Chen等（2015）研究表明氮沉降降低土壤微生物量碳。王长庭等（2013）在青海高寒草甸 2 a 的施氮研究表明，在 0～32 kg N/（hm^2·a）的施氮范围内，土壤微生物量碳随施肥梯度提高而增加，在施氮 40 kg N/（hm^2·a）时，土壤微生物量碳降低。Huang 等（2015）研究表明，氮沉降对沙漠草原土壤微生物数量无显著影响，未改变土壤细菌：真菌比值。Zechmeister-Boltenstern 等（2011）在欧洲森林模拟氮沉降的研究表明，氮沉降大于等于 32 kg N/（hm^2·a）抑制真菌类群的生长代谢。氮沉降增加提高了植物生产力，改变了植物群落组成（李文娇等，2015），植物凋落物组成相应改变，使得土壤中来自植物的碳源种类和数量发生改变（Yang et al.，2011），从而影响到微生物群落多样性和活性（Fierer et al.，2012），最终影响养分循环过程。由于不同生态系统的植物群落组成不同，土壤微生物的数量和结构也不同，因此，氮沉降增加对土壤碳源利用效率的影响也不同。

氮添加改变了土壤微生物功能多样性和结构组成（王杰等，2014；Allison et al.，2013）。Demoling 等（2008）在挪威森林模拟氮沉降实验研究表明，氮沉降增加加剧了土壤碳限制，导致土壤微生物生物量和土壤微生物活性下降。氮沉降对土壤微生物影响受植被类型、土壤类型、氮添加量和氮添加时间长短的影响，但大多数研究结果表明，氮添加降低了土壤微生物多样性和土壤微生物生物量（Wang et al.，2018）。Treseder（2008）对 82 个野外实验总结分析表明，氮添加抑制陆地生态系统土壤微生物生物量，氮添加量越大，负面作用越大。氮添加使藏嵩草沼泽化草甸土壤微生物磷脂脂肪酸含量和丰富度发生明显改变，且存在明显土层梯度效应（王长庭等，2017）。一些研究表明，氮添加引起土壤 pH 值降低，而土壤酸化是引起土壤微生物群落结构发生改变的重要因素（Zhou et al., 2015）。但也有研究表明氮沉降引起土壤中可利用性氮含量增加导致土壤微生物群落结构改变，而不是土壤酸化（Zhou et al., 2017）。方圆等（2017）研究表明，土壤含水量、土壤总碳和总氮影响草甸草原土壤微生物群落组成。可见，氮沉降对土壤微生物群落的影响和驱动因素存在很大不确定性，需要进一步深入研究。

1.3.6.2 外源氮添加对土壤细菌群落的影响

土壤细菌群落是土壤中大量存在的微生物，其在土壤碳、氮循环中发挥着不可忽视的作用。因此，研究土壤细菌群落对氮沉降增加的响应具有重要意义。有研究表明氮添加会影响土壤细菌优势菌群丰度，改变土壤细菌群落结构（张海芳等，2018）。另一些研究表明，短期施氮不会对土壤细菌群落产生显著影响，但高氮处理显著改变敏感菌群相对丰度，富营养型细菌丰度增加，而贫营养型类群丰度降低（郝亚群等，2018；Lin et al., 2014；Hui et al., 2016）。NH_4^+ 是微生物的重要氮源，其含量的高低影响对其敏感的微生物的生长。Zhou 等（2015）研究表明，酸微菌纲和 α-变形菌纲丰度的升高与铵态氮含量的提高有关。大多数研究表明土壤 pH 值是影响土壤细菌群落组成的关键因子（Zeng et al., 2016；Ling et al., 2017）。土壤 pH 值对土壤细菌的影响是直接的还是间接的，目前还没有研究明确证实。土壤细菌对 pH 值变化敏感，主要是土壤细菌对 pH 值耐受范围较窄（Rousk et al., 2010）。由于氮添加量、氮添加时间和研究对象不同，关于土壤细菌多样性对氮沉降或氮添加响应不同。Zeng 等（2016）研究表明，氮肥直接影响了温带草原土壤细菌多样性而间接影响了土壤细菌群落组成，且当氮添加大于 120 kg N/（$hm^2 \cdot a$）显著影响土壤细菌群落结构。杨山等（2015）对北方草原和郝亚群等（2016）对中亚热带杉木林研究表明，短期施氮对土壤细菌丰富度和 α 多样性指数无显著影响。Freitag 等（2005）对瑞典草地长期氮添加实验表明，适量氮添加提高土壤细菌多样性。Ling 等（2017）对内蒙古温带草原的长期氮添加实验研究表明，细菌 Chao1 丰富度和 Shannon 多样性指数与氮添加水平呈负相关性。Wang 等（2018）对中国南方氮富集热带森林实验表明，氮添加降低了土壤细菌丰富度。Yang 等（2018）研究表明，植物功能性状、非生物土壤特性（土壤 pH 值、无机氮等）共同驱动了土壤细菌多样性的改变。

1.3.6.3 外源氮添加对土壤真菌群落的影响

土壤真菌是土壤微生物中的另一重要组成部分，与土传病害、植物互作和土壤有机物质的分解密不可分（Zechmeister-Boltenstern et al.，2015；Zhou et al.，2016），在土壤生态系统中具有重要的不可忽视的地位（He et al.，2016），因此研究土壤真菌群落对氮沉降增加的响应具有重要意义。前人研究表明，氮肥降低真菌生物量，改变土壤真菌的组成结构（Paungfoo-Lonhienne et al.，2015），降低多样性（Zhou et al.，2016），增加病原菌丰度（Hu et al.，2017）。长期施氮导致东北黑土由健康易于保持平衡的“细菌型”向易发生土传病害的“真菌型”转变（Zhou et al.，2015）。氮添加显著改变了土壤真菌群落组成（Kim et al.，2015），且土壤真菌群落随着土壤深度的变化而变化（Prober et al.，2015；Chen et al.，2018）。Clemmensen 等（2015）研究表明，土壤真菌群落结构和多样性与土壤碳固定过程密切相关。高氮添加对土壤真菌的影响高于低氮添加，土壤真菌多样性及其基因拷贝数与土壤 pH 值有关（Zhou et al.，2016）。Liu 等（2015）证明土壤碳含量驱动了东北地区真菌群落的地理分布。Li 等（2018）研究表明，植物生物量、土壤碳含量和土壤 C：P 比值是内蒙古典型草原土壤真菌群落主要驱动因素。氮沉降增加引起土壤有效性氮含量增加降低了土壤 pH 值，引起土壤优势真菌门类丰度的降低（Contosta et al.，2015；Muller et al.，2014），降低了相应土壤酶活性，从而对土壤养分循环产生反馈效应（Corrales et al.，2017）。

1.3.6.4 外源氮添加对土壤氮转化关键微生物的影响

土壤氮转化主要过程包括生物固氮作用、氨化作用、硝化作用和反硝化作用，这些过程都由土壤微生物所驱动。其中，氨化与硝化反应是土壤氮转化的两个重要过程，不仅决定着地上植被对土壤有效氮的利用程度，同时与温室气体（如 NO、N_2O）排放和硝酸盐淋溶引起的水体污染等一系列生态环境问题直接相关。氮沉降进入土壤后的一系列转化离不开与氮素转化的相关微生物参与。近年来的研究表明，施氮肥显著影响固氮菌、硝化菌和反硝化菌群落结构和丰度（Jorquera et al.，2014）。

生物固氮是指空气中 N_2 由固氮微生物在固氮酶作用下催化成氨的过程（Eady，1996），是土壤生态系统氮输入的较为重要来源。据估计，氮素从陆地生态系统中的输入量高达 90～130 Tg（Kennedy et al.，2001）。固氮菌种类丰富，其中包括固氮菌属（*Azotobacter*）、克氏杆菌（*Klebsiella*）、固氮螺菌（*Azospirillum*）、类芽孢杆菌属（*Paenibacillus*）、假单胞菌属（*Pseudomonas*）等，蓝细菌和放线菌中一些种类也可以固氮。根据固氮微生物的固氮特点以及与高等植物的关系，可以将它们分为自生固氮微生物、共生固氮微生物和联合固氮微生物。固氮酶研究的指示基因为 *nifD*、*nifK* 和 *nifH* 等，其中固氮酶成分 *nifH* 基因被广泛应用于研究固氮微生物。由于固氮过程是一个消耗能量的过程，一般认为固氮微生物数量与土壤有机质含量呈正相关（杨迪等，2013）。氮肥能显著提高固氮菌多样性和丰度（Coelho et al.，2008），因此促进土壤微生物的固氮功能（Orr et al.，2012）。一些研究表明，高浓度无机氮添加抑制固氮菌生长（Zhang et al.，2013）。这说明施氮量过高时，会抑制固氮微生物生长。刘朴方（2012）研究施肥对东北黑土固氮菌群影响发现农肥和化肥施用等措施均减少固氮菌的多样性、改变群落结构，而且在一定程度上使某些固氮菌类群的生长及分布发生改变。

硝化作用是连接固氮作用和反硝化作用的重要环节，在氮素转化中发挥重要作用。土壤硝化作用受土壤水分、温度、pH 值、无机氮含量等环境因子的影响，通常发生在通气良好的土壤环境中。氮沉降增加了土壤无机氮含量，因此氮沉降对土壤硝化作用影响受到更多关注。氨氧化微生物包括氨氧化细菌（AOB）和氨氧化古菌（AOA），通过 *amoA* 基因产生的氨单加氧酶控制氨氧化过程是硝化过程的限速步骤（Ke et al.，2013）。目前氮肥或氮添加对硝化作用影响研究大多数是针对这一步骤开展的。施用化肥明显影响氮循环的微生物丰度。已有研究表明，长期施氮肥增加了土壤 AOB 丰度和土壤硝化势（Ai et al.，2013）。Shen 等（2011）对内蒙古半干旱草原氮添加实验表明，氨氧化细菌丰度随氮添加量增加而增加，而氨氧化古菌丰度则无明显变化。氮肥种类和氮肥施用量会影响土壤氨氧化微生物组成和丰度（Zhou et al.，2015）。农田土壤中，NH_3 是硝化微生物关键的能源物质，主要来源是无机氮肥和有机物的输入。有机物质输入的数量和质量是调节矿化和分解速率、氮释放的关键（Kunlanit et al.，2014）。在 NH_4^+ 浓度低时，或者 NH_4^+ 主要是来自有机氮的矿化时，AOA 一般是主导（Zhang et al.，2010）。而在 NH_4^+ 浓度高时，AOB 是主导，尤其 NH_4^+ 主要是来自无机肥时（Di et al.，2009）。Hai 等（2009）发现尿素-NH_4^+ 可以增加 AOB 的丰度，而 AOA 的丰度主要受秸秆和粪便来源的有机物刺激。He 等（2012）研究发现，土壤中 AOB 和 AOA 也许存在一定的生态位分异，AOB 多在中碱性环境中起主导作用，而 AOA 更倾向于在酸性（与低氮的寡营养）环境中起作用。氮沉降增加导致土壤 pH 值降低，从而影响土壤硝化功能。这是因为土壤中氨的存在状态受 pH 值影响，当 pH 值较高时，土壤中的氨分子浓度较高，当 pH 值较低时，土壤中的氨分子浓度降低，氨分子转变成铵根离子。而氨的存在状态影响氨氧化细菌的群落组成。

反硝化作用是指土壤中的硝酸盐在反硝化细菌的作用下逐步还原成氨气的过程。反硝化作用一方面减少土壤中的硝酸根的淋溶损失，另一方面又因产生氮氧化合物 N_xO 和 N_2 而损失。反硝化作用一直以来被认为是一个厌氧的过程，例如脱氮小球菌、反硝化假单胞菌等，它们以有机物为氮源和能源，进行无氧呼吸，随着周质硝酸盐还原酶（*Nap*）可以在好氧条件下表达的发现，好氧反硝化作用也逐渐成为研究热点。反硝化微生物在细菌、真菌和古菌中都有广泛分布，以细菌中的假单胞菌、芽孢杆菌、根瘤菌、红螺菌、噬纤维菌、脱氮副球菌、盐杆菌最为常见，真菌、放线菌、酵母菌中也存在反硝化现象。反硝化过程与温室气体排放密切相关，反硝化作用产生的 N_2O 是导致温室作用的重要因素。参与反硝化过程的酶包括硝酸盐还原酶（*Nar*）、亚硝酸盐还原酶（*Nir*）、NO 还原酶（*Nor*）和 N_2O 还原酶（*Nos*）。亚硝酸还原酶是土壤反硝化过程的关键酶，*nirS* 与 *nirK* 基因作为调控亚硝酸还原酶的重要基因研究较为广泛（Braker et al.，2011）。反硝化微生物群落结构和功能基因丰度受 pH 值、O_2 含量、含水量、养分状况和有机质含量等环境因素的影响。Chen 等（2010）研究表明，不同反硝化微生物功能群对环境变化的响应存在差异。*nirK* 型反硝化细菌比 *nirS* 型反硝化菌群对氮肥添加的响应更敏感（Yoshida et al.，2010）。罗希茜等（2010）研究表明，长期单施化肥明显改变 *nirK* 反硝化细菌群落组成。氮肥添加增强了土壤硝化-反硝化作用，提高了 N_2O 的排放量，减弱了土壤的固氮作用（雍太文等，2018）。目前国内外关于氮转化功能微生物对全球气候变化响应的认识还不全面，已有研究结论也不一致，有必要进一步开展研究。

1.4 放牧和利用方式对草原生态系统的影响

放牧不仅可以直接改变草地的形态特征，而且还可以改变草地群落的组成、结构和生产力（韩国栋等，1999），因此，放牧管理是草地生物多样性恢复与维持的关键。放牧对植物生长既有抑制作用，又有促进作用（李永宏等，1999），能够改变草地的生产力和生物多样性。放牧会导致草原群落中种群配置变化，植物种类成分的消长，植物生活型的分化，层片结构的分异，土壤理化性质的改变等（孙海群等，1999）。放牧对于草地群落影响程度与草地群落植被的类型、放牧强度、放牧时间有关（汪诗平等，1998）。一般认为，轻牧、中牧下群落的物种组成和生产力基本维持稳定，重牧则可使群落的物种组成减少，耐牧劣质杂草成为优势种，草地生产力下降。放牧采食、践踏等行为会影响草地土壤的物理结构，如容重、渗透性和含水率等。持续过度放牧，会使优良牧草种类减少，产草量降低，土壤出现严重的退化现象。放牧对植物多样性的影响还与时空尺度有关。局部的干扰和选择性采食能够使局部尺度的多样性增加，但在物种库中对耐牧性植物的强烈选择作用，使更大尺度上的多样性降低（Glenn et al.，1992）。此外，放牧影响的时间尺度也很重要，在较短的时间尺度上，植食作用能够引起植物多样性的增加，但动物采食所诱导的向着防御性或耐牧性植物的演替将最终使这种增加消失（汪诗平等，1998）。适度放牧是调节草地生产力最经济有效的管理方式，对草地生态系统地上和地下均有影响。

草地的局部植物丰富度通过一个大的空间尺度的物种库中的物种在局部迁入与灭绝之间的动态相互作用来维持。影响草地植物多样性的过程可分为2类：①有助于提高局部迁入速率的过程；②有助于降低局部灭绝速率的过程。植物物种迁入过程和与灭绝有关的过程（如资源竞争等）不是相互排斥的，这2个过程间的相互作用进一步增强了植食动物对草地植物多样性的影响。植食动物对植物多样性的极端影响依赖于它们对优势植物生物量和繁殖的相对影响，更新迹地的类型与密度，以及稀有植物繁殖体的供应。反刍家畜的尿斑增加了土壤异质性和植物的更新，进而增加草地的植物多样性。当放牧的密度很高时，家畜无选择地采食，会引起大面积的土壤侵蚀，仅有一些耐牧植物保留下来，使植物多样性降低（Crawley，1997）。放牧对植物多样性的影响因环境的不同具有明显的差异（Proulx et al.，1998）。如土壤肥力梯度和降水梯度对于放牧对植物多样性的影响至关重要。放牧使土壤贫瘠的北美高草草原的植物多样性降低，而使土壤肥沃的高草草原的多样性增加（Fahnestock et al.，1998）。

人类活动对草原生态系统中的影响起着关键作用，其中土壤有机碳的变化主要受人类对草原不同利用方式的影响（Turner et al.，1994）。人类对草原的不同利用方式主要包括围封、刈割和放牧，但因不同的草地类型、气候环境、管理方式以及研究方法，目前研究结果不尽一致。围栏封育是排除人为干扰后，使退化草地在自然界自身的调节能力下，得以恢复和重建（吕世海等，2008）。近年来对草原在不同利用方式下的土壤有机碳和活性有机碳的影响已开展一些研究。放牧对草地碳氮循环的影响主要取决于放牧强度、放牧制度、放牧季节、放牧动物的牧食行为等几个因素，而放牧强度是其中最主要的控制因素。蒲宁宁等（2013）研究表明，放牧显著增加了草甸草原微生物量碳和土壤易氧化有机碳。杨合龙等（2013）发现，放牧显著降低了土壤活性有机碳。大部分研究表明，随着放牧强度的增加，表层土壤有机质和全氮含量明显减少。徐海峰（2017）在对贵州省龙里草原土壤有机碳和活性有机碳测定中发现，土壤有机碳和活性有机碳含量均表现为围封＞放牧＞刈割。郝广等（2018）在研究刈割对内蒙古呼伦贝尔羊草草原影响时发现，相对于围封而言刈割显著降低了土壤有机碳含量。赵娜等（2014）研究发现，围栏封育 8 a 比封育 29 a 土壤有机碳含量高，表明适度放牧更有利于提升土壤有机碳含量。高永恒（2007）在对高山草甸生态系统氮素分布格局和循环进行的研究中发现，随放牧强度的增加，0～10 cm 土壤氮贮量呈增加的趋势，重度放牧显著增加了土壤氮贮量，但同时也显著减少了群落盖度，降低了植物地上生物量。过度放牧不利于畜牧业的持续发展，会导致草地优良物种减少和土壤的退化。因此，合理的放牧强度以及频度对于维持草地生态系统可持续发展至关重要。

第 2 章　研究区域概况与研究方法

2.1　研究区域概况

呼伦贝尔草原是世界著名大草原之一，地处东经 115°31′00″～121°34′30″，北纬 47°20′00″～50°50′30″，位于内蒙古高原东部，其东部和南部与海拔 700～1 000 m 的大兴安岭相连，北有海拔 650～1 000 m 的陈巴尔虎山地，西部在中蒙毗邻地区有相对高差 150 m 的低山，南隅与蒙古高原连成一片，四周多为山地和丘陵，中部的海拉尔台地是构成呼伦贝尔高平原的主体，海拔在 650～750 m。呼伦贝尔草地属温带大陆季风气候，年降水量 250～400 mm，自东南向西北递减，年均温 -3～0℃，自东南向西北递增，年蒸发量为降水量的 2～7 倍，光、热、风能资源丰富，年均风速 3.0～4.6 m/s，无霜期 80～120 d，土壤从东向西由黑钙土地带逐渐过渡到栗钙土地带，隐域性土壤有沙土、草甸土、沼泽土和盐碱土。呼伦贝尔草原作为世界草地资源研究和生物多样性保护的重要基地，一直备受国内外科技界的高度重视和关注。

在呼伦贝尔草地上有 3 条沙带，第一条在海拉尔河南岸，从海拉尔到满洲里的铁路沿线，长约 150 km，宽 4～10 km；第二条沙带是自新巴尔虎左旗的阿木古郎镇一直向东延伸至鄂温克旗的辉苏木，长约 80 km，宽 15 km；第三条沙带是高原东缘的樟子松林带，从鄂温克旗的莫和尔吐、锡尼河至新巴尔虎左旗的罕达盖。草地上的河流多发源于大兴安岭西北坡，如海拉尔河、伊敏河和莫日根河，入额尔古纳河为外流水系。哈拉哈河入贝尔湖再经乌尔逊河与呼伦湖相连。呼伦湖又接克鲁伦河构成了内陆水系，草原上河流虽然很多，但分布不均匀，东部较多，西部较少，西部存在大面积的缺水草场。

呼伦贝尔草原总面积 756.09 万 hm^2。由于气候、土壤等生态条件的规律性变化，地带性植被从东向西明显的分为温性草甸草原和温性典型草原，隐域性植被为低平地草甸、山地草甸和沼泽。

（1）温性草甸草原类。面积 141.90 万 hm^2，占呼伦贝尔草地总面积的 18.07%，该类草地包括 3 个亚类，即平原、丘陵温性草甸草原（71.81 万 hm^2，占总面积的 9.14%）；山地温性草甸草原（49.26 万 hm^2，占 6.27%）和沙地温性草甸草原（20.83 万 hm^2，占 2.65%）。草群草层高度一般 20～60 cm，盖度 50%～80%，1 m^2 种的饱和度在 20 种左右，优势植物主要有日荫菅（*Carex pediformis*）、线叶菊（*Filifolium sibiricum*）、贝加尔针茅（*Stipa baicalensis*）、羊草（*Leymus chinensis*）等。

（2）温性典型草原类。面积 431.41 万 hm^2，占呼伦贝尔草地总面积的 54.93%。该类草地包括 2 个亚类，即平原、丘陵温性典型草原（401.29 万 hm^2，占总面积的 51.10%）；沙地温性典型草原（30.12 万 hm^2，占 3.83%）。草层高度 15～45 cm，盖度 40%～65%，1 m^2 种的饱和度 10～20 种。优势植物主要有羊草、大针茅（*Stipa grandis*）、克氏针茅（*Stipa kryrowii*）、糙隐子草（*Kengia squarrosa*）、冷蒿（*Artemisia frigida*）等。

（3）低平地草甸类。面积 126.47 万 hm^2，占呼伦贝尔草地总面积的 16.11%。该类草地包括 3 个亚类，即平原草甸（50.06 万 hm^2，占总面积 6.38%）；低地盐生草甸（69.90 万 hm^2，占 8.90%）；低地沼泽草甸（6.51 万 hm^2，占 0.83%）。草层高度 30～100 cm，盖度 80%～95%，1 m^2 种的饱和度在 10 种左右，优势植物主要有红顶草（*Agrostis gigantea*）、碱蓬（*Suaeda heteropera*）、碱茅（*Puccinellia tenuiflora*）等。

（4）山地草甸类。面积 38.94 万 hm^2，占呼伦贝尔草地总面积的 5.15%。草层高度 40～60 cm，盖度 85%～100%，1 m^2 种的饱和度在 20 种以上，优势植物主要有日荫菅、山野豌豆（*Vicia amoena*）、地榆（*Sanguisorba officinalis*）、拂子茅（*Calamagrostis epigejos*），无芒雀麦（*Bromus inermis*）等。

（5）沼泽类。面积 17.38 万 hm^2，占呼伦贝尔草地总面积的 2.30%。草层高度 50～150 cm，盖度 95%～100%，1 m^2 种的饱和度在 10 种以下。优势植物主要有塔头苔草（*Carex appendiculata*）、大叶樟（*Deyeuxia langsdorffii*）、芦苇（*Phragmites australis*），扁秆荆三棱（*Bolboschoenus planiculmis*）等。

呼伦贝尔草地植物资源十分丰富，有维管束植物 1 352 种，包括 10 个亚种，110 个变种和 12 个变型，隶属 108 科，468 属。其中可供家畜饲用的野生植物 794 种，主要有菊科 141 种、禾本科 112 种、豆科 66 种、蔷薇科 56 种和莎草科 48 种。具有较高栽培驯化价值的优良牧草有 19 种，主要有羊草、披碱草、老芒麦、黄花苜蓿、冰草、无芒雀麦、野豌豆、野火球等。天然草地上有毒植物 46 种，有害植物 28 种。禾本科、菊科、莎草科和豆科植物是呼伦贝尔天然草地的主体成分。

呼伦贝尔地处高寒地区，无霜期短，枯草期长，基础设施薄弱，家畜的饲养主要依靠天然草场放牧，冬春季营养严重不足，呈现出“夏壮、秋肥、冬瘦、春乏”的季节性波动规律。畜牧业整体效益低，奶牛平均单产 1 000 kg 多，肉牛近 30 个月龄方能出栏，胴体重仅 130～150 kg，肉羊 24 月龄时，胴体重仅 20 kg，单位面积草地产肉量为世界平均的 30%，单位面积草地产值只相当于澳大利亚的 1/10、美国的 1/20、荷兰的 1/50。草原道路、电力、水利设施薄弱，公路两侧、河流两岸、机井、居民点及城镇周围家畜放牧过重，出现了严重的草场退化；可供打草草场 100.43 万 hm^2，每年打贮青干草 5 亿～6 亿 kg，退化也比较严重。草原开垦后由于掠夺式耕种致使资源破坏，水土流失严重。农牧民科技意识、市场意识淡薄，传统的畜牧业同时承受自然和市场双重风险。生产上，农牧民千家万户分散的经营方式和走向一体化的大市场形成强烈的冲突，草原畜牧业整体经济在低水平徘徊。

2.2　氮素添加实验

贝加尔针茅（*Stipa baicalensis*）草原是亚洲中部草原区所特有的草原群系，是草甸草原的代表类型之一，在我国主要分布在松辽平原、蒙古高原东部的森林草原地带，是呼伦贝尔草原主要的植物群落类型。贝加尔针茅草原主要为天然牧场，在畜牧业生产中占有重要地位。自 20 世纪 80 年代以来，由于放牧、刈割等不合理的利用制度，贝加尔针茅草原发生不同程度的退化，是中国草原主要的退化草地类型之一（杨殿林等，2006）。该区域属于全球气候变化影响下碳源汇效应高度不确定性的敏感区域（Forkel et al.，2016）。有研究表明，我国内蒙古温带草原每年氮沉降量已经高达 3.43 g/m^2，并且在未来仍将持续增加（张菊等，2013）。

研究区域位于大兴安岭西麓，内蒙古自治区鄂温克自治旗伊敏苏木境内，地理位置为北纬 48°27′～48°35′，东经 119°35′～119°41′。海拔高度为 760～770 m，地势平坦，属于温带草甸草原区，为半干旱大陆性季风气候，年均气温 -1.6℃，年降水量 328.7 mm，年蒸发量 1 478.8 mm，≥0℃年积温 2 567.5℃，年均风速 4 m/s，无霜期 113 d。土壤类型为暗栗钙土（Zhang et al.，2008）。实验开始时土壤基础理化性质为：土壤 pH 值 7.07，总有机碳 27.92 g/kg，全氮 1.85 g/kg，全磷 0.45 g/kg。

植被类型为贝加尔针茅（*Stipa baicalensis*）草甸草原，共有植物 66 种，分属 21 科 49 属。其中，贝加尔针茅为建群种，羊草（*Leymus chinensis*）为优势种，草地麻花头（*Serratulay amatsutanna*）、线叶菊（*Filifolium sibiricum*）、扁蓿豆（*Melissitus ruthenica*）、羽茅（*Achnatherum sibiricum*）、日荫菅（*Carex pediformis*）、裂叶蒿（*Artemisia tanacetifolia*）、变蒿（*Artemisia commutata*）、多茎野豌豆（*Vicia multicaulis*）、祁州漏芦（*Rhaponticum uniflorum*）、寸草苔（*Carex duriuscula*）、

肾叶唐松草（*Thaictrum petaloideum*）、狭叶柴胡（*Bupleurum scorzonerifolium*）、草地早熟禾（*Poa pratensis*）等为常见种或伴生种。

氮素添加实验开始于2010年6月，在围栏样地内设置氮添加实验。实验添加氮素处理强度和频度参考国际上同类研究的处理方法（Stevens et al., 2004）。设置氮素添加水平为0、15、30、50、100、150、200和300 kg N/（$hm^2 \cdot a$）（不包括大气沉降的氮量）8个处理，分别记为对照N0或CK，低氮添加（N15、N30和N50），高氮添加（N100、N150、N200和N300）。每年分2次施入，第一次6月中旬施氮50%；第二次7月中旬施氮50%，氮素为NH_4NO_3。根据氮素添加处理的氮添加量，将每个小区每次所需要施加的硝酸铵（NH_4NO_3）溶解在8 L水中（全年增加的水量相当于新增降水1.0 mm），水溶后均匀喷施到小区内。对照小区同时喷洒相同量的水。共8个处理，4次重复，小区面积8 m×8 m，小区间设2 m隔离带，重复间设5 m隔离带。

2.3 养分添加实验

养分添加实验在贝加尔针茅草原进行。试验地自2010年开始进行围封禁牧，并进行相应的施肥处理。实验设CK（对照，不施肥），N（单施氮肥，100 kg/hm^2），P（单施磷肥，100 kg/hm^2），K（单施钾肥，100 kg/hm^2），NP（氮、磷肥混施，均为100 kg/hm^2），NK（氮、钾肥混施，均为100 kg/hm^2），PK（磷、钾肥混施，均为100 kg/hm^2），NPK（氮、磷、钾肥混施，均为100 kg/hm^2）8个处理，6次重复。小区面积8 m×8 m=64 m^2，处理之间设2 m隔离带，重复间设5 m隔离带。养分添加实验于2010年开始进行，每年分2次进行添加，分别在牧草生长季6月15日、7月15日进行，每次施入全年添加总量的50%。N（尿素）、P（重过磷酸钙）、K（硫酸钾）施肥时均匀手撒。

2.4 不同利用方式实验

在贝加尔针茅草原植被典型、地势平缓开阔的典型地段，分别选择100 m×100 m围栏草地、刈割草地和围栏外自由放牧草样地各3个，样地间间隔100 m以上，样地间的植被、土壤、地形条件和利用年限1致。围栏草地自2010年围封，实行全年封禁。刈割样地每年8月中旬刈割1次，留茬10 cm。自由放牧样地，全年放牧，经调查放牧压力约6只羊/hm^2，属过度放牧。

2.5 测定方法

2.5.1 土壤理化性质和土壤有机碳组分测定

土壤含水量用称量法测定，土壤总有机碳（TOC）测定采用重铬酸钾外加热法，土壤全氮用凯氏定氮法，土壤全磷用采用钼锑抗比色法，土壤 pH 值采用玻璃电极法（土水比 1∶2.5），土壤铵态氮和硝态氮含量采用氯化钾溶液提取-流动分析仪（QC8000）测定，土壤速效磷采用碳酸氢钠提取-钼锑抗比色法。详细方法参见《土壤农化分析》（鲍士旦，2000）。

土壤微生物量碳（MBC）、土壤微生物量氮（MBN）采用氯仿熏蒸-K_2SO_4 提取-TOC 仪（Multi N/C 3000）测定（吴金水等，2006），土壤微生物量碳换算系数为 2.64，土壤微生物量氮换算系数为 1.85。

土壤易氧化有机碳（readily oxidized organic carbon，ROC）采用高锰酸钾氧化法测定（刘合明等，2008）。土壤可溶性有机碳（dissolved organic carbon，DOC）采用震荡浸提，上清液过 0.45 μm 滤膜后，用总有机碳 / 总氮测定仪（Multi N/C3000，德国）测定浸提液中有机碳含量（邱旋等，2016）。土壤总可溶性氮（DON）以测定土壤微生物量氮时未熏蒸土壤的全氮含量表示。土壤有机氮含量以土壤全氮含量减去铵态氮含量的差值表示。土壤可溶性有机氮以土壤可溶性氮减去铵态氮和硝态氮的差值表示。

2.5.2 植物光合特征、叶片功能特性和生物量测定

植物光合特征采用 LI-6400 便携式光合测定仪（Li-Cor Inc.，Lincoln，NE，USA）测定。采用 Li-3100A 叶面积仪（Li-Cor，Lincoln，Nebraska，USA）测定叶面积。

叶片元素的测定：植物样品 105℃杀青 30 min，然后 65℃（72 h）烘干至恒重，叶片粉碎过 100 目筛，混匀后保存在塑封袋中以备分析。叶片植物 C、N 含量采用元素分析仪测定，P 含量测定采用浓硫酸-双氧水比色法（顾大形等，2011）。

叶绿素含量的测定：把采集的 6 种植物鲜叶用去离子水清洗干净，称取叶片 0.30 g，用丙酮法提取色素，采用分光光度计（Unic 2800 UV/Vis Spectrophotometer）测定提取液在 663 nm 和 645 nm 处吸光度值，按照以下公式（舒展等，2010）计算：

$$\rho(\mathrm{Chl\ a}) = 12.7\ \mathrm{OD}_{663} - 2.69\ \mathrm{OD}_{645} \tag{2.1}$$

$$\rho(\mathrm{Chl\ b}) = 22.9\ \mathrm{OD}_{645} - 4.68\ \mathrm{OD}_{663} \tag{2.2}$$

$$\rho(\mathrm{Chl}) = \rho(\mathrm{Chl\ a}) + \rho(\mathrm{Chl\ b}) \tag{2.3}$$

式中，OD_{663}、OD_{645} 分别为叶绿体色素提取液在波长 663 nm 和 645 nm 下的吸光度值；ρ（Chla）、ρ（Chlb）分别为叶绿素 a、叶绿素 b 的质量浓度，g/kg；ρ（Chl）为叶绿素总量，g/kg。

地上生物量测定：在每年 8 月中旬进行生物量测定。在每个小区内侧预留出 1 m 的缓冲带，布设 1 m × 1 m 样方框，记录植物物种的生态学特性，并使用剪刀以收获法齐地面分种剪下后带回实验室，植物样品 105℃杀青 30 min，在 65 ℃下烘干 72 h 并称重，测量草原地上生物量。

2.5.3 温室气体排放通量测定

温室气体（CO_2、CH_4、N_2O）排放通量测定：选用静态箱-气相色谱法，提前 1 年将 20 cm 高箱底座埋入待测的实验小区地下，静态暗箱用不锈钢材料制作，体积为 50 cm × 50 cm × 50 cm，在箱外部覆盖 1 层泡沫保温板，避免取样时太阳照射对箱内温度的影响，箱顶部装有供采集气体用的三通阀和数字式温度计，在箱内侧安装两个直流风扇（搅匀气体）。利用气相色谱仪（Agilent 7890A）对温室气体含量进行检测，以氢火焰离子化检测器（FID）测定 CO_2 和 CH_4 含量，电子捕获检测器（ECD）测定 N_2O 含量。

2.5.4 土壤团聚体分离与测定

采用干筛法分离土壤团聚体，将剔除石砾、植物残根等杂物的新鲜土壤样品在 4℃下风干至含水量为 8% 左右，混合均匀后过 8 mm 的标准筛备用。团聚体分级以 0.25 mm 为界，＞0.25 mm 的土壤团聚体称为大团聚体，＜0.25 mm 的团聚体称为微团聚体，为了更深入地研究氮素添加对不同粒径土壤团聚体的影响，以 2 mm 和 0.25 mm 标准筛将土壤分为 3 个粒径的土壤团聚体（杨飞霞等，2018）。每次称取 100 g 在 4℃风干的土样放置在套筛的最上层，垂直振动 10 min，每分钟振动 60 次，分离出＞2 mm、0.25～2 mm 和＜0.25 mm 的 3 个粒径的土壤团聚体，将各级团聚体分为两部分，一部分风干用于测量土壤理化性质；另一部分土样置于 -70℃超低温保存，用于土壤微生物磷脂脂肪酸测定。

2.5.5 土壤酶活性测定

土壤酶活性测定参考关松荫的《土壤酶及其研究方法》（关松荫，1986）。

土壤脲酶活性采用苯酚-次氯酸钠比色法，以 24 h 后 1 g 风干土壤经尿素水释出的 NH_4^+-N 的质量（μg）表示；土壤酸性磷酸酶采用磷酸苯二钠比色法，其活性以 2 h 后 1 g 土壤 P_2O_5 的质量（mg）表示；土壤过氧化氢酶采用高锰酸钾滴定法，其活性以 1 g 风干土消耗 0.1 mol/L $KMnO_4$ 的体积（mL）表示；土壤过氧化物酶和多酚氧化酶采用邻苯三酚法，其活性以 2 h 后 1 g 土壤中紫色没食子素的质量（mg）表示；土壤蔗糖酶采用 3,5-二硝基水杨酸比色法，其活性以 24 h 后 1 g 土壤葡萄糖的质量（mg）表示。

2.5.6　土壤微生物群落结构和功能多样性测定

土壤微生物群落功能多样性测定：采用刘红梅等（2012）Biolog 实验方法，称取相当于 10 g 烘干土壤的新鲜土壤样品，加入 90 mL 灭菌生理盐水（0.85%）稀释，用封口膜将瓶口封好，在摇床上震荡 30 min，转速为 250 r/min。摇匀，静置 10 min 后，依次稀释至 1 000 倍。稀释液加入 Biolog-Eco 板的 96 个孔中，Biolog-Eco 板 28 ℃条件下培养，在 Biolog 微孔板读数仪（BIOLOGInc.，USA）上连续读数 7 d，每 24 h 读数 1 次。

Biolog 数据采用 Garland 和 Mills（1991）计算微平板平均颜色变化率（*AWCD*）来表示，单孔平均颜色变化率（*AWCD*）计算方法如下：

$$AWCD = \frac{\sum(C_i - R)}{n} \tag{2.4}$$

式中，C_i 为每个有培养基孔的光密度值；R 为对照孔的光密度值；n 为 Biolog-Eco 微平板上供试碳源的种类数，n 值为 31，重复 3 次。

用 Shannon 指数 H、Simpson 优势度指数 D 和 Shannon 均匀度指数 E 来表征土壤微生物群落代谢功能多样性。采用培养 96 h 时的 Biolog-Eco 平板孔中吸光值来计算土壤微生物群落功能多样性指数（赵晓琛等，2014），计算公式分别为：

Shannon 指数：$$H = -\sum p_i \times \ln p_i \tag{2.5}$$

Simpson 优势度指数：$$D = 1 - \sum {p_i}^2 \tag{2.6}$$

Shannon-Wiener 均匀度指数：$$E = \frac{H}{\ln S} \tag{2.7}$$

式中，P_i 为第 i 孔相对吸光值与整个平板相对吸光值总和的比率；S 是有颜色变化的孔的数目。

土壤磷脂脂肪酸 PLFA 测定：采用修正的吴愉萍方法（吴愉萍，2009）。称取 2 g 冷冻干燥的土壤样品于特氟隆离心管中，采用氯仿-甲醇-柠檬酸提取总脂，经 SPE 柱收集磷脂，磷脂通过温和碱性甲酯化为磷脂脂肪酸甲酯（Guekert et al., 1985；Bossio et al., 1995），采用安捷伦 GC-MC（6890-5973N）分析磷脂脂肪酸的组成（郭梨锦等，2013）。PLFA 的定性根据质谱标准图谱，以十九脂肪酸甲酯内标物进行定量计算。磷脂脂肪酸的命名采用 Frostegard 等（Frostegård et al., 1993）方法命名，PLFA 含量用 nmol/g 表示。

采用修正的吴愉萍方法测定各类群的磷脂脂肪酸含量。以磷脂脂肪酸 i14：0、14：0、i15：0、15：0、i16：0、16：1ω7t、16：1ω7c、16：0、i17：0、a17：0、17：1ω8c、cy17：0、10Me18：0、18：2ω6, 9c、18：1ω9c、18：1ω7、18：0、10Me19：0 加和表示土壤总磷脂脂肪酸含量（总 PLFAs），以磷脂脂肪酸 i14：0、14：0、i15：0、15：0、i16：0、16：1ω7t、16：1ω7c、16：0、i17：0、a17：0、17：1ω8c、cy17：0、18：1ω7、18：0 加和表示细菌磷脂脂肪酸含量（细菌 PLFAs），以磷脂脂肪酸 i14：0、i15：0、i16：0、i17：0、a17：0 加和表示革兰氏阳性细菌磷脂脂肪酸含量（革兰氏阳性细菌 PLFAs）量，以磷脂脂肪酸 16：1ω7t、16：1ω7c、17：1ω8c、cy17：0、18：1ω7 加和表示革兰氏阴性细菌磷脂脂肪酸含量（革兰氏阴性细菌 PLFAs），以磷脂脂肪酸 10Me18：0、10Me19：0 加和表示放线菌磷脂脂肪酸含量（革兰氏阴性细菌 PLFAs），以磷脂脂肪酸 18：2ω6,9c 和 18：1ω9c 加和表示真菌磷脂脂肪酸含量（真菌 PLFAs）（Kulmatiski et al., 2011；张焕军等，2011）。

2.5.7 土壤细菌 16S rDNA 克隆文库构建和 Illumina 测序

土壤总 DNA 采用 Power Soil ®DNA Isolation Kit 试剂盒提取，提取步骤按试剂盒说明书进行。具体过程概况如下：

（1）从 −20℃冰柜中取出土壤样品解冻后，称取 0.35 g，放入试剂盒配备的磁珠管中，然后轻轻涡旋混匀。

（2）检测 1 号试剂是否出现沉淀，若出现沉淀，60℃水浴至全部溶解。加入 60 μL Solution C1，上下颠倒混匀数次。

（3）把磁珠管固定在涡旋仪适配器上，调至最大转速 1 500 r/min 连续振荡 20 min。

（4）室温 10 000 *g* 离心 30 s，然后转移 500 μL 上清至一个干净的 2 mL 离心管中。

（5）加入 250 μL 的 2 号试剂到上清中，涡旋混匀 5 s。然后放入 4℃冰箱孵育 5 min。

（6）室温 1 000 *g* 离心 1 min，然后转移 600 μL 上清至一个新的离心管中。加入 200 μL 的 3 号试剂至上清中，涡旋混匀 5 s。然后放入 4℃冰箱孵育 5 min。

（7）室温 1 000 *g* 离心 1 min，然后转移 650 μL 上清至一个新的离心管中。将 4 号试剂摇匀，然后加入 1 200 μL 至上清中，涡旋混匀 5 s。

（8）加载约 675 μL 上清至过滤柱中，室温 10 000 *g* 离心 1 min，弃去滤液，然后继续加载 675 μL 上清，室温 10 000 *g* 离心 1 min。每个重复 3 次，过滤完所有上清。

（9）加入 500 μL 的 5 号试剂到过滤柱中，室温 10 000 *g* 离心 30 s。

（10）弃去上清，室温 10 000 *g* 离心 1 min。

（11）小心转移过滤柱到 2 ml 离心管中，静置 10 min，充分去除残留的 5 号试剂污染。

（12）加入 100 μL 的 6 号试剂到白色滤膜中心，静置 1 min，然后室温 10 000 *g* 离心 30 s 后弃去过滤柱。

提取后的土壤总 DNA 用 1% 琼脂糖凝胶电泳进行检测，使用超微量分光光度计（NanoDrop2000，德国）进行质检。

采用 Qubit 2.0 DNA 检测试剂盒对提取的 DNA 进行精确定量，以确定 PCR 反应加入的 DNA 量。选择细菌 V3-V4 区的 16S rDNA 序列进行 PCR 扩增。扩增引物序列为 336F：5′-GTACTCCTACGGGAGGCAGCA-3′ 和 806R：5′-GGACTACHVGGGTWTCTAAT-3′。使用带 barcode 的特异引物，区分个体样本。PCR 扩增体系为：10 × *Pyrobest* Buffer 5 μL，dNTPs（2.5 mmol/L）4 μL，引物 F（10 μmol/L）2 μL，引物 R（10 μmol/L）2μL，*Pyrobest* DNA Polymerase（2.5 U/μL）0.3 μL，DNA 模板 30 ng，加去离子水到 50 μL。反应条件为：95℃预变性，5 min；95 ℃ 30 s，56 ℃ 30 s，72 ℃ 40 s 进行 25 个循环；72 ℃ 延长 10 min。扩增反应完成后，对 PCR 产物进行琼脂糖凝胶电泳，采用上海生工琼脂糖回收试剂盒（cat：SK8131）进行 DNA 回收。使用 Qubit 2.0 荧光定量系统测定回收产物浓度，将等摩尔浓度的扩增子汇集到一起，混合均匀后进行测序。采用 Illumina Miseq 测序平台进行 Paired-end 高通量测序。每个土壤样品 3 个生物学重复。

2.5.8　土壤真菌 ITS 克隆文库构建和 Illumina 测序

土壤 DNA 提取和质量检测方法同 2.5.7。土壤真菌扩增引物序列为 ITS1-F：5′-CTTGGTCATTTAGAGGAAGTAA-3′，ITS2：5′-TGCGTTCTTCATCGATGC-3′（Blaalid et al.，2013）。PCR 扩增体系为：10 × *Pyrobest* Buffer 5 μL，dNTPs

（2.5 mmol/L）4 μL，Forward Primer（10 μmol/L）2 μL，Reverse Primer（10 μmol/L）2 μL，*Pyrobest* DNA Polymerase（2.5 U/μL）0.3 μL，DNA 模板 30 ng，加去离子水到 50 μL。反应条件为：94℃预变性，5 min；94℃ 30 s，55℃ 30 s，72℃ 60 s 进行 32 个循环；72℃延长 7 min。采用 Illumina Miseq 测序平台进行 Paired-end 高通量测序。

2.5.9 氮转化功能基因丰度测定

土壤 DNA 提取和质量检测方法同 2.5.7。将通过质量检测的 DNA 样品保存于 –20℃冰箱保存待用。采用荧光定量 PCR 检测氮转化功能基因丰度。

第3章　氮添加对贝加尔针茅和羊草光合特征的影响

3.1　样品采集与处理

本实验选择5个氮素添加处理，分别为N0（CK）[0 kg N/（hm^2·a）]、N30[30 kg N/（hm^2·a）]、N50[50 kg N/（hm^2·a）]、N100[100 kg N/（hm^2·a）]、N150[150 kg N/（hm^2·a）]。于2015年8月10日开展实验测定和样品采集。此时贝加尔针茅和羊草已经完成叶片形态建成，生育时期为营养生长盛期。在每个小区内随机选取生长相对一致的具有代表性的植株15株，用自封袋保存于低温冰盒中，用于测定叶面积。同时用土壤采样器在各个处理小区内按照"S"形取样法选取10个点，去除表面植被，取0～10 cm土壤混匀，去除根系和土壤入侵物，采用"四分法"选取1 kg土壤，迅速装入无菌封口袋，将其分成两部分，一部分于-20℃超低温冰箱中保存，用于土壤速效养分分析，一部分土样于室内自然风干后研磨过筛，用于土壤理化性质分析。

经过连续6 a氮添加处理后，土壤理化指标见表3.1。

表3.1　不同氮素处理下土壤理化性质

理化指标	N0	N30	N50	N100	N150
含水量（%）	12.63 ± 0.89a	12.58 ± 0.19a	11.13 ± 0.01c	11.95 ± 0.14b	11.34 ± 0.19c
土壤全氮（g/kg）	2.31 ± 0.21a	2.26 ± 0.22a	2.27 ± 0.20a	2.50 ± 0.38a	2.56 ± 0.09a
土壤全磷（g/kg）	0.43 ± 0.02a	0.39 ± 0.00b	0.39 ± 0.01b	0.43 ± 0.02a	0.41 ± 0.02b
土壤N：P	5.43 ± 0.71b	5.79 ± 0.63ab	5.80 ± 0.4ab	5.81 ± 0.78ab	6.31 ± 0.13a
土壤pH值	6.98 ± 0.16a	6.54 ± 0.01b	6.43 ± 0.22b	5.99 ± 0.12c	5.77 ± 0.09d

于上午9:00—11:00每小区内选取贝加尔针茅和羊草处于营养生长期的植株。采用LI-6400便携式光合测定仪（Li-Cor Inc., Lincoln，NE，USA）对植株功能叶的净光合速率（net photosynthetic rate，P_n）、蒸腾速率（transpiration rate，T_r）、气孔导度（stomatal conductance，G_s）、胞间CO_2浓度（intercellular CO_2 concentration，C_i）等指标进行测定（邓钰等，2012）。贝加尔针茅叶片测定时叶室温度设为25℃，CO_2浓度控制在400 μmol/mol，光量子通量密度（photosynthetic photon flux density，PPFD）设定为800 μmol/（m^2·s）。羊草叶片

测定时温度设为25℃，CO_2浓度控制在400 μmol/mol，设置有效光合辐射梯度为2 000、1 500、1 000、800、500、300、100、50、0 μmol/（$m^2 \cdot s$），利用自动测量程序进行光合-光强响应的测定（朱慧等，2009）。测定时保持叶片自然生长角度不变，每片叶测3次，每区组重复测定15次。水分利用效率按照以下公式计算：

$$\mathrm{WUE}=\frac{P_n}{T_r} \tag{3.1}$$

将测定完叶面积的叶片单独装在自封袋中，带回实验室烘干至恒重，测定叶片干重。按照以下公式计算叶面积：

$$\mathrm{SLA}=\frac{\mathrm{ULA}}{\mathrm{DY}} \tag{3.2}$$

式中，SLA为叶片比叶面积，单位为cm^2/g；ULA为单位叶片面积，单位为cm^2；DY为叶片干重，单位为g。

叶片灰分浓度（A_{sh}）测定，在马弗炉中500℃灼烧6 h，剩余残渣称重。干重热值采用氧弹式热量计（HWR-15E，上海上立检测仪器厂）测定：取0.5 g左右植物样品粉末，经压片，完全燃烧测定热值，每个样品分别测定3个重复，取平均值作为干重热值，测定前用苯甲酸标定（Williams et al.，1987）。

$$H_c=\frac{\mathrm{CV}}{(1-A_{sh})} \tag{3.3}$$

$$\mathrm{CC_{mass}}=\frac{\left[(0.069\,68-H_c 0.065)(1-A_{sh})+7.5(\mathrm{kN}/14.006\,7)\right]}{E_G} \tag{3.4}$$

式中，H_c为去灰分热值，单位为kJ/g；A_{sh}为灰分浓度，单位为%；CV为干重热值，单位为kJ/g；CC_{mass}为叶片单位质量建成成本，单位为gglucose/g；N为有机氮浓度，单位为mg/g；E_G为生长效率；k为N的氧化态形式（若为NO_3^-，k=5；若为NH_4^+，k=–3）。不同物种的生长效率为0.87（Penningde et al.，1974），对于每个样品，先以NH_4^+和NO_3^-作为N的氧化态形式分别计算，再按照土壤中NH_4^+-N和NO_3^--N的比例，求加权平均值作为叶片CCmass。

$$\mathrm{N_{area}}=\frac{\mathrm{N_{mass}}}{\mathrm{SLA}} \tag{3.5}$$

$$\mathrm{CC_{area}}=\frac{\mathrm{CC_{mass}}}{\mathrm{SLA}} \tag{3.6}$$

$$\mathrm{PEUE}=\frac{P_{\mathrm{n}}}{\mathrm{CC_{area}}} \tag{3.7}$$

$$\mathrm{PNUE}=\frac{P_{\mathrm{n}}}{\mathrm{N_{area}}} \tag{3.8}$$

式中，CC_{area} 为叶片单位面积建成成本，单位为 gglucose/m^2；N_{area} 为叶片单位面积氮含量，单位为 g/m^2；PEUE 为光合能量利用效率，单位为 μmol CO_2/（gglucose·s）；PNUE 为光合氮利用效率，单位为 μmol CO_2/（g·s）。

光合-光强响应曲线采用 Ye、Ye & Yu 等（Ye et al.，2007；叶子飘等，2008）提出的直角双曲线修正模型进行拟合，模型方程为：

$$P_n = \frac{\alpha(1-\beta I)}{(1+\gamma I)-R_d} \tag{3.9}$$

式中，α 是光响应曲线的初始斜率即表观量子效率（AQY）；β 和 γ 为系数，单位为 m^2/（s·μmol）；I 为光合有效辐射，单位为 μmol/（m^2·s）；R_d 为暗呼吸，单位为 mg/（h·g）。

3.2　氮添加背景下贝加尔针茅光合特征

3.2.1　不同氮素添加水平贝加尔针茅气体交换参数的比较

在有效光合辐射强度为 800 μmol/（m^2·s）时，5 种氮素处理的贝加尔针茅的气体交换参数测定结果列于表 3.2。由表 3.2 可以看出，N30、N50、N100、N150 处理贝加尔针茅的净光合速率分别显著低于对照 N0 22.38%、36.86%、31.12% 和 59.93%（$P<0.05$），说明在相同的有效光合辐射下，N0 处理的贝加尔针茅叶片光合同化能力更强。N50、N100、N150 处理贝加尔针茅的气孔导度和蒸腾速率都显著低于对照 N0（$P<0.05$），N30 处理贝加尔针茅的气孔导度和蒸腾速率都低于对照 N0，但无显著差异（$P>0.05$）。N100 处理贝加尔针茅的水分利用效率显著高于其他 4 种氮素处理，N0、N30、N50 和 N150 处理的水分利用效率无显著差异（$P>0.05$）。氮添加量越大，净光合速率、蒸腾速率、气孔导度三者降低的幅度也越大。说明氮添加对贝加尔针茅的净光合速率、蒸腾速率和气孔导度有极大影响。

表 3.2　不同氮素添加水平贝加尔针茅的气体交换参数

交换参数	N0	N30	N50	N100	N150
净光合速率 [μmol/（m^2·s）]	24.58 ± 1.04a	19.08 ± 2.32b	15.52 ± 0.68b	16.93 ± 0.71b	9.85 ± 0.36c
气孔导度 [mol H_2O/（m^2·s）]	0.43 ± 0.03a	0.37 ± 0.01a	0.21 ± 0.02b	0.20 ± 0.02b	0.08 ± 0.02c
蒸腾速率 [mmol H_2O/（m^2·s）]	4.46 ± 0.29a	4.22 ± 0.13a	2.80 ± 0.01b	2.72 ± 0.10b	1.86 ± 0.22b
水分利用效率（μmol/mmol）	6.51 ± 0.13ab	5.68 ± 0.62ab	6.55 ± 0.27ab	7.25 ± 0.87a	6.27 ± 0.27ab

3.2.2 不同氮素添加水平贝加尔针茅叶片特性的比较

氮素添加显著影响了贝加尔针茅的叶片比叶面积、叶 N 含量、叶 N : P 和叶片单位质量建成成本。由表 3.3 可以看出，贝加尔针茅叶片比叶面积随着氮素添加量的增大表现为先升高后降低的趋势，N50、N100 和 N150 处理的叶片比叶面积显著高于对照 N0（$P<0.05$），N30 处理的比叶面积高于对照 N0，但无显著差异（$P>0.05$）。叶 N 含量随着氮素添加量的增大而增加，N30、N50、N100 和 N150 处理的叶 N 含量分别显著高于对照 N0 38.84%、38.97%、56.86% 和 64.96%（$P<0.05$）。叶 P 含量表现为先升高后降低的趋势。叶 N : P、叶片单位质量建成成本随着氮素添加量的增大而增大。叶片灰分浓度随着氮素添加量的增大而减小，N30、N50、N100 和 N150 处理的叶片灰分浓度显著低于对照 N0（$P<0.05$）。5 种氮素处理的叶片去灰分热值之间没有显著差异（$P>0.05$）。光合能量利用效率、光合氮利用效率没有一致的变化规律，N30、N50、N100 和 N150 的光合能量利用效率和光合氮利用效率均显著低于对照 N0（$P<0.05$）。

表 3.3 不同氮素添加水平贝加尔针茅叶片特性的比较

叶片特性	N0	N30	N50	N100	N150
比叶面积（cm^2/g）	55.20 ± 3.04c	57.81 ± 2.01bc	59.63 ± 2.74ab	61.60 ± 2.83a	60.94 ± 1.88a
叶 N 含量（mg/g）	16.04 ± 1.81c	22.27 ± 2.60b	22.29 ± 2.40b	25.16 ± 0.98a	26.46 ± 1.30a
叶 P 含量（mg/g）	1.11 ± 0.32a	1.14 ± 0.27a	0.97 ± 0.02ab	0.95 ± 0.07ab	0.84 ± 0.06b
叶 N : P	15.05 ± 2.80d	20.78 ± 5.93c	23.10 ± 2.80bc	26.77 ± 2.50b	31.79 ± 2.38a
灰分浓度（%）	5.17 ± 0.23a	4.38 ± 0.49b	4.29 ± 0.40b	3.75 ± 0.17c	3.66 ± 0.10c
去灰分热值（kJ/g）	15.11 ± 1.10a	14.23 ± 0.38b	14.32 ± 0.77ab	14.33 ± 0.50ab	14.12 ± 0.37b
建成成本（gglucose/g）	1.88 ± 0.14c	2.13 ± 0.12b	2.14 ± 0.12b	2.29 ± 0.06a	2.34 ± 0.07a
光合能量利用效率［μmol CO_2/（gglucose · s）］	0.76 ± 0.07a	0.53 ± 0.04b	0.32 ± 0.02c	0.52 ± 0.03b	0.28 ± 0.01c
光合氮利用效率［μmol CO_2/（g · s）］	9.03 ± 1.36a	5.12 ± 0.71b	3.09 ± 0.34c	4.70 ± 0.31b	2.52 ± 0.14c

3.2.3 贝加尔针茅气体光合参数与叶片功能指标之间相关性

植物叶片与外界进行的气体交换都是通过气孔进行的（Inclan et al.，1998）。气孔导度表示植物叶片气孔张开的程度，对光合作用、蒸腾作用均产生影响。5 种氮素添加下贝加尔针茅气体光合参数的相关分析表明（表 3.4），净光合速率与蒸腾速率、气孔导度呈极显著正相关关系（$P<0.01$）；气孔导度与蒸腾速率呈极显著正相关关系（$P<0.01$）；水分利用效率与净光合速率、气孔导度、蒸腾速率无显著相关性（$P>0.05$）。

贝加尔针茅净光合速率与叶片功能指标之间的相关分析表明（表 3.5），在不同氮素添加下贝加尔针茅净光合速率与光合氮利用效率、光合能量利用效率呈极显著正相关（$P<0.01$），与叶片比叶面积、叶 N 含量、叶片单位质量建成成本之间呈极显著负相关（$P<0.01$），与叶 P 含量显著正相关（$P<0.05$）；贝加尔针茅叶 N 含量与叶片比叶面积、叶片单位质量建成成本呈极显著正相关（$P<0.01$），与净光合速率呈极显著负相关（$P<0.01$），与叶 P 含量呈显著负相关（$P<0.05$）；叶片单位质量建成成本与叶片比叶面积之间呈极显著正相关（$P<0.01$）。

表 3.4 贝加尔针茅气体光合参数相关性

交换参数	水分利用效率	蒸腾速率	气孔导度	净光合速率
净光合速率	0.04	0.88**	0.94**	1.00
气孔导度	–0.27	0.97**	1.00	—
蒸腾速率	–0.41	1.00	—	—
水分利用效率	1.00	—	—	—

表 3.5 贝加尔针茅净光合速率与叶氮含量、叶磷含量、比叶面积、建成成本、光合能量利用效率、光合氮利用效率之间的相关性

指标	净光合速率	比叶面积	建成成本	叶 P 含量	叶 N 含量	光合能量利用效率	光合氮利用效率
光合氮利用效率	0.92**	–0.53**	–0.88**	0.39*	–0.93**	0.98**	1.00
光合能量利用效率	0.97**	–0.53**	–0.86**	0.42*	–0.89**	1.00	—
叶 N 含量	–0.82**	0.59**	0.96**	–0.41*	1.00	—	—
叶 P 含量	0.46**	–0.29	–0.34	1.00	—	—	—
建成成本	–0.78**	0.63**	1.00	—	—	—	—
比叶面积	–0.61**	1.00	—	—	—	—	—
净光合速率	1.00	—	—	—	—	—	—

* 表示显著相关（$P<0.05$），** 表示极显著相关（$P<0.01$），全书同。

3.2.4 贝加尔针茅净光合速率、叶片功能性状与土壤理化性质之间的关系

贝加尔针茅净光合速率、叶片功能性状与土壤理化性质相关分析表明（表 3.6），净光合速率与土壤含水量、土壤 pH 值呈极显著负相关（$P<0.01$），与土壤全氮、土壤全磷呈显著正相关（$P<0.05$）。叶片比叶面积与土壤 pH 值呈极显著负相关（$P<0.01$）。叶片单位质量建成成本与土壤含水量呈显著负相关（$P<0.05$），与土壤 N：P 呈显著正相关（$P<0.05$），与土壤 pH 值呈极显著负相关（$P<0.01$）。叶 P 含量与含水量、土壤 pH 值呈极显著正相关（$P<0.01$），与土壤全氮呈极显著负相关（$P<0.01$），与土壤 N：P 呈显著负相关（$P<0.05$）。叶 N 含量与土壤含水量呈显著负相关（$P<0.05$），与土壤 N：P 呈显著正相关（$P<0.05$），与土壤 pH 值呈极显著负相关（$P<0.01$）。叶 N：P 与土壤含水量、土壤 pH 值呈极限值负相关（$P<0.01$），与土壤全氮、土壤 N：P 呈极显著正相关（$P<0.01$）。

表 3.6 贝加尔针茅净光合速率、叶片功能性状与土壤理化性质相关性

理化指标	净光合速率	比叶面积	建成成本	叶 P 含量	叶 N 含量	叶 N：P
含水量	−0.62**	−0.32	−0.39*	0.47**	−0.43*	−0.54**
土壤全氮	0.42*	0.36	0.32	−0.45**	0.30	0.50**
土壤全磷	−0.01	0.13	−0.17	−0.064	−0.20	−0.063
土壤 N/P	0.42*	0.28	0.41*	−0.44*	0.40*	0.53**
土壤 pH 值	−0.95**	−0.64**	−0.80**	0.48**	−0.82**	−0.82**

3.2.5 讨论与结论

氮素是植物生长需求最大量的矿质营养元素之一，大多数研究表明，氮素通常是草原生态系统中限制植物生长的最主要因子（Wan et al., 2009；Bai et al., 2008），但也有研究认为，由于氮沉降的加剧，草地生态系统可能由氮限制逐渐转向受氮、磷共同限制（Craine et al., 2008）。长期的氮肥添加实验已经证实，当生态系统中固有的氮素含量满足或者已经超过植物对氮素需求量时，过量氮输入显著降低生态系统的生产力。氮添加对生态系统生产力的影响还受土壤含水量的影响。在土壤含水量较高的情况下，适量氮添加会提高系统的生产力，在土壤含水量较低的情况下，生态系统的生产力对氮素添加的响应不明显，甚至还会出现

降低的趋势（Asner et al.，2001）。在本研究中，随氮添加量增大，贝加尔针茅的净光合速率、蒸腾速率、气孔导度三者降低的幅度也越大。相关分析表明，5 种氮素添加处理的净光合速率与蒸腾速率、气孔导度呈极显著正相关关系。植物在光合作用时，气孔打开并吸收 CO_2 的同时，也伴随着蒸腾作用，本研究测定的气孔导度与净光合速率、蒸腾速率呈极显著正相关，是符合光合规律的。该研究结论与许大全（1997）研究结论一致。低量添加氮素下，贝加尔针茅的净光合速率未出现升高现象，这与前人的研究结果低量添加氮素提高牧草的光合能力有差异（肖胜生等，2010；An et al.，2008）。供氮过高导致光合植物光合与生长的受抑制的现象有许多报道（Nakaji et al.，2001）。也有研究报道，在干旱条件下氮添加对牧草光合作用无显著影响（杨浩等，2015）。可能是研究的植物种类、氮添加量、添加年限、生境条件不同造成的。本研究认为长期氮添加使贝加尔针茅的光合作用受氮素积累和干旱的影响，从而导致光合作用受到限制。

水分和氮素是植物光合作用和生长必不可少的因子（Novriyanti et al.，2012），光合氮利用效率是衡量植物利用氮营养和合理分配氮的能力，是氮对植物光合生产力产生影响的重要指标，水分利用效率和光合氮利用效率可以预测植物是如何最优化地增加净光合速率的（Castellanos et al.，2005）。在资源匮乏的环境中，植物会采用资源保护的特征来提高自身的竞争力（Funk et al.，2007）。只有氮对植物生理过程起到限制作用时，植物对氮的分配才达到最大效率。Lambers 等（1992）研究认为，在能够支持植物生长的光强下，氮含量较低的植物叶片的光合氮利用效率较大，这是因为这些植物合理地将叶片氮分配到光合中，以达到最优的光合氮利用效率。而另一些研究者认为，高氮叶片的 Rubisco 酶活性降低（Cheng et al.，2000；Ray et al.，2003），高氮叶片下增加的 Rubisco 酶更多以氮库形式存在，并没有催化能力，即单位 Rubisco 酶的羧化效率降低（Warren et al.，2003）。当土壤供水不足时，植物通过降低气孔导度、蒸腾速率等生理活动降低净光合速率，减少自身对水分的需求（Mahajan et al.，2005）。贝加尔针茅的净光合速率、气孔导度和蒸腾速率呈降低趋势，水分利用效率无一致变化，叶氮含量呈升高趋势，而光合氮利用效率和光合能量利用效率呈降低趋势。相关分析表明，叶 N 含量与光合氮利用效率和光合能量利用效率呈极显著负相关。Lambers 等（2008）研究表明，在植物有效光合辐射情况下，氮含量较低的叶片光合氮利用效率较大。本研究与其研究结论一致。说明随着氮添加量的增大，贝加尔针茅资源利用效率降低。

土壤养分组成是植物的外界环境中非常重要的因子，植物光合作用和叶片矿质代谢等过程与土壤养分供应状况有显著相关性。氮添加对土壤理化性质产生了影响，随着氮添加量的增大，土壤含水量、土壤 pH 值呈降低趋势，土壤含氮量，土壤 N∶P 比值呈升高趋势。这些环境因子的改变都会导致植物光合生理特征、叶片功能性状变化。贝加尔针茅叶片比叶面积与土壤全氮、土壤全磷、土壤 N∶P 呈正相关，但是这种相关性均没有达到显著水平，说明比叶面积与土壤理化性质关系受很多因子的调控，使得这种关系变得复杂。相关分析表明，净光合速率与土壤含水量、土壤全氮、土壤 N∶P、土壤 pH 值均显著相关；叶片建成成本叶片与土壤含水量、土壤 N∶P、土壤 pH 值显著相关；叶片 N∶P 与土壤含水量、土壤全氮、土壤 N∶P、土壤 pH 值显著相关。随着氮添加量的增大，土壤含水量下降，贝加尔针茅光合能力减弱，同化产物减少，这与李林芝等（2009）研究呼伦贝尔草甸草原羊草的光合特性时得到的结果是一致的。叶片的 N、P 含量反映了土壤 N、P 的有效性，本研究结果表明氮素添加增加了土壤氮供应，随氮素添加量的增加，土壤中的有效氮供应也变得相对充足，贝加尔针茅叶 N 含量增加，叶 N∶P 由未添加氮素的 15.05 增加到 31.79，表明长期氮添加会显著提高贝加尔针茅叶 N∶P。这与李博（2015）对松嫩草原羊草的研究结论一致。大量研究表明，氮沉降可以通过改变植物对氮素、磷素的吸收，从而改变植物叶片 N∶P 等生态化学计量特征（宾振钧等，2014；Bergstrom et al.，2013）。由于土壤养分的可利用性影响植物对养分的摄取，本研究中贝加尔针茅叶 N∶P 表现出较大的变化范围，各个氮素处理的土壤养分供给的差异可能是引起这种变化的一个重要原因。贝加尔针茅光合作用特征、叶片功能性状变异机制随氮添加量变化而发生差异的原因还需进一步深入研究。

简而言之，长期氮添加会降低贝加尔针茅的净光合速率、气孔导度和蒸腾速率，且氮添加量越大，光合作用能力所受抑制越强烈。长期氮添加，可提高贝加尔针茅叶 N 含量、比叶面积、叶 N∶P、建成成本，降低养分资源的利用效率。长期氮添加引起的土壤水分含量、土壤 pH 值改变是导致这种转变发生的主要因子。

3.3 氮添加背景下羊草光合特征

3.3.1 不同氮添加水平羊草光合作用对有效光合辐射的响应

随着有效光合辐射的增强，5 种氮素添加处理下羊草的净光合速率均呈先增加后降低的趋势，当光照强度在 0～300 μmol/（$m^2 \cdot s$）范围内时 5 种氮素处理的净光合速率几乎呈线性增长（图 3.1）。当达到一定光合辐射强度时，5 种氮处理的净光合速率达到最大值，即为光饱和点。CK（R^2=0.864，P<0.01）、N30（R^2=0.716，P<0.05）、N50（R^2=0.802，P<0.01）、N100（R^2=0.748，P<0.05）、N150（R^2=0.837，P<0.01）的净光合速率与有效光合辐射的相关性均达显著水平。由直角双曲线的修正模型方程可以计算出 5 种植物的光合响应参数（表 3.7）。由表 3.7 可以看出，5 种氮素处理羊草的光饱和点均高于 900 μmol/（$m^2 \cdot s$），其大小顺序为 CK>N50>N150>N100>N30，N30、N50、N100、N150 处理的光饱和点分别显著低于 CK 处理 40.32%、19.73%、38.18%、37.75%（P<0.05）。光补偿点随着氮添加水平的增加而增大，大小顺序为 N150>N100>N50> N30>CK，N30、N50、N100、N150 处理的光补偿点分别显著高于 CK 处理 11.34%、12.43%、13.77%、22.18%（P<0.05）。表观量子效率随着氮添加水平的增加表现为先升高后降低的趋势，N100 处理的表观量子效率显著高于其他 4 种氮素处理。最大净光合速率的大小顺序为 CK>N30>N100>N50>N150，N30、N50、N100、N150 处理的最大净光合速率分别显著低于 CK 处理 22.51%、48.56%、27.43%、50.72%。

气孔是植物叶片与外界进行气体交换的通道，是叶片蒸腾及光合原料 CO_2 进入细胞内的通道，其行为与叶片的蒸腾和光合性能有着密切的关系，陆生植物通过气孔开放调节水分的出入（Farquhar et al.，1982）。水分利用效率是指消耗单位重量的水，植物所固定的 CO_2，是衡量植物水分消耗与物质生产之间关系的重要综合性指标。由图 3.1 可以看出，随着有效光合辐射的增加，5 种氮素处理羊草的气孔导度、蒸腾速率和水分利用效率均有一定程度的增加。在有效光合辐射大于 1 500 μmol（$m^2 \cdot s$）时，N50 和 N100 处理的气孔导度随着光照强度的增加而下降，CK，N30，N150 处理气孔导度随着光照强度增加而增加。CK 处理的气孔导度随有效光合辐射增加的幅度明显高于其他 4 种氮素处理。5 种氮素处理羊草的蒸腾速率均随着有效光合辐射的增加而增加。在模拟光辐射的逐渐增强的初期，各处理的羊草的水分利用效率快速升高，当模拟光辐射达到 800 μmol（$m^2 \cdot s$）时，各处理羊草水分利用效率达到最大值，此后，随着光强的增加，水分利用效率则缓慢下降。CK 处理的水分利用效率随着有效光合辐射增加而增加的幅度明显高于其他 4 种氮素处理，说明 CK 处理羊草对水分的利用效率更高。

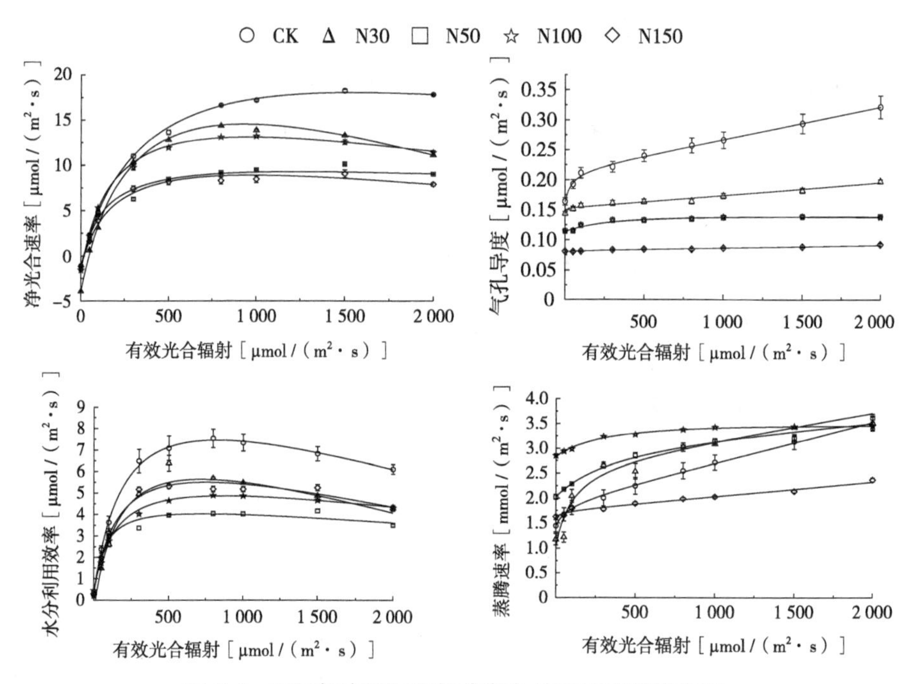

图 3.1 不同氮素添加下羊草光合-光响应曲线的比较

表 3.7 不同氮素添加水平羊草的光合响应特征参数

叶片特性	N0	N30	N50	N100	N150
光饱和点[μmol/(m²·s)]	1 568.59 ± 30.83a	936.11 ± 11.60c	1 259.10 ± 30.83b	969.78 ± 20.18c	976.51 ± 30.83c
光补偿点[μmol/(m²·s)]	15.69 ± 0.22c	17.47 ± 0.38b	17.64 ± 0.05b	17.85 ± 0.42b	19.17 ± 0.03a
表观量子效率	0.07 ± 0.00c	0.10 ± 0.00b	0.10 ± 0.00b	0.10 ± 0.00a	0.07 ± 0.00c
最大净光合速率[μmol/(m²·s)]	18.08 ± 0.05a	14.01 ± 0.92b	9.30 ± 0.01d	13.12 ± 0.13c	8.91 ± 0.41d

3.3.2 不同氮添加水平羊草叶片特性的比较

由表 3.8 可以看出，羊草叶片比叶面积随着氮素添加量的增大表现为先升高后降低的趋势，N50、N100 和 N150 处理的叶片比叶面积显著高于 CK，N30 处理的比叶面积高于 CK，但无显著差异。叶 N 含量随着氮素添加量的增大而增加，N30、N50、N100 和 N150 处理的叶 N 含量分别显著高于对照 CK 21.95%、36.04%、47.45% 和 51.52%。叶 P 含量无一致的变化规律，N30、N50、N100 和

N150 处理的叶 P 含量分别显著高于 N0。叶 N∶P、叶片单位质量建成成本随着氮素添加量的增大而增大。叶片灰分浓度随着氮素添加量的增大而减小，N30、N50、N100 和 N150 处理的叶片灰分浓度显著低于对照 CK。5 种氮素处理的叶片去灰分热值之间没有显著差异。光合能量利用效率、光合氮利用效率没有一致的变化规律，N30、N50、N100 和 N150 的光合能量利用效率和光合氮利用效率均显著低于 CK。

表 3.8 不同氮素添加水平羊草叶片特性的比较

叶片特性	CK	N30	N50	N100	N150
比叶面积（cm^2/g）	88.52 ± 3.22c	88.64 ± 2.95c	99.52 ± 1.77b	109.10 ± 4.76a	101.10 ± 5.34a
叶 N 含量（mg/g）	17.45 ± 0.18e	21.28 ± 1.07d	23.74 ± 0.32c	25.73 ± 0.08b	26.44 ± 0.39a
叶 P 含量（mg/g）	1.34 ± 0.01b	1.62 ± 0.13a	1.52 ± 0.24a	1.62 ± 0.19a	1.59 ± 0.01a
叶 N∶P	13.02 ± 0.05b	13.16 ± 0.36b	15.99 ± 2.80a	16.13 ± 1.99a	16.63 ± 0.15a
灰分浓度（%）	6.26 ± 0.30a	5.62 ± 0.43b	5.05 ± 019c	4.34 ± 0.14d	4.30 ± 0.22d
去灰分热值（kJ/g）	15.39 ± 0.88a	14.77 ± 0.53a	14.84 ± 0.58a	14.83 ± 1.01a	15.29 ± 0.98a
建成成本（gglucose/g）	1.96 ± 0.07d	2.10 ± 0.06c	2.24 ± 0.05b	2.35 ± 0.08a	2.42 ± 0.07a
光合能量利用效率［μmol CO_2/（gglucose·s）］	0.81 ± 0.04a	0.59 ± 0.03b	0.41 ± 0.00c	0.60 ± 0.03b	0.37 ± 0.03d
光合氮利用效率［μmol CO_2/（g·s）］	9.16 ± 0.29a	5.85 ± 0.38b	3.90 ± 0.06c	5.56 ± 0.24b	3.41 ± 0.17d

3.3.3 羊草光合特征与叶片特性之间的相关性

由表 3.9 可以看出，5 种氮素添加下羊草最大净光合速率与光合氮利用效率、光合能量利用效率呈极显著正相关（$P<0.01$），与叶 N 含量、叶 P 含量、比叶面积和叶片单位质量建成成本呈极显著负相关（$P<0.01$）；羊草叶 N 含量叶片比叶面积、叶 P 含量和叶片单位质量建成成本呈极显著正相关（$P<0.01$），与最大净光合速率呈极显著负相关（$P<0.01$）；叶片单位质量建成成本与叶片比叶面积之间也呈极显著正相关（$P<0.01$）。

表 3.9 羊草最大净光合速率与叶氮含量、叶磷含量、比叶面积、建成成本、光合能量利用效率、光合氮利用效率之间的相关性

指标	最大净光合速率	比叶面积	建成成本	叶 P 含量	叶 N 含量	光合能量利用效率
光合氮利用效率	0.98**	-0.49**	-0.81**	-0.46*	-0.87**	0.98*
光合能量利用效率	0.98**	-0.375*	-0.77**	-0.39**	-0.79**	—
叶 N 含量	-0.83**	0.78**	0.94**	0.48**	—	—
叶 P 含量	-0.37**	0.26	0.42*	—	—	—
建成成本	-0.78**	0.71**	—	—	—	—
比叶面积	-0.52**	—	—	—	—	—

3.3.4 讨论与结论

净光合速率是光合作用强弱的重要指标。在相同有效光合辐射的情况下，4 种添加氮处理的羊草净光合速率低于对照 CK，4 种氮添加处理的最大净光合速率也显著低于对照 CK。光饱和点与光补偿点是反映植物对强光和弱光利用能力的指标。光补偿点较低，光饱和点较高的植物对光环境的适应性较强（Yang et al., 2005）。本实验研究表明，对照 CK 的光补偿点最低，而光饱和点最高，说明氮沉降降低了羊草利用弱光的能力，即对光环境的适应性降低。综合分析认为，氮沉降降低了羊草的光合作用能力。这与蒋丽研究结果一致（蒋丽，2012）。而与肖胜生等（2010）、李明月等（2013）研究认为氮素添加对植物光合速率有一定的促进作用研究结论不一致。

叶片比叶面积是植物调节和控制碳同化最重要的植物特性（Ye，2007；韦兰英等，2008）。当植物可获取的营养状况改变后，植物可以通过改变叶片结构、叶片养分含量浓度来获取充足的光资源（肖胜生等，2010）。本研究中随着氮沉降水平的升高，羊草叶片比叶面积均表现为先升高后降低的趋势。叶 N 含量随着氮添加水平的升高而升高，相关结论与万宏伟等（2008）对内蒙古温带草原羊草叶 N 含量在氮添加小于 175 kg N/hm^2 时随氮添加量的增大而增加，宾振钧等（2014）对青藏高原高寒草甸垂穗披碱草叶 N 含量随氮添加量增大而增加的研究结果一致。两种植物叶 P 含量无一致的变化规律，羊草 4 种氮添加处理的叶 P 含量均显著高于对照 CK。氮沉降的增加显著提高了植物的 N：P，本研究羊草叶片 N：P 均随着氮添加水平的升高而增加，这与 Stevens 等（2011）研究结果一致。氮沉降提高叶 N：P，其原因可能是氮增加会提高土壤有效氮浓度，增加

了土壤对植物有效氮的供应，从而提高了 N∶P；另一种原因可能是随着氮的持续增加，造成土壤酸化（Prietzel et al.，2006），降低了土壤磷的矿化速率和有效磷含量（Pape et al.，1989），减少了土壤对植物有效磷的供应，叶片中磷含量降低，从而提高了叶 N∶P。国内外一些研究认为，蛋白质、氨基酸等含氮化合物的合成需要较高的能量，叶 N 含量浓度的增加会提高叶片的呼吸作用，因此叶 N 含量浓度的增加可能提高叶片建成成本。本研究中叶片单位质量建成成本随着氮添加量增大而增加，这与 Zha 等（2002）的研究结论一致。

在本研究中，CK 处理的水分利用效率、光合利用效率、光合氮利用效率都显著高于其他 4 个氮素添加处理。相关性分析发现，叶 N 含量与光合能量利用效率、光合氮利用效率呈极显著负相关。这与 Lambers 等（1992）的研究结论一致。最大净光合速率直接反映了植物本身积累干物质的能力，羊草的最大净光合速率与光合氮利用效率呈极显著正相关，这与郑淑霞等（2007）的研究一致，最大净光合速率和光合氮利用效率的降低主要是因为植物本身分配到光合作用中的氮减少，而并不是因为叶 N 含量的减少。光合能量利用效率是表征植物叶片能量利用效率的重要指标，羊草的光合能量利用效率与最大净光合速率、光合氮利用效率均呈极显著正相关，氮沉降增加使得羊草最大净光合速率降低、叶 N 含量增加，进而降低了羊草光合能量利用效率。对于羊草光合特性与环境的关系，研究者大多从土壤水分状况、干旱胁迫以及放牧影响的角度进行研究（邓钰等，2012；米雪等，2015；李林芝等，2009），有关氮沉降对羊草光合作用影响机理还有待深入探讨。

连续 6 a 氮添加降低了羊草的净光合速率、气孔导度、蒸腾速率和水分利用效率；增加了羊草的叶片的叶 N 含量、叶 P 含量、比叶面积、叶片单位质量建成成本、叶 N∶P，降低了羊草叶片的养分保持能力。植物叶片叶 N 含量与叶片比叶面积、叶片单位质量建成成本呈极显著正相关。综合以上分析，氮添加降低了羊草的光合能量利用效率和光合氮利用效率。

第 4 章　氮添加对草原温室气体通量的影响

4.1　样品采集与处理

本实验选择 4 个氮素添加处理，分别为 CK［0 kg N/（hm^2·a）］、N30［30 kg N/（hm^2·a）］、N50［50 kg N/（hm^2·a）］、N100［100 kg N/（hm^2·a）］。在 2015 年进行温室气体采集，6、7、8 月取样频率为每周 1 次，9、10 月约 2 周 1 次，采集气体时将采样箱嵌入箱底座凹槽中，用水密封，采样设备为医用三通和 50 mL 注射器，分别抽取盖箱后 0、10、20、30 min 的气体样品于铝箔气体采样袋中，同时记录箱内温度、土壤 5 cm 处的温度和含水率，每次采样均在 9:00—11:00 完成，并尽快将气袋带回实验室测定分析。

（1）温室气体排放通量。贝加尔针茅草原温室气体（CO_2、CH_4、N_2O）排放通量计算公式为（谢义琴等 2015）：

$$F = \frac{273}{273+t} \times \frac{dC}{dt} \times \frac{P}{P_0} \times \rho \times H \quad (4.1)$$

式中，F 表示温室气体通量［mg/（m^2·h）］；F 为负值时表示吸收该气体，正值表示排放该气体；t 为气样采集过程中的暗箱内的平均温度（℃）；dC/dt 为单位时间内气样采样箱内气体的浓度变化梯度［mL/（m^2·h）］；P_0 表示标准大气压，P 表示箱内气压；ρ 表示 3 种温室气体在标准状态下的密度；H 代表气体采集箱顶部与水面之间的高度（m）。

（2）温室气体累积排放量。温室气体（CO_2、CH_4、N_2O）累积排放量的计算公式为（谢义琴等 2015）：

$$F' = \sum_{i=1}^{n} F_i \times D_n \quad (4.2)$$

式中，F' 代表实验期间温室气体的累积排放量（kg/hm^2）；F_i 为实验期间 3 种温室气体（CO_2、CH_4、N_2O）的平均排放 / 吸收通量；D_n 代表采样天数。

用增温潜势来衡量草原生态系统的净温室效应，以 CO_2、CH_4、N_2O 3 种温室气体净交换量的 CO_2 当量的代数和来计算。由于单位质量 CH_4 和 N_2O 在百年时间尺度全球增温潜势分别是 CO_2 的 25 倍和 298 倍，所以增温潜势可表示为（IPCC，2007）：

$$GWP = CO_2 + CH_4 \times 25 + N_2O \times 298 \tag{4.3}$$

式中，*GWP* 表示 3 种温室气体引发的增温潜势（kg CO_2·eqv/hm^2）；公式中 CO_2、CH_4、N_2O 分别代表实验期间 3 种温室气体的累积排放量。

（3）温室气体排放强度。温室气体强度用下列公式计算：

$$GHGI = \frac{GWP}{Y} \tag{4.4}$$

式中，*GHGI* 表示温室气体排放强度，并用于估算各处理的综合温室效应（秦晓波等 2012），表示每千克植物地上生物量所产生的 CO_2-eqv 排放量；*Y* 表示贝加尔针茅草原植物地上生物量（kg/hm^2）。

4.2　氮添加对草原温室气体 CO_2 通量的影响

整个生长季，贝加尔针茅草原表现为净排放 CO_2，是大气中 CO_2 的源。由图 4.1a 看出，各处理 CO_2 排放通量季节变化趋势基本一致，但排放强度各不相同。总体来看，6、7、8 月 CO_2 排放通量较 9、10 月份高，且 6、7 月在添加氮后都有峰值出现。6—10 月，N100 处理的最高排放通量为 1 132.50 mg/（m^2·h），比 CK 的最高排放通量 919.85 mg/（m^2·h）增加了 23.12%。图 4.1b 为 4 个处理在不同月份 CO_2 平均排放通量，在 6、7、8、9 月，N30 和 N100 处理的平均排放通量均显著高于 CK 和 N50 处理；而在 10 月，则表现为 CK 和 N30 处理的平均排放通量显著高于 N50 和 N100 处理。这种月份之间的差异可能是受草原土壤温度和含水量的影响。研究期间，CK、N30、N50 和 N100 的 CO_2 平均排放通量分别为 527.75、649.69、544.56 和 660.71 mg/（m^2·h），氮添加处理均高于 CK，表明氮添加促进贝加尔针茅草原 CO_2 排放。

4.3　氮添加对 CH_4 吸收通量的影响

贝加尔针茅草原在生长季吸收 CH_4，是 CH_4 的弱汇。从图 4.2a 不同氮添加处理下 CH_4 通量的季节变化可以看出，氮添加处理和 CK 基本保持一致的波动性。图 4.2b 为不同处理下 CH_4 的月平均吸收通量，6—8 月，氮添加处理的平均吸收通量均显著低于 CK；CH_4 吸收通量在 8 月达到峰值，N30、N50、N100 的 CH_4 吸收通量均显著低于 CK。9、10 月，各处理的 CH_4 吸收通量均较低。3 个氮素添加处理（N30、N50、N100）的 CH_4 总平均吸收通量均为 0.08 mg/（m^2·h），与 CK 相比均降低 27.27%，说明氮添加抑制贝加尔针茅草原土壤对 CH_4 的吸收。

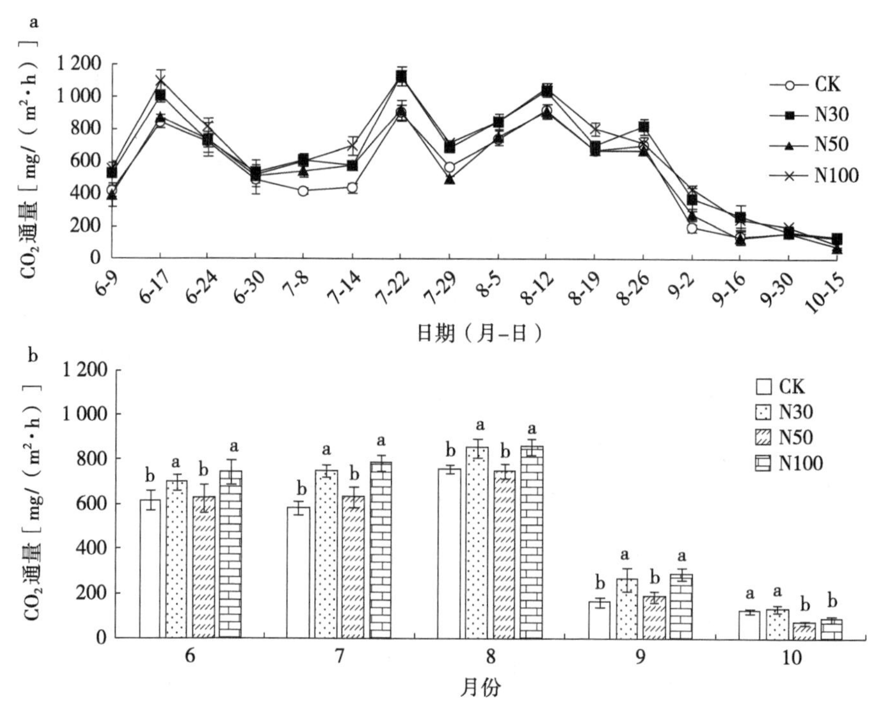

图 4.1 贝加尔针茅草原 CO_2 排放通量季节动态变化

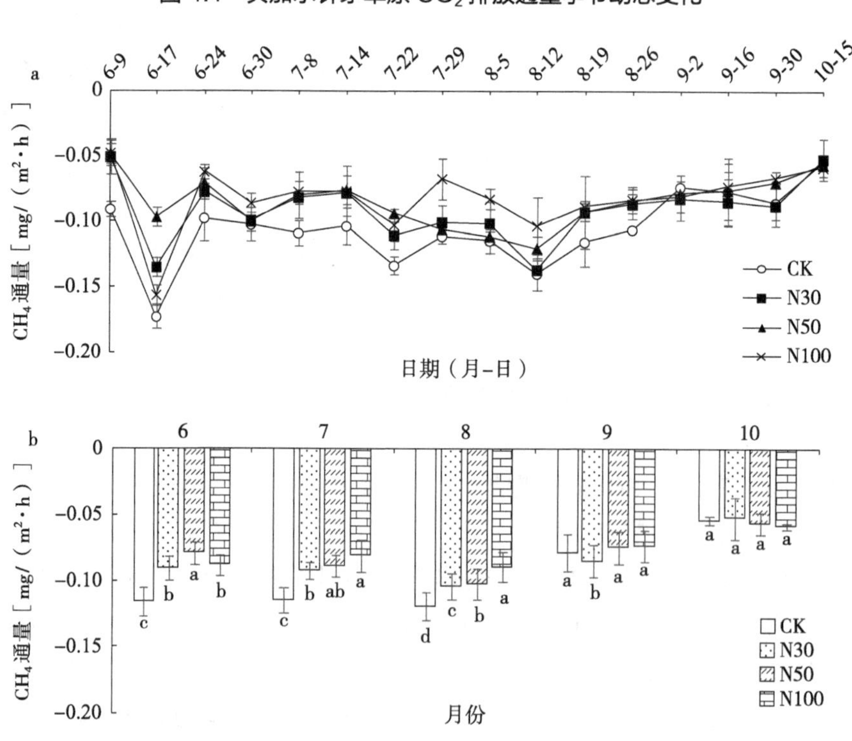

图 4.2 贝加尔针茅草原 CH_4 吸收通量季节动态变化

4.4　氮添加对 N_2O 排放通量的影响

如图 4.3a 所示，各处理 N_2O 排放通量较低，变化范围在 2.78～49.23 μg/（m^2·h）之间，贝加尔针茅草原是 N_2O 的弱源。N_2O 排放通量有明显的季节性，研究期内表现为先增加后降低的趋势，即 7、8 月的 N_2O 排放通量高于其余 3 个月份。图 4.3b 表示 4 个处理在生长季内不同月份的 N_2O 平均排放通量。方差分析结果表明，N30、N50 和 N100 在各个月份的 N_2O 排放通量均显著高于 CK。CK、N30、N50 和 N100 处理的总平均通量分别为 14.60、18.05、16.26 和 23.05 μg/（m^2·h），N30、N50 和 N100 处理分别比 CK 增加了 23.63%、11.37% 和 57.88%，表明氮添加促进了贝加尔针茅草原 N_2O 的排放。

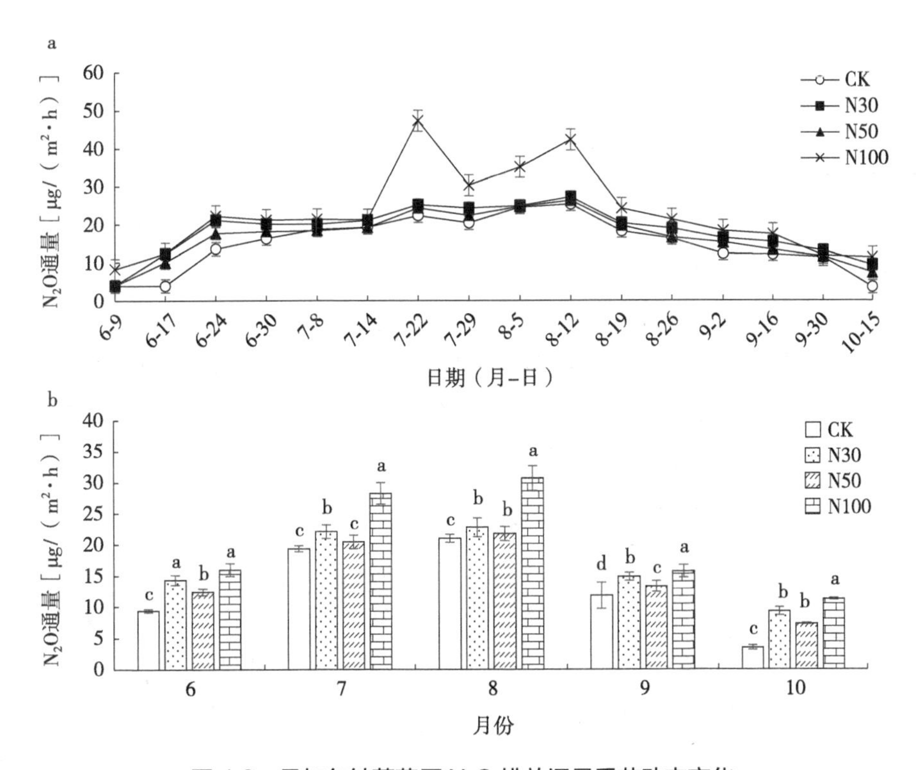

图 4.3　贝加尔针茅草原 N_2O 排放通量季节动态变化

4.5　氮添加对温室气体累计排放 / 吸收量的影响

氮添加处理（N30、N50 和 N100）促进了贝加尔针茅草原 CO_2 和 N_2O 的排放，降低 CH_4 的吸收，显著促进温室气体的排放（表 4.1）。研究期间，N50 处

理的 CO_2 累计排放量为 19 996.14 kg/hm^2，仅比对照增加了 3.19%，显著低于 N30 和 N100 处理的增幅 23.11% 和 25.20%；处理之间 CH_4 累计吸收量的大小关系表现为：CK＞N30＞N50＞N100，N30、N50 和 N100 的 CH_4 累计吸收量分别为 3.10、2.79 和 2.78 kg/hm^2，是对照的 75.06%、67.55% 和 67.31%；N100 处理的 N_2O 累计排放量为 0.85 kg/hm^2，分别是 N30 和 N50 处理的 1.29 和 1.31 倍，且 3 个氮素添加处理的 N_2O 累计排放量均显著高于 CK。自然状态下（CK），生长季内贝加尔针茅草原是 CO_2 和 N_2O 的源、CH_4 的汇，虽然 CH_4 的累计吸收量远远少于 CO_2 的累计排放量，但对于减缓温室气体排放仍起到了重要作用。

表 4.1　不同氮素添加处理的温室气体累计排放量 / 吸收量

处理	CO_2 累计量（kg/hm^2）	CH_4 累计量（kg/hm^2）	N_2O 累计量（kg/hm^2）
CK	19 378.92 ± 283.38b	−4.13 ± 0.13c	0.54 ± 0.00d
N30	23 856.52 ± 96.62a	−3.10 ± 0.08b	0.66 ± 0.02c
N50	19 996.14 ± 186.45b	−2.79 ± 0.04a	0.60 ± 0.01b
N100	24 261.45 ± 590.51a	−2.78 ± 0.13a	0.85 ± 0.02a

由表 4.2 可知，CO_2 和 N_2O 通量与土壤温度、含水量、有机碳和硝态氮含量均呈显著正相关关系（$P<0.05$），CH_4 通量与土壤温度显著负相关，与有机碳、硝态氮和铵态氮显著正相关；N_2O 通量与土壤中硝态氮和铵态氮含量均呈极显著正相关，可能是氮添加导致土壤中硝态氮和铵态氮含量有所增加，同时促进土壤微生物的硝化、反硝化作用，而这两个过程都会排放 N_2O，所以 N_2O 排放通量随土壤硝态氮和铵态氮含量的增加而增加。

表 4.2　温室气体通量与土壤理化性质的相关系数

温室气体	土壤温度	土壤含水量	有机碳	硝态氮	铵态氮
CO_2	0.809**	0.545*	0.711**	0.639*	0.370
CH_4	−0.540*	−0.210	0.577*	0.791**	0.908**
N_2O	0.757**	0.653**	0.800**	0.330**	0.783**

4.6　氮添加对草原增温潜势和温室气体排放强度的影响

N30 和 N50 处理的草原地上生物量分别为 2 264.57 kg/hm^2 和 2 343.90 kg/hm^2（表 4.3），与 CK 相比显著增加，并显著低于 N100 处理的 2 988.17 kg/hm^2。N30、

N50 和 N100 的全球增温潜势均显著高于 CK，分别增加了 23.37%、3.44% 和 25.77%。N50 和 N100 处理的温室气体排放强度分别为 8.62 和 8.19，显著低于 CK 和 N30 处理的 10.43 和 10.62。由以上分析可知，N30 和 N100 处理在促进地上生物量增加的同时显著增加了全球增温潜势；而 N50 处理不仅能够减缓因添加氮素所造成的较高全球增温潜势，还能有效降低温室气体排放强度。

表 4.3　不同氮素添加处理地上生物量、全球增温潜势及温室气体排放强度

处理	地上生物量（kg/hm^2）	全球增温潜势（$kg\ CO_2\text{-}eqv/hm^2$）	温室气体排放强度
CK	1 866.90 ± 95.25c	19 435.36 ± 284.67c	10.43 ± 0.55a
N30	2 264.57 ± 147.08b	23 976.46 ± 96.16a	10.62 ± 0.66a
N50	2 343.90 ± 194.99b	20 104.63 ± 183.37b	8.62 ± 0.71b
N100	2 988.17 ± 153.34a	24 444.06 ± 592.99a	8.19 ± 0.24b

4.7　讨论与结论

植物、动物和土壤微生物的呼吸作用是草原生态系统 CO_2 的主要来源。适量的氮素添加通过增加植物生物量和微生物活性，增强植物和土壤微生物呼吸，进而促进 CO_2 的排放（邓昭衡等，2015；宗宁等，2013）。本研究发现，添加氮素促进贝加尔针茅草原 CO_2 的排放，且低氮（N30）和高氮（N100）处理显著增加了 CO_2 的排放量，中氮（N50）处理虽有促进作用，但与对照相比差异不显著，N30 和 N50 处理地上生物量无显著差异，由此推测，N30 处理相比 N50 处理较高的 CO_2 排放量可能来自微生物呼吸作用。在梁艳等（2017）的研究结果中，20 kg N/（$hm^2\cdot a$）处理的 CO_2 排放量高于 40 kg N/（$hm^2\cdot a$）处理；Song 等（2013）为期 5 a 的氮素添加实验发现，120 kg N/（$hm^2\cdot a$）处理的 CO_2 排放量高于 60 kg N/（$hm^2\cdot a$）处理。以上 2 个研究与本实验的结论相似。而马钢等（2015）在高寒灌丛的研究表明，氮素添加会抑制 CO_2 的排放，Bowden 等（2004）和 Fang 等（2012）也得出相同结论。与以往的研究（王跃思等，2003；汪文雅等，2015）相比，本实验中 CO_2 排放通量较高，产生这种差异的主要原因可能是研究区域、研究时间和草原植被类型不同。

魏达等（2011）和贺桂香等（2014）研究表明，草原生态系统是大气中 CH_4 的汇，但是关于氮素添加对 CH_4 通量影响的研究结论不一。李伟等（2013）和 Wendel 等（2011）研究得出，氮素添加抑制土壤对 CH_4 的吸收，该结论的主要依据是 NH_4^+ 可以替代 CH_4 被甲烷营养微生物利用，两者之间存在竞争关系。

本研究中，氮素添加显著降低生长季内 CH_4 的累计吸收量，但是否是因为添加的 NH_4NO_3 增加了土壤中 NH_4^+ 的含量，NH_4^+ 替代 CH_4 被微生物吸收利用，从而抑制了土壤对 CH_4 的吸收，还需要做深入研究来验证。潘占磊等（2016）对短花针茅荒漠草原甲烷通量的研究得出，虽然施氮促进对 CH_4 的吸收，但差异并不显著；而 Tate 等（2006）研究发现，氮素添加对 CH_4 通量没有影响；张斐雷等（2013）的研究结果表明，低氮处理促进吸收 CH_4，而中、高氮处理抑制吸收 CH_4，其原因是受土壤水分的影响。以上研究与本实验结论不一致的原因可能是研究区域、氮素添加种类不同。

N_2O 是土壤微生物进行硝化和反硝化过程的产物，土壤温湿度及硝铵氮含量都对该过程有影响（王改玲等，2010）。杨涵越等（2016）对内蒙古克氏针茅草原研究发现，氮素添加水平超过 100 kg N/（$hm^2 \cdot a$）时显著提高 N_2O 的年排放量，与本研究结论一致。Jiang 等（2010）对高寒草甸的研究也发现添加氮素导致 N_2O 排放增加，主要原因是施氮促进了反硝化过程，进而促进 N_2O 的排放。刘晓雨等（2011）研究结果表明，氮素添加后 N_2O 排放量与土壤铵态氮增加量呈显著正相关，本实验中 N_2O 排放量与硝态氮和铵态氮含量均呈极显著正相关。方华军等（2014）研究发现高氮促进 N_2O 的排放，而低氮没有影响，认为高氮影响产 N_2O 菌活性和群落结构，导致 N_2O 排放量增加。氮素添加对全球增温潜势有影响，本研究处理间大小关系表现为：N100＞N30＞N50＞CK，各处理 CO_2 排放量均占全球增温潜势的 99% 以上。因此，控制草原 CO_2 排放量是降低增温潜势的关键手段。有研究（Mosier et al.，2006；Shang et al.，2011）表明，温室气体强度与土壤固碳量、作物产量以及 CH_4 和 N_2O 通量有关。本研究中，N50 和 N100 处理的温室气体排放强度显著低于 CK，各处理温室气体排放强度在 8.19～10.62，高于稻田研究中的温室气体排放强度（Li et al.，2006）。分析表明，6—8 月是草原植物旺盛生长时期，植物和土壤微生物呼吸作用强烈，所以温室气体排放强度较大。

生长季内，内蒙古贝加尔针茅草原排放 CO_2 和 N_2O、吸收 CH_4，3 种温室气体通量都有明显的季节变化特点。添加氮素促进 CO_2 和 N_2O 的排放，同时抑制土壤对 CH_4 的吸收，显著增加全球增温潜势。CO_2、CH_4 和 N_2O 3 种温室气体通量与土壤温度、有机碳和硝态氮含量有显著相关性，CO_2 和 N_2O 通量与土壤含水率呈显著正相关关系，CH_4 和 N_2O 通量与土壤铵态氮含量极显著相关。N50 处理与 CK 相比显著增加草原植物地上生物量，而与 N30 和 N100 处理相比，又能够减缓全球增温潜势的增大。

第 5 章　氮添加对草原土壤碳氮转化特征的影响

5.1　氮添加对土壤活性有机碳和碳库管理指数的影响

5.1.1　样品采集与处理

土壤有机碳组分样品采集于 2016 年 8 月中旬。选取了 5 个氮添加处理，分别为对照 N0，N50，N100，N200，N300。按照“S”形取样法选取 5 个点，采集 0～20 cm 土壤样品。去除根系、石块和动植物残体，采用四分法选取 1 kg 土壤，将其分成 2 份，一份迅速装入无菌封口袋，放在冰盒中带回实验室，放入 4℃低温保存，用于测定土壤微生物量碳，另一份土样室内自然风干，用于土壤理化性质测定。

碳库管理指数（carbon pool management index，CPMI）用于反映不同氮添加水平下土壤质量的变化。以无氮添加样地土壤为参考土壤，计算各氮添加处理的碳库管理指数。具体计算方法如下：

$$\text{碳库指数（carbon pool index，CPI）}=\frac{\text{各氮添加处理土壤有机碳含量}}{\text{参考土壤有机碳含量}} \quad (5.1)$$

$$\text{碳库活度（active degree，A）}=\frac{\text{易氧化有机碳含量}}{(\text{总有机碳含量}-\text{易氧化有机碳含量})} \quad (5.2)$$

$$\text{碳库活度指数（active index，AI）}=\frac{\text{各氮添加处理碳库活度}}{\text{参考土壤碳库活度}} \quad (5.3)$$

$$\text{碳库管理指数（CPMI）}=\frac{\text{碳库指数}}{\text{碳库活度指数}}\times 100 \quad (5.4)$$

$$\text{易氧化有机碳比例}=\frac{\text{易氧化有机碳含量}}{\text{总有机碳含量}}\times 100\% \quad (5.5)$$

$$\text{可溶性有机碳比例}=\frac{\text{可溶性有机碳含量}}{\text{总有机碳含量}}\times 100\% \quad (5.6)$$

$$\text{微生物量碳比例}=\frac{\text{微生物量碳含量}}{\text{总有机碳含量}}\times 100\% \quad (5.7)$$

5.1.2 土壤总有机碳和活性有机碳组分变化

氮添加对土壤有机碳的影响因添加水平不同而异。N50 和 N100 处理提高了土壤有机碳含量，但与对照相比无显著差异（$P>0.05$）（图 5.1）。N200 和 N300 处理显著促进了土壤有机碳的累积（$P<0.05$），与无氮添加对照相比，有机碳含量分别增加 13.79%、55.78%。

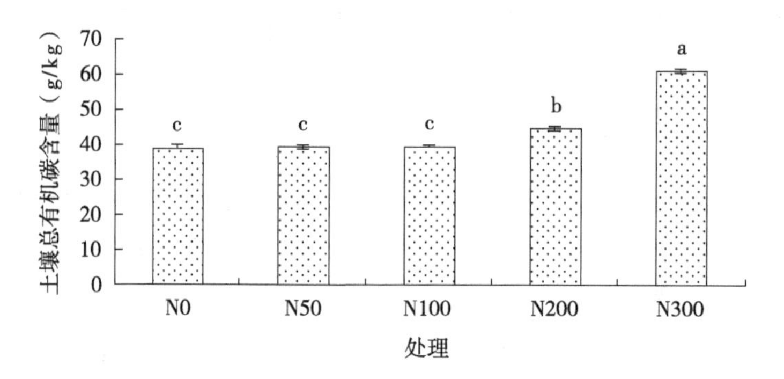

图 5.1 不同氮添加处理土壤总有机碳含量变化

4 个氮添加处理均显著提高了土壤易氧化有机碳含量（$P<0.05$）（图 5.2）。与无氮添加对照相比，氮添加处理土壤易氧化有机碳含量增加 0.24～0.71 g/kg。随着氮添加水平的升高，易氧化有机碳含量呈先升高后降低趋势。N50、N100、N200 和 N300 处理的土壤易氧化有机碳含量比无氮添加对照增加 2.16%、4.92%、1.67% 和 2.24%。N100 处理的土壤易氧化有机碳含量增加最多。

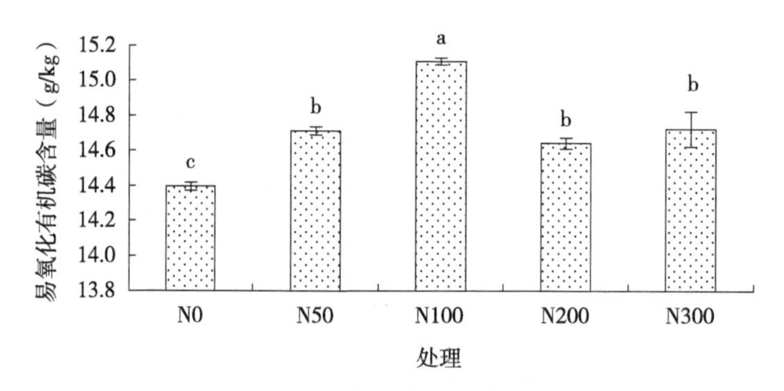

图 5.2 不同氮添加处理土壤易氧化有机碳含量变化

4 个氮添加处理均显著提高了土壤可溶性有机碳含量（$P<0.05$）。与无氮添加对照相比，氮添加处理土壤可溶性有机碳含量增加 12.47～81.29 mg/kg。N50、N100、N200 和 N300 处理的土壤易氧化有机碳含量比无氮添加对照增加 16.19%、3.55%、17.23% 和 23.67%（图 5.3）。

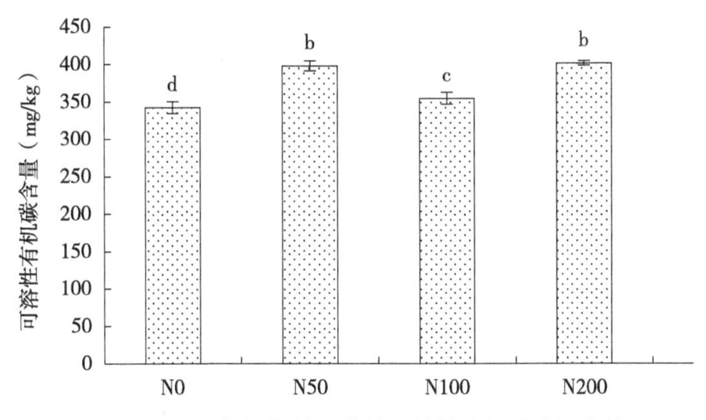

图 5.3　不同氮添加处理土壤可溶性有机碳含量变化

由图 5.4 可以看出，氮添加显著降低了土壤微生物量碳含量（$P<0.05$）。与无氮添加对照相比，土壤微生物量碳含量降低 74.25～219.38 mg/kg。N50、N100、N200 和 N300 处理土壤微生物量碳含量分别降低 11.58%、34.21%、27.66% 和 26.67%。表明，长期无机氮添加不利于土壤微生物生长。

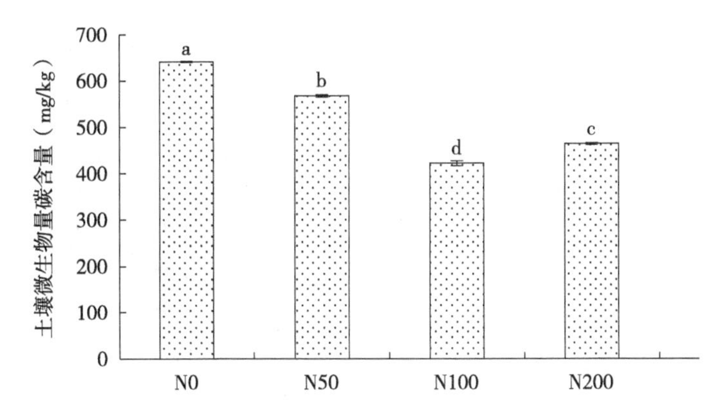

图 5.4　不同氮添加处理土壤微生物量碳含量变化

5.1.3　土壤活性有机碳组分比例和土壤碳库管理指数

土壤活性有机碳比例是指某种活性有机碳组分占总有机碳的分配比例。由表 5.1 可知，7 a 氮添加显著影响了土壤活性有机碳组分的比例。N50 处理的土壤易氧化有机碳比例与对照相比无显著差异（$P>0.05$），N100 处理的土壤易氧化有机碳比例显著高于无氮添加对照（$P<0.05$），N200 和 N300 处理的土壤易氧化有机碳比例显著低于无氮添加对照（$P<0.05$）。N50、N100 和 N200 处理土壤可溶性有机碳比例显著高于无氮添加对照（$P<0.05$），N300 处理的土壤可溶性有机碳比例显著低于无氮添加对照（$P<0.05$）。4 个氮添加处理土壤微生物量碳

比例均显著低于无氮添加对照（$P<0.05$）。表明长期高氮添加，不利于土壤活性有机碳组分比例的提升。

与无氮添加对照相比，N200和N300处理的土壤碳库指数分别增加了13.80%、55.80%，N50和N100处理的土壤碳库指数与对照相比无显著差异（$P>0.05$）。N100处理的土壤碳库活度、碳库活度指数和碳库管理指数显著高于无氮添加对照（$P<0.05$），N200和N300处理土壤碳库活度、碳库活度指数和碳库管理指数显著低于无氮添加对照（$P<0.05$）。与无氮添加对照相比，N50和N100处理的土壤碳库管理指数分别增加了3.00%、7.00%，N200和N300处理土壤碳库管理指数分别降低了4.17%、14.62%。表明长期高于200 kg N/（$hm^2 \cdot a$）的氮添加不利于碳库活度指数和碳库管理指数提升。

表5.1 不同氮添加下土壤有机碳组分和土壤碳库管理指数

处理	易氧化有机碳/总有机碳（%）	可溶性有机碳/总有机碳（%）	微生物量碳/总有机碳（%）	碳库指数	碳库活度	碳库活度指数	碳库管理指数
N0	36.52 ± 0.37b	0.87 ± 0.01c	1.63 ± 0.02a	1.00 ± 0.01c	0.58 ± 0.01b	1.00 ± 0.02b	100.04 ± 0.43c
N50	37.02 ± 0.48b	1.00 ± 0.00a	1.43 ± 0.02b	1.01 ± 0.01c	0.59 ± 0.01b	1.02 ± 0.02b	103.04 ± 0.62b
N100	37.74 ± 0.34a	0.89 ± 0.01b	1.05 ± 0.01c	1.02 ± 0.01c	0.61 ± 0.01a	1.05 ± 0.02a	107.04 ± 0.44a
N200	32.63 ± 0.40c	0.89 ± 0.01b	1.03 ± 0.02c	1.14 ± 0.02b	0.48 ± 0.01c	0.84 ± 0.02c	95.86 ± 0.36d
N300	23.97 ± 0.03d	0.69 ± 0.00d	0.77 ± 0.01d	1.56 ± 0.01a	0.32 ± 0.00d	0.55 ± 0.00d	85.42 ± 0.55e

5.1.4 土壤活性有机碳组分比例与碳库管理指数的相关性

由表5.2可知，土壤有机碳与碳库指数呈极显著正相关关系（$P<0.01$），与碳库管理指数、碳库活度指数、可溶性有机碳比例、易氧化有机碳比例和微生物量碳比例呈极显著负相关关系（$P<0.01$）。土壤微生物量碳比例与碳库管理指数、碳库活度指数、可溶性有机碳比例和易氧化有机碳比例呈极显著正相关关系（$P<0.01$），与碳库指数呈极显著负相关关系（$P<0.01$）。易氧化有机碳比例与碳库管理指数、碳库活度指数和可溶性有机碳比例呈极显著正相关关系（$P<0.01$），与碳库指数呈极显著负相关关系（$P<0.01$）。可溶性有机碳比例与碳库管理指数

和碳库活度指数呈极显著正相关关系（$P<0.01$），与碳库指数呈极显著负相关关系（$P<0.01$）。碳库指数与碳库管理指数和碳库活度指数呈极显著负相关关系（$P<0.01$）。碳库活度指数与碳库管理指数呈极显著正相关关系（$P<0.01$）。

表 5.2　土壤活性有机碳、碳库管理指数与其他化学性质的相关性

指标	有机碳	微生物量碳 / 总有机碳	易氧化有机碳 / 总有机碳	可溶性有机碳 / 总有机碳	碳库指数	碳库活度指数
碳库管理指数	−0.929**	0.577**	0.970**	0.807**	−0.929**	0.976**
碳库活度指数	−0.982**	0.731**	0.999**	0.846**	−0.982**	—
碳库指数	1.000**	−0.773**	−0.989**	−0.878**	—	—
可溶性有机碳 / 总有机碳	−0.878**	0.653**	0.859**	—	—	—
易氧化有机碳 / 总有机碳	−0.989**	0.734**	—	—	—	—
微生物量碳 / 总有机碳	−0.773**	—	—	—	—	—

5.1.5　讨论与结论

土壤活性有机碳对氮添加响应存在差异，可能与生态系统类型、土壤本底、氮添加量、氮元素添加形式、氮添加时间长短以及不同有机碳组分差异响应有关。本研究表明，氮添加处理显著提高了易氧化有机碳和可溶性有机碳含量。Wang 等（2010）研究表明，适量氮添加提高了地上部生产力，增加了凋落物数量和根系分泌物数量，从而增加了土壤碳输入。本课题组在同一试验地前期研究表明，氮添加提高了草地土壤速效养分含量，提高了草地生物量（李文娇等，2015）。草地速效养分含量提高，增加了草地植物凋落物和根系分泌物数量，提高了土壤有机质含量，为微生物提供了碳源，进而提高了土壤活性有机碳的含量（王改玲等，2017），这与前人研究结果相似。Sinsabaugh 等（2010）研究表明，施氮肥 30 kg N/（$hm^2 \cdot a$）、80 kg N/（$hm^2 \cdot a$）显著提高了美国马尼斯蒂国家森林土壤的可溶性有机碳含量。肖胜生（2010）对温带半干旱草地生态系统氮添加实验表明，施氮水平 0、5 kg N/（$hm^2 \cdot a$）、10 g N/（$m^2 \cdot a$）对可溶性有机碳含量无显著性影响（$P>0.05$），高氮添加 20 g N/（$m^2 \cdot a$）显著增加可溶性有机碳含量（$P<0.05$）。齐玉春等（2014）对内蒙古温带草原实验表明，连续 4 a 氮添加对 0～20 cm 土层土壤可溶性有机碳含量无显著性影响（$P>0.05$）。表明，施

氮对土壤可溶性有机碳含量的影响因生态系统类型和土壤本底条件不同而不同。分析原因可能是与氮可利用性变化对土壤有机碳的不同来源影响存在差异。在同一试验地的凋落物分解实验表明，不同植物和不同器官凋落物分解速率对氮素添加水平的响应不同（于雯超等，2014）。本研究发现 4 个氮添加处理的土壤微生物量碳含量显著低于无氮添加对照，这与 Li 等（2010）研究结果类似。

土壤活性有机碳占总有机碳分配比例可以消除土壤总有机碳含量不同对活性有机碳的影响，比土壤活性有机碳含量更能反映不同管理措施对土壤有机碳库组分的影响（王栋等，2010）。随氮添加水平的升高，土壤易氧化有机碳占总有机碳的比例呈先上升后下降的趋势，可溶性有机碳占总有机碳的比例呈先上升后下降趋势，微生物量碳占总有机碳的比例呈下降趋势。土壤易氧化有机碳、可溶性有机碳和微生物量碳占总有机碳的比例随氮添加水平升高的变化不尽相同，这可能是由于是不同活性有机碳组分在草地生态系统物质循环中具有其特有的利用和转化方式。本实验结果表明，长期高氮素添加不利于土壤易氧化有机碳分配比例的提高。这与林明月等（2012）对喀斯特地区施肥研究结果一致。前人研究表明，长期施用无机氮肥对土壤有机碳影响主要是提高了土壤难氧化有机碳的含量（王朔林等，2015；张璐等，2009），微生物可利用碳源缺乏，活性有机碳含量降低，从而降低了活性有机碳占总有机碳的比例。有研究认为，活性有机碳占总有机碳的比例可用来反映土壤有机碳的质量和稳定程度，该比例值越高，表示有机碳越容易被微生物分解矿化，土壤活性也就越高（张付申等，1996）。本研究结果表明，N300 处理显著降低了可溶性有机碳的分配比例，原因可能是本试验地区处于半干旱地区，降水较少，当施用过量无机氮素后，土壤总有机碳的增加幅度超过了水溶性有机碳的积累数量。连续 7 a 添加 200 kg N/（$hm^2 \cdot a$）和 300 kg N/（$hm^2 \cdot a$）无机氮素，虽没有降低土壤有机碳含量，但导致了土壤易氧化有机碳组分比例和微生物量碳组分比例的下降，降低了土壤有机碳质量。

土壤碳库活度可在一定程度上反映土壤有机碳的质量和稳定程度，该比例值越高表示有机碳越易被微生物分解矿化；反之，该比例值低则表示有机碳较稳定，不易被微生物分解利用（Leifeld et al.，2005）。土壤碳库管理指数反映农业管理使土壤质量下降和更新的程度（王栋等，2010），该指数上升表明土壤肥力上升，反之则表明肥力下降（徐明岗等，2006）。本研究中，N50 和 N100 处理的碳库活度和碳库管理指数高于或显著高于对照，N200 和 N300 的碳库活度和碳库管理指数显著低于对照。说明适量氮添加促进植物生长，改善土壤质量，增强土壤养分循环功能。高量无机氮添加，使得植物获得的土壤中可利用氮素增加，植物根系浅层化（Jungk et al.，2001），根系生物量分配比例将降低。同时高量无机氮素添加，缺乏有效的外加碳源补充，微生物数量和活性均下降，从而导致微生物对凋落物分解呈现出抑制效应（Peng et al.，2014；陈云峰等，2013）。凋落物和根系分泌物转化为有机质时，一部分有机质活化为植物生长提供养分，一部分有机质转化为惰性碳库固存下来，这两个比例维持在一定范围（薛菁等，2009）。土壤有机碳库在一定范围内保持一定的活跃度，N50 和 N100 处理加快了土壤碳库活化与养分供应，而 N200 和 N300 处理的碳库活度并未随有机碳库的增加而持续增加。本研究发现高氮添加处理导致了土壤碳库管理指数的下降，且随着氮添加量的增加而降低，说明长期高氮添加将降低土壤碳库质量。

许多研究表明，土壤活性有机碳组分、碳库管理指数与多数化学性质呈显著相关性，可表征土壤质量对不同管理措施等土壤环境条件变化的早期反应指标（蒲玉琳等，2017；李硕等，2015）。贝加尔针茅草原土壤微生物量碳比例、易氧化有机碳比例和可溶性有机碳比例与总有机碳之间关系密切，三者在很大程度上依赖于总有机碳量。土壤易氧化有机碳比例、可溶性有机碳比例和微生物量碳比例之间呈极显著正相关关系。表明，各类活性有机碳之间关系密切，它们之间相互影响。本研究结果显示，土壤易氧化有机碳比例、可溶性有机碳比例、微生物量碳比例、碳库活度指数和碳库管理指数之间呈极显著正相关性，均可指示土壤质量变化。

连续 7 a 氮添加显著提高了土壤易氧化有机碳和可溶性有机碳含量，降低了土壤微生物量碳含量。施氮量 50 kg N/（$hm^2 \cdot a$）和 100 kg N/（$hm^2 \cdot a$）提高了土壤易氧化有机碳分配比例，施氮量 200 kg N/（$hm^2 \cdot a$）和 300 kg N/（$hm^2 \cdot a$）显著降低了土壤易氧化有机碳分配比例。施氮量 50 kg N/（$hm^2 \cdot a$）、100 kg N/（$hm^2 \cdot a$）和 200 kg N/（$hm^2 \cdot a$）处理提高了土壤可溶性有机碳分配比例，施氮量 300 kg N/（$hm^2 \cdot a$）显著降低了土壤可溶性有机碳分配比例。施氮量 50 kg N/（$hm^2 \cdot a$）和 100 kg N/（$hm^2 \cdot a$）可提高贝加尔针茅草原土壤碳库活度指数和碳库管理指数，施氮量 100 kg N/（$hm^2 \cdot a$）提高最为显著；施氮量 200 kg N/（$hm^2 \cdot a$）和 300 kg N/（$hm^2 \cdot a$）显著降低贝加尔针茅草原土壤碳库活度指数和土壤碳库管理指数。长期高氮添加将降低贝加尔针茅草原土壤碳库质量。

5.2　氮添加对土壤碳氮转化特征的影响

5.2.1　样品采集与处理

2015 年在各个氮添加处理小区内进行土壤原位矿化实验。土壤碳氮矿化实验采用 PVC 顶盖埋管原位培养法。在氮添加实验小区布置原位矿化实验。于 2015 年 8 月中旬，用力将 PVC 矿化管（长 12 cm，内径 5 cm）砸入土壤，直到管上端与地面相平，将 PVC 管取出，剥离底部 2 cm 土壤，顶部用透气不透水的塑料薄膜封口，下端用脱脂棉和纱布封口后放回原处培养。在每个处理小区各埋入矿化管 18 根。同时在每个处理小区用土钻取 0～10 cm 土壤样品 3 钻，混匀装入 1 个自封袋，用冰盒带回实验室，测定土壤硝态氮（NO_3^--N）、铵态氮（NH_4^+-N）含量，作为氮转化培养的初始值。在各个处理小区内于 2016 年 6 月（培养 300 d）、7 月（330 d）、8 月（360 d）、9 月（390 d）中旬分别取出 3 根矿化管，去除管中的根系，用冰盒带回实验室，测定有机碳（soil organic carbon，SOC）、可溶性有机碳（dissolved organic carbon，DOC）、微生物量碳（microbial biomass carbon，MBC）、微生物量氮（microbial biomass nitrogen，MBN）、硝态氮和铵态氮含量，计算碳氮矿化速率。

$$\text{净氨化速率}\left[\text{mg/（g·d）}\right]=\frac{(\text{培养后}NH_4^+\text{-N}-\text{培养前}NH_4^+\text{-N})}{\text{天数}} \tag{5.8}$$

$$\text{净硝化速率}\left[\text{mg/（g·d）}\right]=\frac{(\text{培养后}NO_3^-\text{-N培养前}NO_3^-\text{-N})}{\text{天数}} \tag{5.9}$$

$$\text{净矿化速率}\left[\text{mg/（g·d）}\right]=\frac{\text{培养后}(NH_4^+\text{-N}+NO_3^-\text{-N})-\text{培养前}(NH_4^+\text{-N}+NO_3^-\text{-N})}{\text{天数}} \tag{5.10}$$

有机碳、有机氮、微生物量碳和微生物量氮的转化速率与上述计算相同，即培养后对应含量减去培养前含量，再除以培养天数。

5.2.2 土壤原位矿化过程中碳素的变化特征和转化速率变化

各个氮处理在矿化期间有机碳、可溶性有机碳和微生物量碳含量变化见表 5.3。N0、N15、N30 和 N50 在整个矿化期间变化不显著。N300 处理在培养初期有机碳含量最高，显著高于其他矿化培养时间。在培养第 300 d 时，各个氮添加处理有机碳含量无显著差异。培养第 330 d 时，高氮添加（N100、N150、N200 和 N300）有机碳含量均显著高于低氮添加（N15、N30 和 N50）和对照 N0。各个氮处理在整个矿化期间，土壤可溶性有机碳含量总体表现为先升高后降低的趋势，在培养 360 d 时最高。在培养初期 0 d，7 个氮添加处理土壤可溶性有机碳均显著高于对照。培养 300 d 时，低氮添加（N15、N30 和 N50）高

表 5.3　土壤原位矿化过程中有机碳、可溶性有机碳和微生物量碳含量变化

时间（d）	有机碳（g/kg）							
	N0	N15	N30	N50	N100	N150	N200	N300
0	39.43 ± 0.47ABe	38.79 ± 0.22Ad	35.70 ± 0.77Acd	39.75 ± 0.58ABc	40.04 ± 0.41ABc	44.57 ± 0.43Bb	44.87 ± 0.50Bb	61.42 ± 0.50Aa
300	38.93 ± 2.02ABab	38.56 ± 1.34Aab	38.05 ± 3.54Aab	37.74 ± 3.62ABab	40.38 ± 0.72ABa	37.75 ± 1.09Cab	37.78 ± 1.33Cab	34.70 ± 2.22Cb
330	37.49 ± 1.08ABd	37.71 ± 0.65Ad	36.80 ± 3.04Ad	36.18 ± 1.68ABd	42.27 ± 0.25Ac	49.34 ± 0.28Aa	51.10 ± 1.28Aa	45.80 ± 1.44Bb
360	41.02 ± 2.92Aa	38.21 ± 1.70Aab	37.47 ± 1.49Aab	40.52 ± 1.00Aa	38.34 ± 2.94BCa	36.87 ± 2.41Cab	36.80 ± 2.68Cab	34.10 ± 1.09Cc
390	36.92 ± 1.57Ba	37.80 ± 1.45Aa	35.77 ± 1.11Aa	35.83 ± 2.77Ba	36.81 ± 1.72Ca	36.75 ± 1.81Ca	35.82 ± 1.54Ca	32.31 ± 2.33Cb
时间（d）	可溶性有机碳（mg/kg）							
	N0	N15	N30	N50	N100	N150	N200	N300
0	342.41 ± 8.08De	411.44 ± 4.48Cb	404.71 ± 6.72Cbc	397.78 ± 6.55Cc	354.55 ± 8.14Cd	395.47 ± 8.70Cc	401.35 ± 2.97Bbc	423.37 ± 2.58Ca
300	373.63 ± 7.98Cf	462.79 ± 3.55Ba	443.32 ± 0.84Bb	419.17 ± 8.12BCc	321.95 ± 8.34Ch	337.08 ± 5.34Dg	392.63 ± 0.84BCe	405.24 ± 6.06Cd
330	463.12 ± 12.87Bb	411.71 ± 6.93Cd	428.56 ± 10.11BCc	449.20 ± 7.09Bb	478.37 ± 6.80Ba	461.47 ± 11.79Bb	378.97 ± 5.36Ce	484.31 ± 2.99Ba
360	582.91 ± 13.03Af	636.17 ± 1.78Ae	653.60 ± 13.66Ae	725.67 ± 6.44Ad	944.28 ± 13.24Aa	831.04 ± 18.10Ac	818.27 ± 4.83Ac	910.67 ± 8.90Ab
390	342.41 ± 17.47Db	411.44 ± 24.35Cab	404.71 ± 26.14Cab	397.78 ± 50.47Cab	354.55 ± 73.92Cab	395.47 ± 18.84Cab	401.35 ± 19.80Bab	423.37 ± 36.12Ca

（续）

时间（d）	微生物量碳（mg/kg）							
	N0	N15	N30	N50	N100	N150	N200	N300
0	641.32 ± 0.93Da	522.72 ± 6.34Dd	434.02 ± 10.30Ef	567.07 ± 2.58Eb	421.94 ± 5.55Eg	537.77 ± 9.11Dc	463.91 ± 2.18De	470.25 ± 6.53De
300	836.48 ± 7.13Ca	802.30 ± 1.19Cb	809.56 ± 7.43Cb	751.26 ± 11.39Dc	747.85 ± 1.40Cc	800.32 ± 9.52Bb	763.09 ± 17.78Bc	638.35 ± 7.04Bd
330	842.95 ± 10.86Ca	797.58 ± 9.92Cb	720.15 ± 11.85Dd	789.45 ± 9.64Cb	719.93 ± 4.12Dd	699.93 ± 1.96Ce	757.04 ± 12.43Bc	617.56 ± 7.00Bf
360	1 121.47 ± 3.52Aa	990.15 ± 13.21Bc	940.50 ± 15.44Bd	1 067.53 ± 36.20Ab	1 121.14 ± 0.80Aa	1 112.96 ± 5.74Aa	1 120.48 ± 1.78Aa	1 058.51 ± 25.74Ab
390	1 105.83 ± 5.32Ba	1 071.47 ± 38.12Ab	991.78 ± 9.24Ac	829.09 ± 16.55Bd	840.14 ± 12.79Bd	788.17 ± 20.35Be	721.95 ± 17.50Cf	585.29 ± 3.86Cg

注：不同大写字母表示同一氮添加水平不同矿化时间下差异显著，不同小写字母表示同一矿化时间不同氮添加水平下差异显著。

于高氮添加（N100、N150、N200 和 N300）和对照。培养 360 d 时，高氮添加（N100、N150、N200 和 N300）土壤可溶性有机碳含量均显著高于低氮添加（N15、N30 和 N50）和对照，N100 处理土壤可溶性有机碳含量最高。在整个矿化培养期内，7 个氮添加处理土壤微生物量碳平均含量均显著低于对照。在培养 360 d 时，N200、N150、N100 处理土壤微生物量碳含量显著高于 N15、N30、N50 和 N300，而与对照相比无显著差异。在培养 390 d 时，高氮添加（N150、N200 和 N300）土壤微生物量碳含量显著低于低氮添加（N15、N30 和 N50）和对照。

矿化期间的有机碳转化速率见图 5.5。在矿化培养期内，N15 与 N30 处理的有机碳转化速率无显著差异。N30 处理在整个矿化期间，有机碳转化速率均为正值。N0 和 N50 处理在培养 360 d 与 N100、N150 和 N200 处理在培养 330 d 的有机碳转化速率为正值。高氮添加（N100、N150、N200 和 N300）在培养第 330 d 时，有机碳转化速率均高于其他培养时间。在培养第 360 d 和 390 d 时，高氮添加（N100、N150、N200 和 N300）的有机碳转化速率显著低于低氮添加（N15、N30 和 N50）和对照。

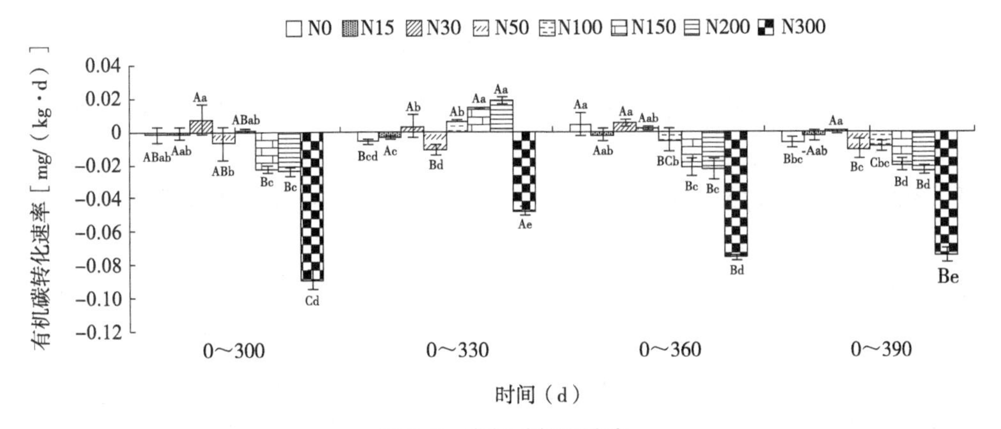

图 5.5 有机碳转化速率

（注：不同大写字母表示同一氮添加水平不同矿化时间差异下显著，不同小写字母表示同一矿化时间不同氮添加水平下差异显著）

矿化期间的土壤微生物量碳转化速率见图 5.6。N0、N50、N100、N150、N200 和 N300 在培养第 360 d 时，土壤微生物量碳转化速率均显著高于其他培养时间。在培养 360 d 时，高氮添加（N100、N150、N200 和 N300）土壤微生物量碳转化速率显著高于低氮添加（N15、N30 和 N50）和对照。培养 390 d 时，高氮添加（N150、N200 和 N300）低于或显著低于低氮添加和对照。培养

300 d 和培养 330d 时，N300 处理土壤微生物量碳转化速率均显著低于其他氮添加处理。

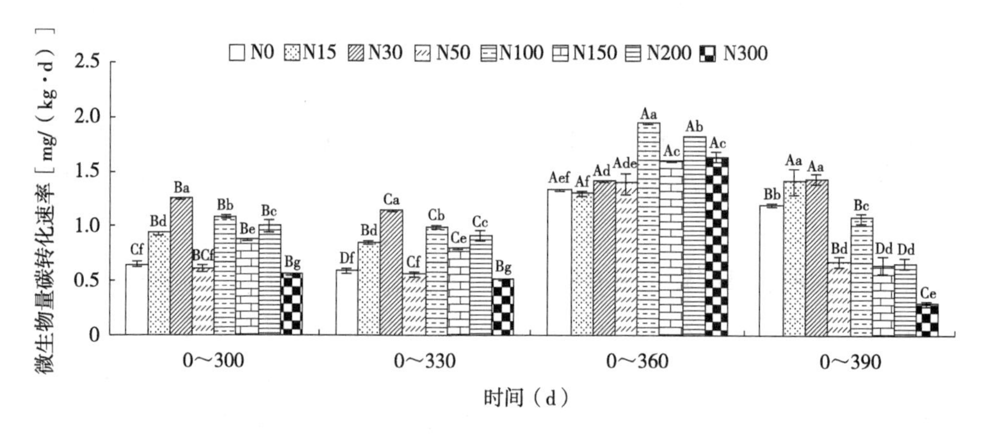

图 5.6 土壤微生物量碳转化速率

（注：不同大写字母表示同一氮添加水平不同矿化时间差异下显著，不同小写字母表示同一矿化时间不同氮添加水平下差异显著）

5.2.3 土壤原位矿化过程中氮素的动态变化特征和转化速率变化

培养期内土壤铵态氮和硝态氮含量变化见表 5.4。随着培养时间的延长，总体上铵态氮含量呈先升高后降低趋势，培养 390 d 时铵态氮含量均为最低。N200 和 N300 处理在培养 300 d 和 330 d 时均显著高于低氮添加（N15、N30 和 N50）和对照。土壤硝态氮含量随着培养时间的延长呈先升高后降低趋势。N0、N15、N50、N100 和 N200 处理土壤硝态氮含量在培养第 360 d 时最高，N30、N150 和 N300 处理土壤硝态氮含量在培养第 330 d 时最高。高氮添加（N100、N150、N200 和 N300）在培养 0 d 和 300 d 时土壤硝态氮含量均显著高于低氮添加（N15、N30 和 N50）和对照。培养 330 d、360 d 和 390 d 时，N50、N100、N150、N200 和 N300 处理的土壤硝态氮含量显著高于 N0、N15 和 N30。

有机氮、土壤可溶性氮和土壤微生物量氮含量变化见表 5.5。N15、N30、N50 和 N100 处理有机氮含量随培养时间延长呈升高趋势，培养 390 d 时最高。N0、N150、N200 和 N300 的有机氮含量随培养时间延长，呈现先升高后降低趋势。N0 和 N200 在培养 360 d 时有机氮含量最高，N300 在培养 330 d 时有机氮含量最高。在培养 0 d 和 300 d 时，7 个氮添加处理有机氮含量与对照相比无显著差异。在培养 330 d 时，高氮添加（N150、N200 和 N300）有机氮含量显著

表 5.4　土壤原位矿化过程中铵态氮和硝态氮含量变化

时间（d）	铵态氮（mg/kg）							
	N0	N15	N30	N50	N100	N150	N200	N300
0	27.42 ± 1.28Ac	21.11 ± 0.43Ad	30.97 ± 2.24Ac	66.26 ± 2.06Aa	61.16 ± 3.88Ab	27.60 ± 0.85Ac	29.25 ± 1.05Ac	30.32 ± 0.80Ac
300	11.40 ± 0.69Bc	10.57 ± 1.03Bc	11.35 ± 0.98Bc	10.94 ± 0.86Bc	9.06B ± 0.71Cd	11.80 ± 0.75Cbc	13.22 ± 1.11Bb	16.89 ± 0.75Ba
330	3.85 ± 0.20Cf	8.28 ± 0.69Cc	5.00 ± 0.43Ce	12.44 ± 0.27Ba	6.54 ± 0.11CDd	7.76 ± 0.37Dc	5.91 ± 0.75Dde	10.22 ± 1.16Db
360	3.43 ± 0.18Cd	2.93 ± 0.28Dd	3.35 ± 0.23Cd	6.65 ± 1.32Cc	10.52 ± 0.57Bb	13.5 ± 1.43Ba	9.31 ± 0.64Cb	14.19 ± 0.67Ca
390	3.26 ± 0.50Ccd	3.8 ± 0.12Dbc	3.13 ± 0.36Cd	3.50 ± 0.15Dbcd	3.91 ± 0.53Db	2.98 ± 0.22Ed	3.56 ± 0.17Ebcd	6.41 ± 0.08Ea
时间（d）	硝态氮（mg/kg）							
	N0	N15	N30	N50	N100	N150	N200	N300
0	1.82 ± 0.04Ee	1.92 ± 0.23Ce	2.93 ± 0.24Ee	2.82 ± 0.07Ee	9.90 ± 0.13Ed	37.67 ± 0.48Dc	48.09 ± 1.46Cb	66.21 ± 0.98Ca
300	13.22 ± 0.99Cg	17.48 ± 0.56Be	22.48 ± 3.06Ce	30.73 ± 1.58Cd	36.89 ± 0.89Cc	49.30 ± 1.91Cb	50.72 ± 0.63Cb	85.69 ± 5.08Ba
330	16.34 ± 0.61Bg	22.56 ± 0.72Af	46.11 ± 1.42Ae	52.29 ± 4.59Bd	51.15 ± 0.40Bd	77.90 ± 1.00Ab	65.27 ± 1.67Bc	114.14 ± 3.61Aa
360	21.61 ± 0.77Ag	23.11 ± 0.19Ag	32.02 ± 0.70Bf	61.85 ± 0.42Ad	85.37 ± 4.89Ab	56.44 ± 0.86Be	80.20 ± 1.92Ac	89.56 ± 0.89Ba
390	6.93 ± 0.53Df	16.70 ± 1.39Be	18.00 ± 0.73De	23.61 ± 0.89Dcd	21.00 ± 2.54Dd	25.81 ± 1.61Ec	37.72 ± 1.22Db	65.06 ± 2.96Ca

注：不同大写字母表示同一氮添加水平不同矿化时间下差异显著，不同小写字母表示同一矿化时间不同氮添加水平下差异显著。

高于低氮添加（N15、N30 和 N50）和对照。培养 390 d 时，7 个氮添加处理有机氮含量均高于对照。8 个氮添加处理的土壤可溶性氮含量均在培养第 300 d 时最低。培养 330 d、360 d 和 390 d 时，高氮添加（N100、N150、N200 和 N300）土壤可溶性氮含量显著高于低氮添加（N15、N30 和 N50）和对照。培养 300 d 时，N150、N200 和 N300 处理的土壤可溶性氮含量显著高于 N0、N15、N30、N50 和 N100。培养 0 d 时，高氮添加（N100、N150、N200 和 N300）土壤可溶性氮含量显著高于 N0、N15 和 N50。N0、N15、N30 和 N50 在培养初期土壤微生物量氮含量最低，N100 在培养 330 d 时土壤微生物量氮含量最低，N150、N200 和 N300 在培养 390 d 时土壤微生物量氮含量最低。培养 0 d 时，高氮添加（N100、N150、N200 和 N300）土壤微生物量氮含量显著高于低氮添加（N15、N30 和 N50）和对照。

培养期内土壤净氨化速率变化见图 5.7。在培养期间，土壤净氨化速率均为负值。培养期内，高氮添加（N100、N150、N200 和 N300）处理在培养 360 d 时土壤净氨化速率最高，N0、N15 和 N30 时处理在培养 300 d 时最高。N50 处理的净氨化速率在培养 390 d 时最高，但与培养 330 d 和 360 d 土壤的净氨化速率无显著差异。在培养 300 d、330 d 和 390 d 时，N15 处理的土壤净氨化速率显著高于其他氮添加处理和对照。在培养 360 d 时，N150 处理土壤净氨化速率显著高于其他氮添加处理和对照。

随培养时间的延长，土壤净硝化速率表现为先升高后降低趋势（图 5.8）。培养 390 d 时，8 个氮处理土壤净硝化速率均为最低。培养 390 d 时，N150、N200 和 N300 处理土壤净硝化速率为负值，其他时间为正值。在培养 300 d、330 d 和 390 d 时，N50 处理土壤净硝化速率高于或显著高于其他氮添加处理和对照。在培养 360 d 时，N100 处理土壤净硝化速率显著高于其他氮添加处理和对照。

培养期间土壤净矿化速率见图 5.9。N0、N30、N50、N100、N150、N200 和 N300 处理在培养 360 d 时净矿化速率最高，N15 处理在培养 300 d 时土壤净矿化速率最高。培养 390 d 时，各处理土壤净矿化速率均为负值，且 N15 处理显著高于其他处理。培养 360 d 时，高氮添加（N100、N150、N200 和 N300）净矿化速率显著高于低氮添加（N15、N30 和 N50）和对照。N300 处理在培养 300 d 和 330 d 时，土壤净矿化速率高于或显著高于其他氮处理。

表 5.5　土壤有机氮、可溶性氮和微生物量氮含量变化

时间（d）	有机氮（g/kg）							
	N0	N15	N30	N50	N100	N150	N200	N300
0	2.28 ± 0.21Da	2.39 ± 0.39Ca	2.23 ± 0.22Ca	2.20 ± 0.20Ca	2.44 ± 0.38Ba	2.53 ± 0.09Ba	2.30 ± 0.13Da	2.36 ± 0.56Da
300	2.83 ± 0.14Cab	2.71 ± 0.08Cb	2.62 ± 0.24Cb	2.77 ± 0.26Cb	2.89 ± 0.16Bab	2.80 ± 0.25Bab	2.89 ± 0.19Cab	3.28 ± 0.49Ca
330	3.50 ± 0.12Bd	3.86 ± 0.08Bcd	4.06 ± 0.36Bcd	4.08 ± 0.32Bcd	4.56 ± 1.01Abc	5.23 ± 0.31Aab	5.55 ± 0.17Aa	5.39 ± 0.22Aa
360	4.14 ± 0.13Abc	3.89 ± 0.13Bc	3.87 ± 0.11Bc	4.18 ± 0.86Bbc	4.63 ± 0.22Abc	4.94 ± 0.36Ab	5.86 ± 0.61Aa	4.66 ± 0.42Bbc
390	3.68 ± 0.03Bc	4.67 ± 0.82Aab	4.82 ± 0.03Aa	5.10 ± 0.02Aa	4.80 ± 0.06Aa	4.85 ± 0.09Aa	4.94 ± 0.18Ba	4.20 ± 0.06Bbc
时间（d）	可溶性氮（mg/kg）							
	N0	N15	N30	N50	N100	N150	N200	N300
0	36.08 ± 1.94Bd	34.41 ± 0.39Bd	69.79 ± 7.35Ab	37.05 ± 0.20Dd	58.69 ± 0.70Dc	60.22 ± 0.83Cc	55.50 ± 0.39Dc	103.23 ± 0.83Ca
300	17.41 ± 0.75Ce	18.08 ± 1.33Ce	22.00 ± 0.69Ed	24.90 ± 1.65Ebcd	23.30 ± 1.39Ecd	28.10 ± 1.93Db	26.45 ± 0.46Ebc	53.50 ± 4.42Da
330	45.42 ± 4.42Afg	40.33 ± 0.16Ag	47.82 ± 2.50Cef	52.45 ± 1.27Be	71.69 ± 5.63Cd	100.27 ± 3.58Ab	92.82 ± 1.46Ac	128.76 ± 3.53ABa
360	42.87 ± 1.51Af	39.78 ± 0.64Af	57.44 ± 1.55Be	67.43 ± 0.28Ad	82.42 ± 4.33Bc	102.95 ± 3.54Ab	78.63 ± 1.58Bc	140.00 ± 11.79Aa
390	46.07 ± 0.73Ad	39.22 ± 4.27Ae	38.76 ± 3.04De	49.58 ± 1.85Cd	93.24 ± 1.39Ab	72.34 ± 1.31Bc	74.65 ± 2.54Cc	122.93 ± 6.36Ba
时间（d）	微生物量氮（mg/kg）							
	N0	N15	N30	N50	N100	N150	N200	N300
0	37.25 ± 3.57Ee	38.30 ± 1.39Ee	33.77 ± 2.05Ce	36.63 ± 1.94Ce	56.19 ± 3.43Dd	72.34 ± 0.68Ec	86.93 ± 4.23Bb	123.24 ± 3.58Ba
300	66.14 ± 3.24Cf	67.99 ± 1.00Cf	80.38 ± 5.63Ad	89.36 ± 2.47Ac	86.30 ± 2.68Cc	72.34 ± 0.68Ec	74.09 ± 2.65Ce	101.75 ± 2.97Cb
330	56.06 ± 0.39De	62.58 ± 0.59De	71.87 ± 1.49Bd	76.31 ± 8.24Bcd	80.89 ± 1.53Cc	98.33 ± 2.01Bb	104.83 ± 4.70Ab	101.75 ± 2.97Cb
360	71.87 ± 1.11Be	75.20 ± 2.65Be	73.45 ± 0.42Be	86.21 ± 2.36Ad	123.40 ± 2.08Ab	89.26 ± 4.17Cd	104.53 ± 4.61Ac	164.74 ± 4.39Aa
390	76.59 ± 2.21Ac	89.45 ± 2.70Ab	81.17 ± 0.59Ac	88.15 ± 2.36Ab	98.79 ± 6.25Ba	80.66 ± 3.70Dc	81.72 ± 4.28Bc	89.73 ± 3.68Db

注：不同大写字母表示同一氮添加水平不同矿化时间下差异显著，不同小写字母表示同一矿化时间不同氮添加水平下差异显著。

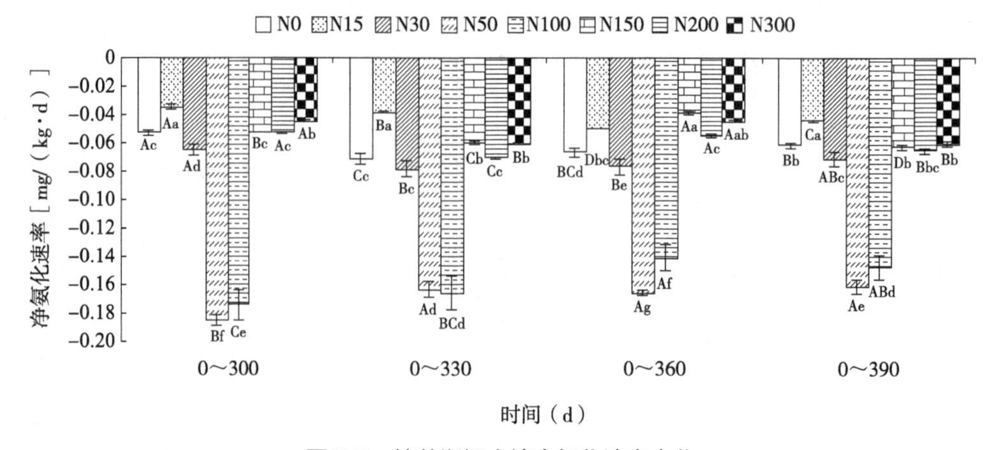

图 5.7　培养期间土壤净氨化速率变化

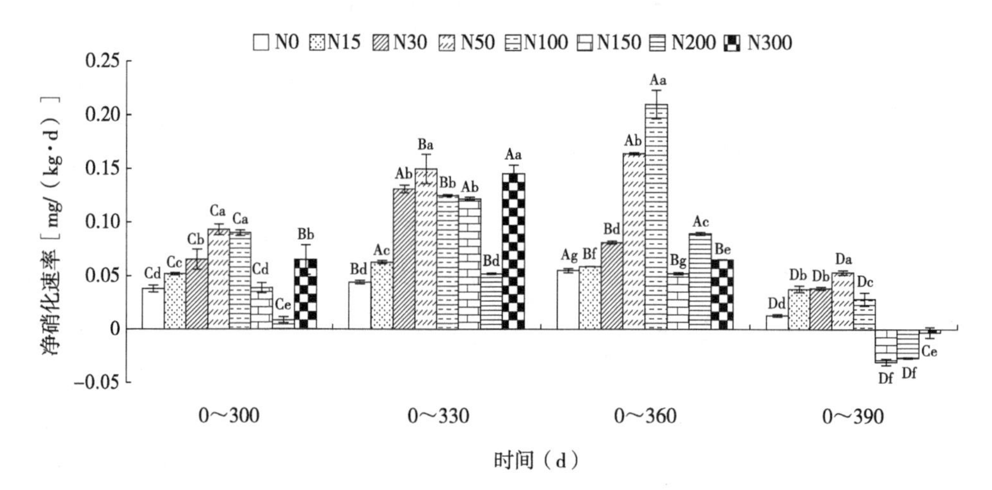

图 5.8　培养期间土壤净硝化速率变化

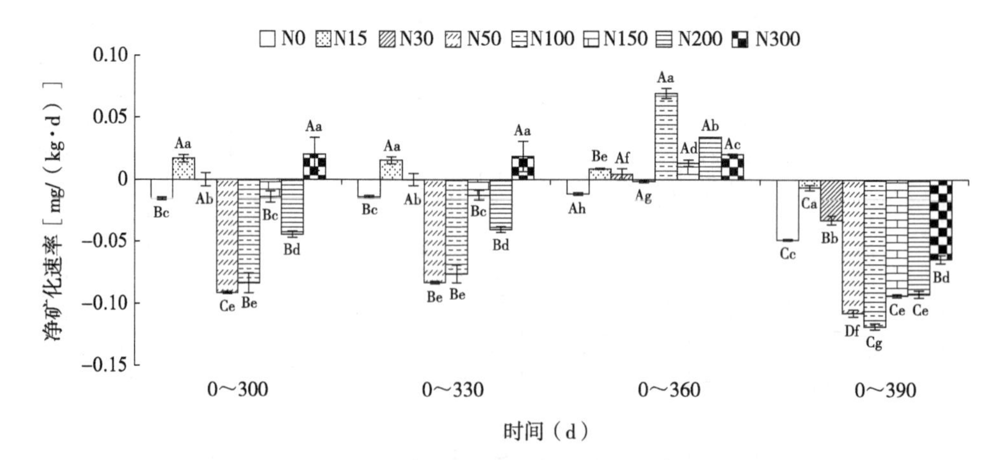

图 5.9　培养期间土壤净矿化速率变化

有机氮转化速率见图 5.10。培养期内，各处理有机氮转化速率均为正值。N15、N30 和 N50 处理有机氮转化速率在培养 390 d 时最高。N100、N150、N200 和 N300 的有机氮转化速率随培养时间延长呈先升高后降低趋势，N100、N150 和 N300 处理在培养 330 d 时最高，N200 在培养 360 d 时最高。培养 330 d 和培养 360 d 时，高氮添加（N100、N150、N200 和 N300）有机氮转化速率高于或显著高于低氮添加（N15、N30 和 N50）和对照。培养 300 d 时，N300 处理的有机氮转化速率显著高于其他氮处理。培养 390 d 时，7 个氮添加处理的有机氮转化速率均高于或显著高于对照。

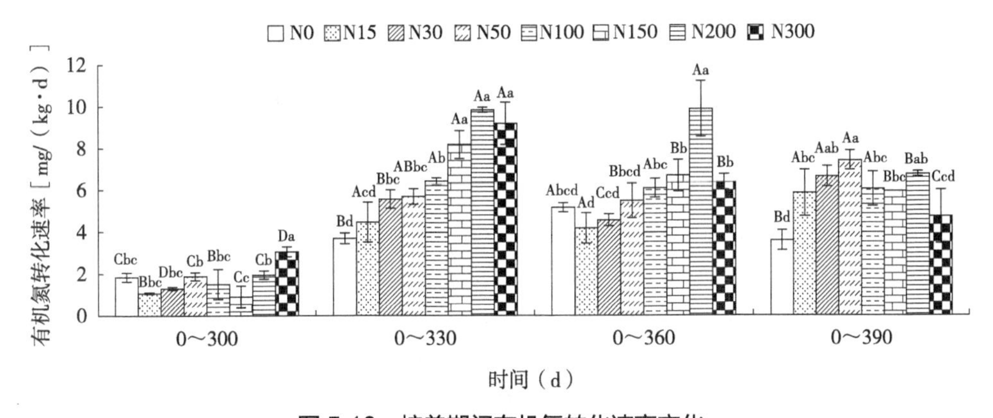

图 5.10　培养期间有机氮转化速率变化

土壤微生物量氮转化速率见图 5.11。培养 300 d 和培养 390 d 时，N200 和 N300 处理土壤微生物量氮转化速率为负值；其他处理在培养期内均为正值。N0 和 N15 处理在培养 390 d 时土壤微生物量氮转化速率最高，N30、N50 和 N150 处理在培养 300 d 时最高，N100 和 N300 处理在培养 360 d 时最高。培养 300 d 和 330 d 时，N200 和 N300 处理土壤微生物量氮转化速率显著低于其他处理。培养 390 d 时，N150、N200 和 N300 处理的土壤微生物量氮转化速率显著低于其他氮处理。

5.2.4　土壤碳氮转化的耦合关系

在整个原位矿化培养期间，有机碳与全氮，微生物量碳与微生物量氮，土壤可溶性有机碳与土壤可溶性氮，有机碳转化速率与净氨化速率、净硝化速率和微生物量氮转化速率的相关性存在明显不同。这说明不同形式的碳发生变化，与之相对应的不同形式氮的反应不同。设定土壤全氮、微生物量氮、可溶性氮、净氨化速率、净硝化速率和微生物量氮转化速率 6 个自变量分别为 x_1，x_2，x_3，x_4，

x_5，x_6，对应的应变量有机碳、微生物量碳、可溶性有机碳、有机碳转化速率，分别设定为 y_1，y_2，y_3，y_4。土壤碳氮转化耦合结果如表 5.6 所示，有机碳与全氮呈极显著正相关，土壤微生物量碳与土壤微生物量氮呈极显著负相关，土壤可溶性有机碳与土壤可溶性氮呈极显著正相关，有机碳转化速率与微生物量氮转化速率呈极显著正相关。

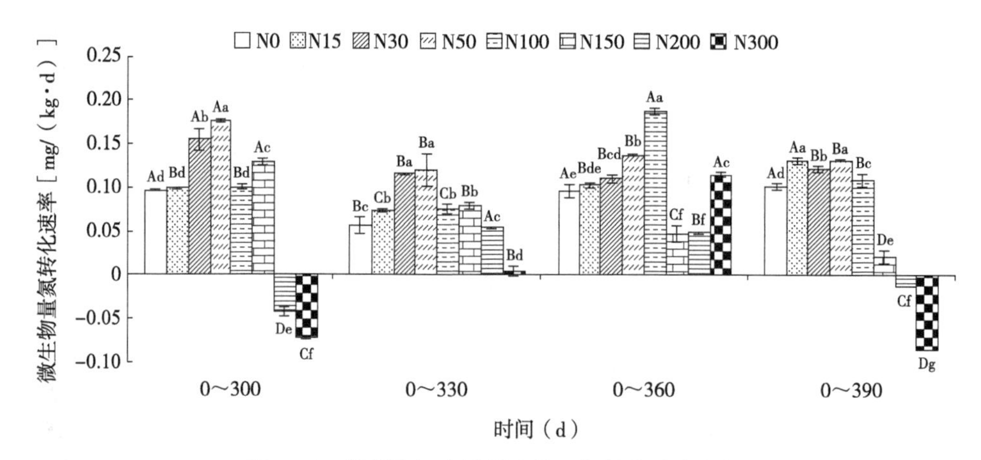

图 5.11　培养期间土壤微生物量氮转化速率变化

表 5.6　土壤碳氮转化的耦合关系

自变量	应变量	线性方程	相关系数
全氮（x_1）	有机碳（y_1）	y_1=4.494 3x_1+22.386	R^2=0.848**
微生物量氮（x_2）	微生物量碳（y_2）	y_2=−3.000 6x_2+1 038.9	R^2=−0.869**
可溶性氮（x_3）	可溶性有机碳（y_3）	y_3=1.078 2x_3+412.31	R^2=0.824**
净氨化速率（x_4）	有机碳转化速率（y_4）	y_4=−0.139 8x_4−0.024 8	R^2=0.080
净硝化速率（x_5）	有机碳转化速率（y_4）	y_4=0.077 2x_5−0.018 3	R^2=0.011
微生物量氮转化速率（x_6）	有机碳转化速率（y_4）	y_4=0.347 9x_6−0.041 2	R^2=0.769**

将 8 个氮添加处理所有时间段的土壤相关化学指标进行相关分析，结果见表 5.7。土壤微生物量碳与土壤全氮、可溶性有机碳、硝态氮和有机氮呈极显著负相关（$P<0.01$），与铵态氮呈显著负相关（$P<0.05$），与土壤碳氮比呈极显著正相关（$P<0.01$）。土壤微生物量氮与土壤全氮、有机碳、可溶性有机碳、硝态氮和有机氮呈极显著正相关（$P<0.01$），与铵态氮呈显著正相关（$P<0.05$），与土壤碳氮比呈显著负相关（$P<0.05$），与微生物量碳呈极显著负相关（$P<0.01$）。土壤微生物量碳氮比与土壤碳氮比和微生物量碳呈极显著

正相关（$P<0.01$），与全氮、有机碳、可溶性有机碳、铵态氮、硝态氮、有机氮和微生物量氮呈极显著负相关（$P<0.01$）。土壤可溶性氮与土壤全氮、有机碳、可溶性有机碳、硝态氮、有机氮和微生物量氮呈极显著正相关（$P<0.01$），与土壤碳氮比呈显著负相关（$P<0.05$），与微生物量碳呈极显著负相关（$P<0.01$）。土壤微生物量氮转化速率与土壤全氮和可溶性有机碳呈显著负相关（$P<0.05$），与土壤有机碳、硝态氮和微生物量氮呈极显著负相关（$P<0.01$），与土壤微生物量碳呈极显著正相关（$P<0.01$）。土壤微生物量碳转化速率与硝态氮含量呈显著负相关（$P<0.05$）。土壤净氨化速率与土壤铵态氮呈极显著负相关（$P<0.01$）。土壤净硝化速率与铵态氮呈极显著正相关（$P<0.01$）。土壤净矿化速率与土壤铵态氮呈极显著负相关（$P<0.01$）。土壤有机碳转化速率与土壤可溶性有机碳、硝态氮和微生物量氮呈极显著负相关（$P<0.01$），与土壤有机碳呈显著负相关（$P<0.05$），与微生物量碳呈极显著正相关（$P<0.01$）。

表 5.7　土壤碳氮转化速率与土壤化学指标的相关关系

	微生物量氮	微生物量碳	微生物量碳氮比	可溶性氮	微生物量氮转化速率
全氮	0.674**	−0.526**	−0.725**	0.604**	−0.500*
有机碳	0.726**	−0.383	−0.636**	0.683**	−0.674**
C：N	−0.492*	0.563**	0.659**	−0.421*	0.224
可溶性有机碳	0.877**	−0.875**	−0.911**	0.824**	−0.434*
铵态氮	0.447*	−0.437*	−0.522**	0.377	0.160
硝态氮	0.979**	−0.889**	−0.956**	0.964**	−0.767**
可溶性有机氮	0.672**	−0.524**	−0.723**	0.603**	−0.504*
微生物量碳	−0.869**	1	0.935**	−0.856**	0.529**
微生物量氮	1		−0.953**	0.982**	−0.731**
	微生物量碳转化速率	**净氨化速率**	**净硝化速率**	**净氮矿化速率**	**有机碳转化速率**
全氮	−0.088	0.000	−0.052	−0.167	−0.258
有机碳	−0.330	0.197	−0.249	0.019	−0.450*
C：N	−0.131	0.174	−0.162	0.272	0.057
可溶性有机碳	−0.238	−0.103	0.334	0.026	−0.637**
铵态氮	−0.309	−0.843**	0.809**	−0.741**	−0.205
硝态氮	−0.425*	0.084	0.004	−0.011	−0.834**
可溶性有机氮	−0.084	0.011	−0.062	−0.159	−0.256
微生物量碳	0.154	0.023	−0.248	−0.056	0.723**
微生物量氮	−0.400	0.065	0.061	0.036	−0.838**

5.2.5 讨论与结论

氮沉降对草原生态系统土壤生态过程的影响已成为近年来生态学研究的热点（Chapman et al.，2013；王学霞等，2018）。项目组前期研究表明，适量氮沉降可增加土壤氮供应，对生态系统影响表现为正效应，但过量氮沉降会导致土壤中的碳氮磷化学计量特征改变，对土壤养分循环影响表现为负效应。有机氮的矿化是决定土壤供氮能力的重要生态过程，氮素添加在调控土壤氮转化方面有着重要的作用。本研究表明，氮添加显著增加了土壤的累积氮矿化量，并对土壤硝化、氨化及矿化速率具有显著的影响。在整个培养期，氮添加处理土壤硝态氮含量显著高于对照，土壤净硝化量最大值出现在 7 月（培养 330 d）或 8 月（培养 330 d），而这两个时期正值贝加尔针茅草原雨水充沛的月份，因此可能会导致硝态氮淋溶损失。进入 9 月（培养 390 d），所有处理的净硝化速率达到最低值。相比无氮添加对照，氮添加处理在培养大部分时间段增加了土壤净硝化速率，促进了土壤的硝化作用。培养 300 d、330 d、360 d 和 390 d 时，各氮添加处理的土壤硝态氮含量均高于各处理的铵态氮含量，且土壤净硝化速率明显高于净氨化速率，表明贝加尔针茅草原土壤氮矿化主要以硝化作用为主，硝态氮是形成植被生物量的主要的有效氮素。这与邹亚丽等（2014）对黄土高原典型草原和王学霞等（2018）对青藏高原退化高寒草地的研究结果类似。本实验所添加氮素为硝酸铵，一方面 NO_3^- 输入，增加了土壤中硝态氮；另一方面，NH_4^+ 输入，增加了硝化作用的底物，导致硝化作用加强。

本研究中，氮添加总体上抑制了土壤净氨化速率。土壤净氨化量在整个原位矿化过程中均为负值。负值表示原位培养后的铵态氮含量低于培养前的初始值，铵态氮发生了土壤的固持或转化为硝态氮。由于土壤铵态氮含量变化同时受到硝化作用和氨化作用的共同影响，因此土壤净氨化速率不能全面反映土壤氨氧化作用的强弱。土壤氮矿化作用产物包括硝态氮和铵态氮，两者在土壤中可以相互转化，硝态氮与铵态氮含量之和的变化速率用来表征土壤的净矿化速率（倪银霞等，2015）。在整个矿化期除 N15 处理矿化速率平均值为正值外，其他处理矿化速率平均值均为负值。草地土壤的净矿化速率出现负值，表明土壤无机氮向有机氮转化，消耗无机氮。在整个培养期间，各氮添加处理有机氮转化速率均为正值，表明有机氮的固定大于矿化，铵态氮含量表现为显著降低。这与培养期内，土壤净硝化作用和净矿化作用与生物固持的相对强弱有关（Liu et al.，2010）。在培养期内，N15 和 N30 处理促进了氮矿化作用，N50、N100、N150 和 N200 处理抑制了氮矿化作用。这与张璐等（2009）对内蒙古羊草草原的研究结果类似。

有研究发现，净矿化速率并不与氮输入量增加呈显著正相关性，当氮添加量达到一定水平后，氮矿化速率会下降（Aber et al.，2004；Corre et al.，2003）。Turner 等（2014）研究表明，在氮饱和系统中，氮输入对氮矿化速率有抑制作用。可能原因是氮添加量增大降低了土壤胞外酶活性；也可能是高氮添加使土壤中可利用氮含量增加，从而降低净氮矿化速率；也可能是高氮添加，引起土壤酸化，降低了土壤微生物活性。项目组前期研究表明，高氮添加降低土壤 pH 值、微生物活性和微生物功能多样性指数，降低 0～10 cm 土层土壤脲酶和过氧化氢酶活性。土壤微生物数量和微生物活性降低会影响土壤净氮矿化速率。培养 390 d 时，高氮添加（N150、N200 和 N300）土壤净硝化、净氨化和净矿化速率均为负值，表明这个时期微生物对氮的固定大于矿化。随着施氮年限的延长，土壤中难分解有机物与有毒物质（如铝离子）逐渐累积，抑制了微生物活性，从而降低土壤氮转化。多年施氮的结果并没有显著提高土壤总的氨化速率，却显著提高了土壤总的硝化速率，进一步证实添加氮素可以促进土壤硝化反应的发生，增强土壤微生物的氮素转化，这与多数人的研究结果相一致，其原因是参与硝化反应的微生物活性的增强。

在整个原位矿化培养期，低氮添加（N15、N30 和 N50）与对照处理在培养前后有机碳含量无显著性变化，而高氮添加（N100、N150、N200 和 N300）在培养末期的有机碳含量显著低于培养初期。培养 300 d、360 d、390 d 时，N50、N100、N150、N200 和 N300 处理有机碳转化速率为负值，说明在这个时期有机碳的矿化大于有机碳的积累。总体上，N15、N30 处理提高了有机碳转化速率，N50、N100、N150、N200 和 N300 处理降低了有机碳转化速率。Jussy 等（2004）研究表明，氮添加抑制酸性森林土壤碳矿化速率。李凯等（2011）研究表明，中、高氮处理抑制石栎和苦槠幼苗的土壤呼吸速率。李新爱等（2006）研究表明，长期单施化肥不利于稻田土壤有机质和全氮的积累。在整个培养期中，微生物量碳转化速率都为正值，与有机碳转化速率不一致。

碳和氮的耦合特征是草原生态系统过程研究关注的焦点之一。氮沉降改变土壤草原土壤氮转化速率，必将影响土壤碳转化过程。在整个矿化培养期内，有机碳含量与土壤全氮存在极显著正相关关系，相关系数为 0.848**，且符合一元一次线性回归方程，这说明有机碳与土壤全氮含量变化具有一致性。土壤可溶性有机碳、可溶性氮含量与碳氮循环和植物生长密切联系。本研究中，土壤可溶性有机碳与土壤可溶性氮呈显著正相关，相关系数为 0.824**。有机碳转化速率与微生物量氮转化速率呈极显著正相关，相关系数为 0.769**，这说明土壤碳氮转化过程相互影响。土壤微生物是驱动有机碳转化的主导因子（Cooper et al.，2011），本研究表明，土壤微生物量碳与有机碳转化速率呈极显著正相关。表明土壤微生物量碳是影响有机碳转化的重要驱动因子。土壤微生物量氮与有机碳转化速率呈极显著相关性，表明土壤微生物量氮对草地有机碳的转化有显著影响。土壤微生物量碳、微生物量氮与净氨化速率、净硝化速率和净矿化速率之间无显著的相关性。以往的研究也有类似的研究结果（Hossain et al.，1995；Bengtsson et al.，2003）。土壤微生物量碳、微生物量氮与净矿化速率无显著相关性，表明土壤微生物量碳、微生物量氮含量对草地土壤的氮矿化的影响有限（罗亲普等，2016）。矿化培养末期与培养前相比，各处理有机氮含量表现为增加，低氮添加有机碳含量无显著性变化，而高氮添加有机碳含量显著降低。在整个矿化培养期，土壤微生物量氮与可溶性有机碳呈极显著正相关，表明土壤可溶性有机碳含量受土壤微生物量氮含量的显著影响。

氮沉降对草原生态系统的影响是一个长期的过程，土壤质量的改变是长期积累的效应，是一个缓慢的过程。氮添加水平显著影响贝加尔针茅草原土壤碳氮转化特征、土壤微生物生物量、土壤酶活性和土壤微生物组成。在进行矿化培养过程中，本研究未同时进行土壤微生物活性的测定，而土壤微生物在土壤碳氮矿化过程中起着非常重要的作用。在今后研究土壤碳氮矿化研究中，需进一步结合土壤微生物活性测定。另外，本研究进行原位观测时间较短，只是初步反映了氮添加对土壤碳氮转化的影响。进一步研究土壤碳氮转化过程对氮添加的响应需要更密集的时间点和较长期的矿化培养。

综上，氮添加水平显著影响贝加尔针茅草原土壤碳氮转化速率。氮添加促进了土壤净硝化作用，抑制了净氨化作用，N15、N30 处理促进了土壤净氮矿化作用，N50、N100、N150 和 N200 处理抑制了土壤净氮矿化作用。贝加尔针茅草原土壤氮矿化主要以硝化作用为主。N15、N30 处理提高了有机碳转化速率，N50、N100、N150、N200 和 N300 处理降低了有机碳转化速率。土壤微生物量碳与微生物量氮呈极显著负相关；有机碳转化速率与微生物量碳呈极显著正相关，与微生物量氮呈极显著负相关。本研究证实了有机碳转化速率显著影响微生物量氮转化速率，土壤碳氮转化过程相互影响且紧密耦合。本研究在一定程度上表明，贝加尔针茅草原土壤碳氮转化速率受氮沉降水平的显著影响。连续高氮沉降对土壤碳氮转化过程产生负面影响，不利于贝加尔针茅草原土壤碳氮的积累和生态系统平衡。

第 6 章　氮添加对草原主要植物和土壤化学计量特征的影响

6.1　氮添加对草原 6 种植物和土壤化学计量特征的影响

6.1.1　样品采集与测定

在氮添加实验处理中选取 5 个氮添加处理 N0、N30、N50、N100、N150。于 2015 年 8 月中旬采集植物样品，此时 6 种草地优势植物（贝加尔针茅、羊草、羽茅、线叶菊、扁蓿豆和草地麻花头）已经完成叶片形态建成，生育时期为营养生长盛期至初花期。在每个小区，每种物种剪取完整健康植株 30 株。同时用土壤采样器在各个小区内按照“S”形取样法选取 10 个点，去除表面植被，取 0～10 cm 土壤混匀，去除根系和土壤入侵物，采用“四分法”选取 1 kg 土壤，迅速装入无菌封口袋，将其分成两部分，一部分于 -20℃超低温冰箱中保存，用于土壤速效养分分析，一部分土样于室内自然风干后研磨过筛，用于土壤理化性质分析。植物样品 105℃杀青 30 min，然后 65℃烘干至恒重，叶片粉碎过 0.15 mm 筛，混匀后保存在塑封袋中以备分析。

6.1.2　氮添加对 6 种植物叶片 C、N、P 含量及计量比的影响

由表 6.1 可以看出，自然条件下即无氮添加时，6 种植物叶 C、N、P 含量存在显著差异。叶 C 含量最高的是扁蓿豆，其次为贝加尔针茅，再依次为草地麻花头、羽茅、羊草和线叶菊。扁蓿豆叶 C 含量是线叶菊的 105.75%。叶 N 含量最高的是扁蓿豆，其次为羊草，再依次为线叶菊、羽茅、草地麻花头、贝加尔针茅。扁蓿豆叶 N 含量是贝加尔针茅的 186.99%。叶 P 含量最高的是扁蓿豆，其次为羊草、线叶菊、草地麻花头，再依次为羽茅、贝加尔针茅。

氮添加对 6 种植物的叶 C、N、P 含量有显著影响（图 6.1、图 6.2、图 6.3）。氮添加增加了羊草、羽茅和线叶菊的叶 C 含量，羊草、羽茅叶 C 含量均在 N100 处理时最高，线叶菊的叶 C 含量在 N50 处理时最高。高氮（N100、N150）降低了扁蓿豆和草地麻花头的叶 C 含量，N30 处理升高了扁蓿豆和草地麻花头的叶 C 含量。高氮（N100、N150）处理提高了贝加尔针茅的叶 C 含量，

低氮（N30、N50）处理则降低了贝加尔针茅的叶 C 含量。贝加尔针茅、羊草、羽茅、线叶菊和草地麻花头叶 N 含量随着氮添加量的增大而增加，扁蓿豆叶 N 含量则无一致性变化规律。除扁蓿豆外，其他 5 种植物的叶 N 含量均是 N150 处理最高，N0 处理最低。叶 N 含量增加最多的是羽茅，N150 处理比 N0 处理增加了 53.45%，其次是羊草，N150 处理比 N0 处理增加了 39.20%，增加最少的是草地麻花头，N150 处理比 N0 处理增加了 24.07%。除线叶菊以外，其他 5 种植物在 N50、N100 和 N150 处理下叶 P 含量均低于对照 N0 处理。草地麻花头 N30 处理的叶 P 含量高于对照 N0，但无显著差异，其余 5 种植物 N30 处理的叶 P 含量均低于对照。

表 6.1　自然条件下 6 种植物叶片 C、N、P 含量和化学计量特征

植物种类	叶 C 含量（g/kg）	叶 N 含量（g/kg）	叶 P 含量（g/kg）	叶 C : N	叶 C : P	叶 N : P
贝加尔针茅	448.77 ± 2.53a	17.83 ± 0.27e	1.19 ± 0.05d	25.17 ± 0.24a	378.39 ± 14.11a	15.02 ± 0.42c
羊草	429.10 ± 1.46cd	23.52 ± 0.23b	1.57 ± 0.06b	18.24 ± 0.12e	273.79 ± 9.60d	15.00 ± 0.43c
羽茅	433.71 ± 3.94bc	21.16 ± 0.24d	1.34 ± 0.03c	20.49 ± 0.05c	324.91 ± 3.49b	15.85 ± 0.13b
线叶菊	424.38 ± 1.28d	22.05 ± 0.31c	1.53 ± 0.04b	19.25 ± 0.21d	278.06 ± 5.58d	14.45 ± 0.14d
扁蓿豆	449.38 ± 5.88a	33.34 ± 0.76a	1.81 ± 0.05a	13.48 ± 0.13f	248.49 ± 4.39e	18.43 ± 0.15a
草地麻花头	439.02 ± 2.07b	20.85 ± 0.03d	1.49 ± 0.01b	21.05 ± 0.07b	293.45 ± 0.72c	13.94 ± 0.08e

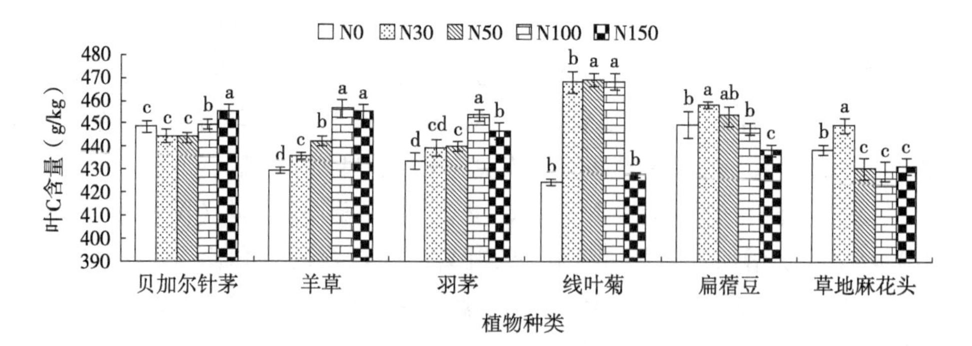

图 6.1　氮添加对 6 种植物叶 C 含量的影响

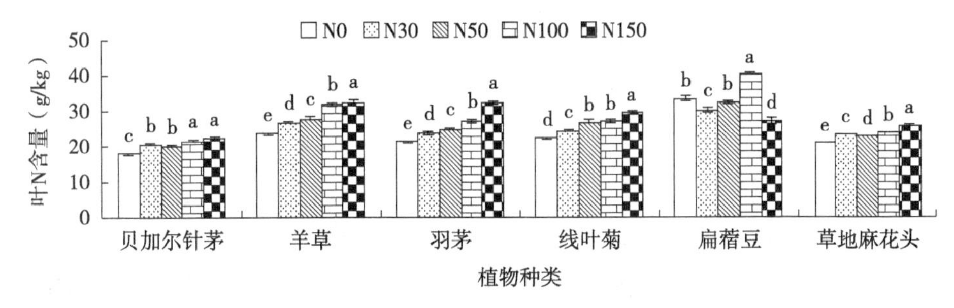

图 6.2　氮添加对 6 种植物叶 N 含量的影响

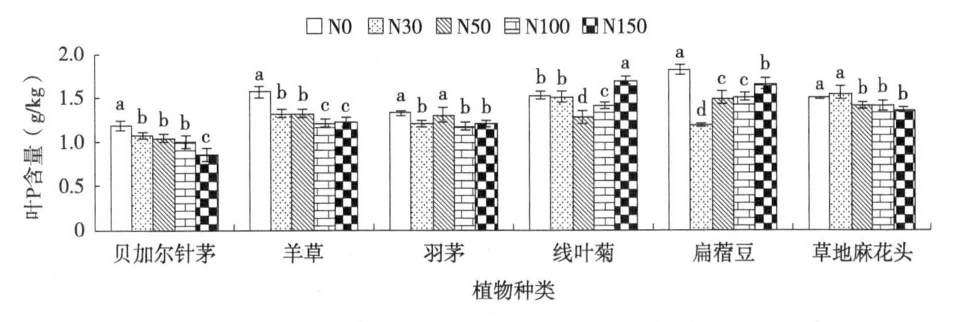

图 6.3　氮添加对 6 种植物叶 P 含量的影响

N0 处理时，6 种植物叶 C∶N 存在显著差异（表 6.1）。叶 C∶N 最高的是贝加尔针茅，其次为草地麻花头，再次依次为羽茅、线叶菊、羊草和扁蓿豆。贝加尔针茅叶 C∶N 是扁蓿豆的 1.87 倍。氮添加对 6 种植物叶 C∶N 有显著影响（图 6.4）。氮添加对扁蓿豆叶 C∶N 无一致的影响，在 N150 处理时最高，N100 处理时最低。氮添加显著降低了其他 5 种植物叶 C∶N，随施氮量的增大而降低。降低程度随氮添加量的增大而增加，N0 处理的叶 C∶N 最高，N150 处理的最低；降低幅度最大为羽茅，从 N0 处理的 20.49 降低到 N150 处理的 13.75，降低到原来的 67.11%，降低幅度最小的为贝加尔针茅，从 N0 处理的 25.17 降低到 N150 处理的 20.45，降低到原来的 81.25%。其余 3 种植物的 C∶N 也较大幅度的下降。N150 处理 6 种植物的叶片 C∶N 从高到低依次为贝加尔针茅、草地麻花头、扁蓿豆、线叶菊、羊草和羽茅。

N0 处理时，6 种植物的叶 C∶P 存在显著差异（表 6.1）。叶 C∶P 最高的是贝加尔针茅，其次为羽茅，再次依次为草地麻花头、线叶菊、羊草和扁蓿豆。植物叶 C∶P 最高的贝加尔针茅是扁蓿豆的 1.52 倍。氮添加对 6 种植物叶 C∶P 均有显著影响（图 6.5）。氮添加提高了贝加尔针茅、羊草、羽茅和扁蓿豆的叶 C∶P；草地麻花头 N30 处理叶 C∶P 低于对照，但无显著差异，其余氮添加处理叶 C∶P 均高于对照（图 6.5）。羊草和羽茅在 N100 处理时叶 C∶P 最高，贝加尔针茅和草地麻花头在 N150 处理是叶片 C：P 最高。

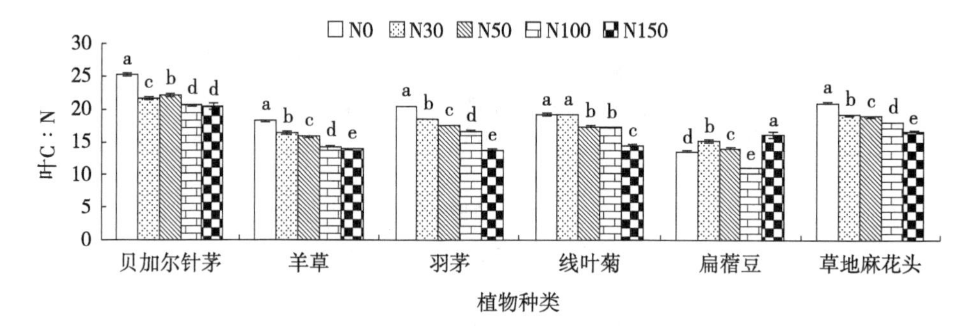

图 6.4 氮添加对 6 种植物叶 C：N 的影响

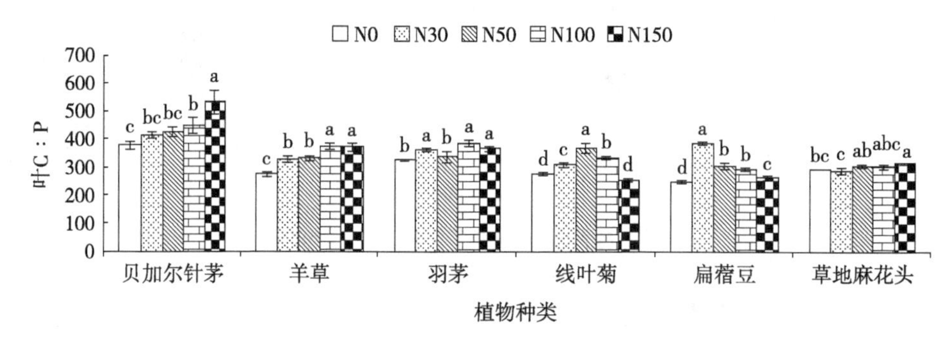

图 6.5 氮添加对 6 种植物叶 C：P 的影响

N0 处理时，6 种植物的叶 N：P 存在显著差异（表 6.1）。叶 N：P 最高的是扁蓿豆，其次为羽茅，再次依次为贝加尔针茅、羊草、线叶菊和草地麻花头。氮添加对 6 种植物叶 N：P 均有显著影响（图 6.6）。总体上，氮添加对贝加尔针茅、羊草、羽茅和草地麻花头叶 N：P 升高程度随氮添加量的增加而增加，N150 处理的最高，N0 处理的最低。扁蓿豆在 N100 处理时叶 N：P 处理最高，N150 处理时最低。线叶菊在 N0 处理时叶 N：P 最低，N50 处理时最高。

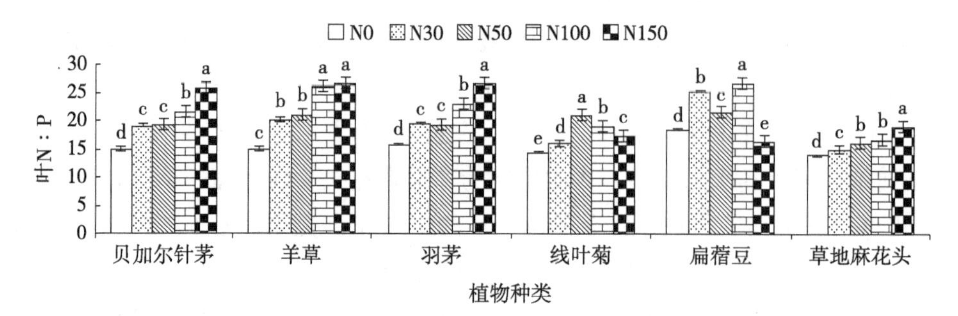

图 6.6 氮添加对 6 种植物叶 N：P 的影响

6.1.3　氮添加对土壤 C、N、P 含量及其计量比的影响

高氮添加（N100、N150）提高了 0～10 cm 土层土壤全氮含量，但与对照无显著差异（表 6.2）。氮添加提高了 0～10 cm 土层土壤 N∶P，但对土壤 C∶N 无显著性影响。N50、N100 和 N150 处理提高了 0～10 cm 土层土壤有机碳、土壤 C∶P，但 N30 处理降低了土壤有机碳和土壤 C∶P。

表 6.2　氮添加对土壤 C、N、P 含量和计量特征的影响

处理	有机碳（g/kg）	土壤全氮（g/kg）	土壤全磷（g/kg）	土壤 C∶N	土壤 C∶P	土壤 N∶P
N0	39.43 ± 0.47b	2.31 ± 0.21a	0.43 ± 0.02a	17.15 ± 1.36a	91.79 ± 3.19c	5.36 ± 0.24b
N30	35.70 ± 0.77c	2.26 ± 0.22a	0.39 ± 0.00b	15.87 ± 1.21a	90.76 ± 1.05c	5.74 ± 0.49ab
N50	39.75 ± 0.58b	2.27 ± 0.20a	0.39 ± 0.01b	17.59 ± 1.30a	101.94 ± 1.13b	5.81 ± 0.36ab
N100	40.04 ± 0.41b	2.50 ± 0.38a	0.43 ± 0.02a	16.25 ± 2.33a	93.22 ± 3.39c	5.80 ± 0.61ab
N150	44.57 ± 0.43a	2.56 ± 0.09a	0.41 ± 0.02b	17.40 ± 0.41a	108.85 ± 4.72a	6.26 ± 0.10a

6.1.4　植物计量特征与土壤计量指标的相关性分析

相关分析结果（表 6.3）表明，禾本科贝加尔针茅和羊草的叶 C 含量与土壤有机碳、土壤全氮和土壤 N∶P 呈显著正相关；线叶菊、扁蓿豆和草地麻花头叶 C 含量与土壤有机碳呈显著负相关；羊草、羽茅、线叶菊和草地麻花头叶 N 含量与土壤有机碳、土壤 N∶P 呈显著正相关；贝加尔针茅和草地麻花头叶 P 含量与土壤有机碳、土壤 C∶P 呈显著负相关；羊草、羽茅、线叶菊和草地麻花头叶 C∶N 与土壤有机碳、土壤 C∶P、土壤 N∶P 呈显著负相关；贝加尔针茅、羊草和草地麻花头叶 C∶P 与土壤 C∶P 呈显著正相关；贝加尔针茅、羊草、羽茅和草地麻花头叶 N∶P 与土壤有机碳、土壤 C∶P 呈显著正相关。表明，土壤有机碳、土壤 C∶P 和土壤 N∶P 是影响 6 种植物计量特征的主要影响因子。

表 6.3 植物叶养分含量与土壤养分之间的关系

植物种类	叶性状	土壤有机碳	土壤全氮	土壤全磷	土壤 C∶N	土壤 C∶P	土壤 N∶P
贝加尔针茅	叶 C 含量	0.827**	0.778**	0.636*	−0.219	0.344	0.566*
	叶 N 含量	0.445	0.502	−0.020	−0.211	0.423	0.651**
	叶 P 含量	−0.592*	−0.092	0.365	−0.386	−0.808**	−0.300
	叶 C∶N	−0.314	−0.393	0.155	0.193	−0.392	−0.603*
	叶 C∶P	0.684**	0.177	−0.268	0.360	0.833**	0.423
	叶 N∶P	0.633*	0.292	−0.213	0.186	0.742**	0.526*
羊草	叶 C 含量	0.636*	0.605*	0.216	−0.145	0.452	0.617*
	叶 N 含量	0.629*	0.532*	0.077	−0.076	0.539*	0.623*
	叶 P 含量	−0.270	−0.087	0.363	−0.141	−0.500	−0.353
	叶 C∶N	−0.566*	−0.477	0.025	0.068	−0.550*	−0.624*
	叶 C∶P	0.399	0.204	−0.215	0.116	0.523*	0.402
	叶 N∶P	0.533*	0.361	−0.076	0.043	0.555*	0.510
羽茅	叶 C 含量	0.436	0.659**	0.386	−0.374	0.146	0.566*
	叶 N 含量	0.787**	0.511	0.001	0.060	0.741**	0.659**
	叶 P 含量	0.029	0.111	0.238	−0.125	−0.129	−0.006
	叶 C∶N	−0.739**	−0.461	0.089	−0.080	−0.757**	−0.655**
	叶 C∶P	0.080	0.052	−0.109	0.029	0.144	0.127
	叶 N∶P	0.651**	0.385	−0.065	0.100	0.656**	0.538*
线叶菊	叶 C 含量	−0.544*	−0.089	−0.312	−0.332	−0.304	0.085
	叶 N 含量	0.710**	0.474	−0.098	0.048	0.737**	0.676**
	叶 P 含量	0.476	0.487	0.327	−0.216	0.213	0.416
	叶 C∶N	−0.903**	−0.492	−0.030	−0.182	−0.835**	−0.617*
	叶 C∶P	−0.475	−0.387	−0.380	0.095	−0.180	−0.252
	叶 N∶P	0.173	−0.034	−0.348	0.225	0.412	0.184
扁蓿豆	叶 C 含量	−0.803**	−0.150	−0.097	−0.519*	−0.699**	−0.132
	叶 N 含量	−0.211	0.122	0.519*	−0.257	−0.547*	−0.224
	叶 P 含量	0.662**	0.332	0.627*	0.183	0.211	0.002
	叶 C∶N	0.188	−0.084	−0.526*	0.191	0.530*	0.278
	叶 C∶P	−0.751**	−0.341	−0.570*	−0.254	−0.335	−0.053
	叶 N∶P	−0.677**	−0.170	−0.081	−0.339	−0.591*	−0.185

（续）

植物种类	叶性状	土壤有机碳	土壤全氮	土壤全磷	土壤 C：N	土壤 C：P	土壤 N：P
草地麻花头	叶 C 含量	−0.630*	−0.024	−0.017	−0.551	−0.603*	−0.015
	叶 N 含量	0.567**	0.435	−0.140	−0.046	0.622*	0.657**
	叶 P 含量	−0.714**	−0.004	0.123	−0.620*	−0.771**	−0.088
	叶 C：N	−0.618*	−0.385	0.153	−0.070	−0.685**	−0.599*
	叶 C：P	0.703**	−0.033	−0.202	0.633*	0.808**	0.100
	叶 N：P	0.727**	0.283	−0.154	0.280	0.792**	0.472

6.1.5　讨论与结论

植物叶 C、N、P 含量和化学计量特征是植物与环境共同作用的结果，植物通过改变养分含量、计量比以适应环境因子的变化（杨惠敏等，2011）。本研究所选 6 种植物分属 3 个功能群，禾本科的贝加尔针茅、羊草和羽茅，菊科的线叶菊和草地麻花头，豆科的扁蓿豆。在自然状态下（N0），6 种植物叶 C 平均浓度为 437.39 g/kg，略高于我国草地植物叶片 C 平均值 436.0 g/kg（He et al.，2006），低于全球陆生植物的平均值 464.0 g/kg（Elser et al.，2000）的平均值。6 种植物叶片平均 N 含量为 23.13 g/kg，平均 P 含量为 1.49 g/kg，低于内蒙古草地（26.8 g/kg、1.8 g/kg）（He et al.，2006）和松嫩草地（24.2 g/kg、2.0 g/kg）（宋彦涛等，2012），高于我国陆生植物叶片 N、P 平均值（18.6 g/kg、1.21 g/kg）（Han et al.，2005）。6 种植物叶 C、N 和 P 含量最高的是豆科的扁蓿豆，含 N 量和含 P 量最低的是禾本科的贝加尔针茅，叶片含 C 量最低的是禾本科的羊草。不同功能群植物叶 C、N、P 含量及其计量比存在显著差异，表明不同功能群植物对同一环境的适应能力不同。本研究表明，氮添加提高了除豆科植物扁蓿豆以外，其他非豆科 5 种植物的叶 N 含量。这与安卓等（2011）对黄土高原典型草原长茅草和黄菊莹等（2017）对内蒙古典型草原植物的氮添加响应研究结果一致。大多数研究认为，豆科植物可以通过生物固氮满足自身对 N 的需求。因此，氮添加对固氮植物叶 N 含量没有显著影响，但显著增加非固氮植物的叶 N 含量。随氮添加量的增加，6 种植物叶 C 含量和叶 P 含量发生了变化，这与宾振钧等（2014）对青藏高原高寒草甸 6 种植物叶 C、P 含量随氮添加量增大保持不变研究结果不一致。可能是氮添加量、添加的年限、土壤本底和植物类型等不同造成的。

植物体内的化学计量特征，通常可以反映判断环境对植物生长的 N 和 P 养分供应的状况。Koerselman 和 Meuleman（1996）认为，植物叶 N∶P 小于 14 时，表明植物生长主要受 N 素限制，大于 16 时，反映植物生长主要受到 P 限制，介于 14 和 16 中间时，表明植物生长受 N、P 共同限制。张丽霞等（2004）研究表明，内蒙古草原草本植物当 N∶P 比小于 21 时，植物受 N 限制，而当 N∶P 比大于 23 时，则受 P 限制。从表 6.1 可以看出，无氮添加时，草地麻花头叶 N∶P 小于 14，贝加尔针茅、羊草、羽茅和线叶菊叶 N∶P 介于 14 和 16 之间，只有扁蓿豆叶 N∶P 大于 16，6 种植物叶 N∶P 均小于 21。说明贝加尔针茅草原植物主要受 N 限制。随着氮添加量的增加，缓解了贝加尔针茅草原的氮限制，同时造成了土壤酸化，降低了土壤磷的矿化速率和有效磷的含量，磷成为限制因子，最终提高了叶 N∶P。长期氮添加或过度氮沉降会导致生态系统发生氮饱和，N∶P 失去平衡，植物生长受磷元素限制增强（Wardle et al.，2013）。这与在其他草地氮添加研究结果类似（Han et al.，2014）。

在同一处理水平下，不同植物物种之间的 N∶P 差异较大，这表明植物群落在总体受 N（P）限制的情况下，不同物种对 N、P 有不同的利用效率。高的养分利用效率就意味着较低的投入有高的产出（邢雪荣等，2000），高的养分利用效率能够保证植物在群落中的优势地位（Lü et al.，2011）。高氮添加（N100、N150）禾本科的贝加尔针茅、羊草和羽茅叶片 N∶P 有较高的 N∶P，而线叶菊和草地麻花头的 N∶P 较低，这说明 P 成为限制因子后，贝加尔针茅、羊草和羽茅能够较好地适应磷素的限制作用。禾本科植物比菊科植物具有更高的养分利用效率（Tjoelker et al.，2005），氮添加增加禾本科植物的生物量和群落中的优势度，而菊科植物养分利用效率相对较低，生物量和群落中的优势度下降。这可能是氮的长期添加导致禾本科植物优势度上升的生态学机制（Tian et al.，2016）。这与宋彦涛等（2012）的研究结果一致。本研究的 6 种植物叶 C、N、P 和计量比对氮添加的响应表现出一定的物种差异性，反映了植物对环境变化的弹性适应。长期氮沉降增加会改变贝加尔针茅草原生态系统的结构，这在项目组前期研究的植物调查中得到了证实（李文娇等，2015），随着氮素添加水平的增加，喜氮植物羊草和贝加尔针茅在群落中的竞争优势越来越大，而扁蓿豆、线叶菊等植物生物量随着施氮水平的增加显著减少。

土壤养分限制和物种组成更替密切相关，其不仅依赖于物种的生物学特征，还依赖于物种所需养分的丰富程度（Daufresne et al.，2005）。植物体内化学元素的循环不仅受到自身对元素的需求，也受到周围环境化学元素供给的影响（Hooper et al.，1999）。土壤养分供应状况，影响植物的光合作用和矿质元素的代谢过程。土壤有机碳是表征土壤肥力大小的重要指标，本研究中，氮添加总体上提高了土壤有机碳含量。主要是由于氮添加提高了植物地上部的生产力（McDonnell et al.，2014），提高了凋落物和根系分泌物数量。本研究中氮添加并未显著改变土壤全氮含量，这与周纪东等（2016）对内蒙古温带典型草原研究结果一致。这可能是由于施氮以后，由于氨挥发、植物和土壤微生物对无机氮的吸收利用，以及硝态氮的淋溶损失，使得土壤全氮含量保持一个相对稳定状态（Zhang et al.，2014）。土壤全磷含量的平均值 0.41 g/kg，低于我国 0～10 cm 土壤全磷含量均值（0.78 g/kg）（Tian et al.，2010），其变异性低于土壤有机碳和土壤全氮。这是因为土壤中磷的来源首先是母质，其次才是植物凋落物和地下根系，土壤磷含量主要受土壤母质的影响较大（周正虎等，2015）。

土壤 C∶N、C∶P 和 N∶P 是土壤 C、N、P 元素质量的比值，氮添加对土壤 C、N、P 元素产生影响，C∶N∶P 化学计量也会随着发生变化。本研究表明，连续 6 a 氮添加后，土壤 C∶N 和 N∶P 均发生了变化，土壤 C∶N 相对稳定，而 N∶P 的变异性相对较大。本研究中，土壤 C∶N 的变化范围为 15.87～17.59，高于全球草地土壤 C∶N 的平均值 11.8（Cleveland et al.，2007），说明研究区土壤有机碳比较丰富。土壤 C∶P 高低对植物生长有重要影响（俞月凤等，2014），当土壤 C∶P＜200 时，有利于微生物对土壤有机质的分解和养分的释放，从而促进植物的生长。本研究中土壤 C∶P 的变化范围 90.76～108.85，低于我国土壤 C∶P 的平均水平 136（Tian et al.，2010），均小于＜200，因此有利于有机磷的净矿化。较低的土壤 C∶P 比是磷有效性高的一个指标（王绍强等，2008）。课题组前期研究表明，高氮添加显著增加了土壤硝态氮、铵态氮和速效磷含量。氮添加提高了 0～10 cm 土壤 N∶P，缓解了植物氮限制，从而有利于植物叶 N 摄取，但同时可能加剧 0～10 cm 土壤的 P 限制。黄菊莹等（2013）对宁夏荒漠草原氮添加实验研究中，也发现了氮添加在一定程度上提高了土壤 N∶P。

植物和土壤是草原生态系统中具有紧密联系的两个子系统，两者相互影响，一方面土壤是植物生长的重要生态因子，另一方面植物以凋落物形式将光合作用固定的碳和养分归还土壤。本研究中，禾本科植物贝加尔针茅、羊草叶 C 含量与土壤有机碳含量呈显著正相关，线叶菊、扁蓿豆和草地麻花头叶 C 含量与土壤有机碳呈显著负相关。除扁蓿豆以外，其他 5 种植物叶 P 含量与土壤全磷含量无显著相关性，叶 C、N 含量、叶 C∶N 与土壤 C∶N 均无显著相关性。植物体内的元素含量受植物种类、土壤水分、温度、微生物活性和其他生存环境因子的影响（俞月凤等，2014），因此不同植物间元素含量差异较大，这也一定程度上解释了一些植物叶 C、N、P 含量与土壤 C、N、P 含量之间相关性不显著。随着氮添加量的增大，土壤 N∶P 有升高的趋势，促进了植物群落生长和凋落物的积累。土壤有机碳、土壤 N∶P 和土壤 C∶P 是影响 6 种植物叶 C、N、P 含量和计量特征的主要影响因素。这主要是氮添加提高了表层土壤有机碳含量，引起土壤化学计量特征发生改变，从而导致植物叶 C、N、P 含量和计量特征发生改变。长期大量氮沉降增加会导致土壤 N∶P 升高（Vitousek et al.，2010），导致植物生长受磷元素限制增加（Yu et al.，2012），适当添加磷肥，可能会改变土壤 N∶P，减少大气氮沉降增加对草原生态系统群落结构的不利影响。

氮沉降增加是全球气候变化的一个重要问题，其生态学效应引起了许多生态学家的关注。本研究仅对不同氮添加水平下贝加尔针茅草原 6 种优势植物和表层土壤 C、N、P 含量变化和化学计量特征进行了初步研究，没有定量、准确地反映植物叶 N∶P 和养分限制之间的关系，对于全面评价氮沉降增加对贝加尔针茅草原群落和土壤计量特征的变化，还需要结合更多的植物、凋落物、根系、微生物以及不同土层中 C、N、P 含量和计量特征关系的大量研究。因此，今后研究将进一步开展不同氮添加水平、不同植物叶、凋落物、根系、土壤以及土壤微生物生物化学循环有机地结合在一起，揭示贝加尔针茅草原植物-凋落物-土壤间的化学计量特征及其相互作用及平衡制约关系，为评估氮沉降增加背景下草原生态系统变化提供理论依据。

综合分析表明，贝加尔针茅草原植物生长主要受氮元素的限制，随着氮添加量的增大，植物生长由氮限制可能改为磷元素限制。氮沉降持续增加背景下贝加尔针茅草原的植物群落中将以禾本科牧草优势度呈现上升趋势。该研究结果可为研究区合理施肥和科学管理提供科学依据。在实际生产实践中，如何通过适宜的养分调控对贝加尔针茅草原进行改良，在维持群落的生物多样性和稳定性的前提下，提升优质牧草生物量，将越来越多地依赖于对植物和土壤生态化学计量特征的深入研究。

6.2 氮添加对土壤团聚体碳、氮和磷生态化学计量特征的影响

6.2.1 样品采集与处理

在氮添加实验处理中选取 5 个氮添加处理 N0、N30、N50、N100、N150。于 2018 年 8 月上旬采集土壤样品，每个小区按“S”形采集 10 个点的原状土样轻微混合，采样深度为的 0～15 cm。土壤取出后剥除土块外围挤压变形的土壤，并去除植物根系及其他土壤入侵物，较大的土块沿着自然断裂面掰成直径约为

1 cm 的小块。采集的土壤样品装入硬质塑料盒内，确保在运输过程中不受挤压，带回实验室后储存在 4℃冰箱中。连续 8 a 氮添加后土壤理化性质见表 6.4。

表 6.4　氮素添加条件下土壤基本理化性质

处理	有机碳（g/kg）	土壤全氮（g/kg）	土壤全磷（g/kg）	铵态氮（mg/kg）	硝态氮（mg/kg）	pH 值
N0	26.62 ± 0.22b	2.71 ± 0.05b	0.44 ± 0.01a	22.60 ± 1.12d	4.45 ± 0.25c	7.19 ± 0.06a
N15	27.02 ± 0.16ab	2.66 ± 0.02b	0.45 ± 0.01a	21.21 ± 1.25d	3.92 ± 0.14c	6.74 ± 0.02b
N30	27.28 ± 0.31ab	2.98 ± 0.14ab	0.45 ± 0.01a	28.80 ± 1.55c	4.28 ± 0.12c	6.56 ± 0.05c
N50	26.74 ± 0.68ab	2.83 ± 0.19ab	0.43 ± 0.01a	46.70 ± 1.31b	6.16 ± 0.45c	6.64 ± 0.01bc
N100	27.77 ± 0.24a	3.09 ± 0.10a	0.45 ± 0.00a	45.63 ± 1.31b	10.81 ± 1.61b	6.33 ± 0.03d
N150	26.88 ± 0.29ab	3.11 ± 0.11a	0.43 ± 0.01a	71.23 ± 3.78a	15.05 ± 1.07a	5.82 ± 0.07e

土壤团聚体的稳定性用团聚体平均重量直径（mean weight diameter，MWD）表示：

$$\mathrm{MWD}=\sum_{1}^{n+1}\frac{r_{i-1}+r_i}{2}\times m_i \tag{6.1}$$

式中，r_i 是第 i 个标准筛的孔径（mm），$r_0=r_1$，$r_n=r_{n+1}$；n 为标准筛的数量；m_i 为第 i 个标准筛上团聚体所占百分比。

6.2.2　氮添加对土壤团聚体粒径分布与稳定性的影响

6.2.2.1　不同氮添加水平土壤团聚体的粒径分布特征

不同氮添加处理对贝加尔针茅草原土壤团聚体组成的影响不同（图 6.7），经过 8 a 的模拟氮沉降实验，>2 mm 的土壤团聚体含量随着氮添加量的增加先升高再下降，且在 N50、N100 和 N150 处理时显著升高（$P<0.05$），其中 N100 处理极显著高于对照（$P<0.01$）；0.25～2 mm 的土壤团聚体含量随着氮添加量增加呈升高趋势，但各处理间差异不显著（$P>0.05$）；<0.25 mm 的土壤团聚体含量随着氮添加量的增加呈降低趋势，在 N50、N100 和 N150 处理显著低于对照（$P<0.05$）。同一氮添加处理下土壤团聚体粒径分布均存在显著性差异（$P<0.05$），且<0.25 mm 的土壤团聚体在土壤中占据大部分。

6.2.2.2　不同氮添加水平对土壤团聚体平均重量直径的影响

如图 6.8 所示，氮素添加促进了贝加尔针茅草原土壤团聚体平均重量直径的增加，土壤团聚体平均重量直径在 N100 处理下较对照 N0 和 N15 处理显著增加，且与对照 N0 处理间存在极显著差异（$P<0.01$）；N150 处理较 N100 处理土壤团聚体平均重量直径减小，但处理间差异不显著（$P>0.05$）。

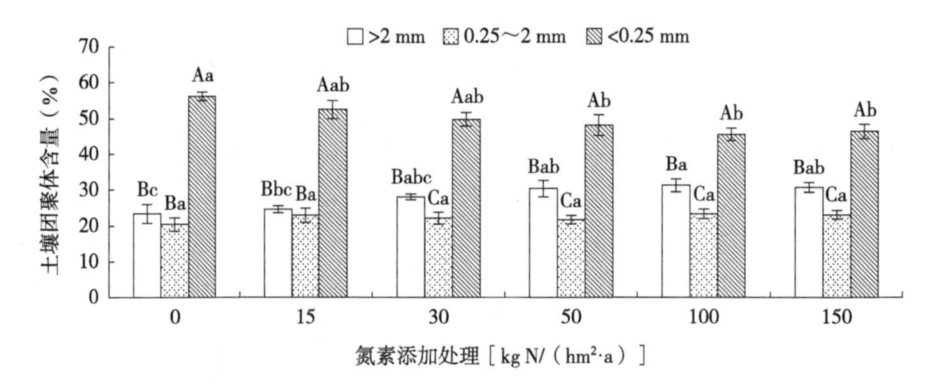

图 6.7 不同氮添加处理土壤团聚体的粒径分布特征

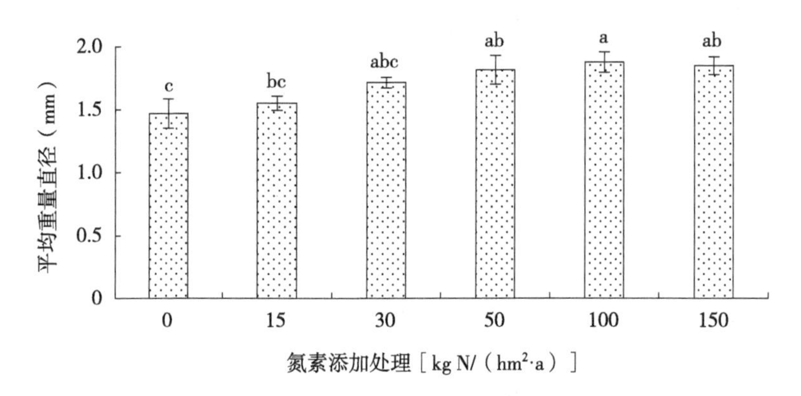

图 6.8 土壤团聚体平均重量直径

6.2.3 氮添加对土壤团聚体碳氮磷含量分布的影响

6.2.3.1 土壤团聚体有机碳含量

如图 6.9 所示，不同氮添加处理贝加尔针茅草原的土壤团聚体有机碳含量变化范围为 23.92～28.41 g/kg，随氮添加量增加有机碳含量呈增加的趋势，>2 mm 的土壤团聚体在 N50 处理下有机碳含量达到最高，但与对照无显著差异（$P>0.05$），N150 处理较 N50 处理显著降低了土壤团聚体的有机碳含量（$P<0.05$）；0.25～2 mm 土壤团聚体在 N150 处理下有机碳含量显著高于对照（$P<0.05$）；<0.25 mm 土壤团聚体在 N100 处理下有机碳含量最高，且显著高于对照（$P<0.05$）。

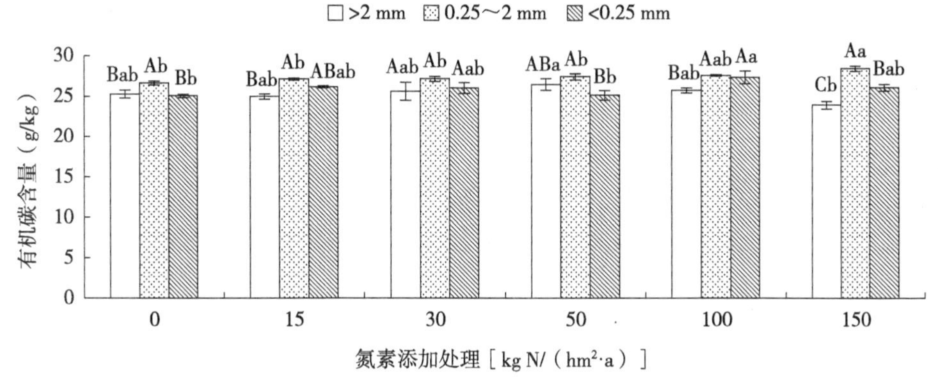

图 6.9　土壤团聚体中有机碳含量

6.2.3.2　土壤团聚体全氮含量

不同氮添加处理贝加尔针茅草原土壤团聚体全氮含量变化范围在 2.83～3.82 g/kg（图 6.10）。N100 处理显著提高了＞2 mm 和 0.25～2 mm 的土壤团聚体全氮含量（$P<0.05$）；＜0.25 mm 的土壤团聚体全氮含量随着氮添加量增加也呈增加趋势，但处理间差异不显著（$P>0.05$）；N150 处理相较于 N100 处理降低了土壤团聚体全氮含量，但差异不显著（$P>0.05$）。

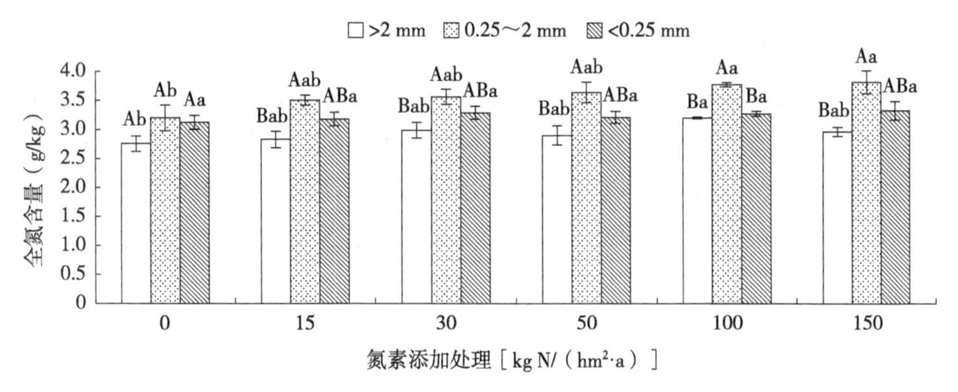

图 6.10　土壤团聚体中全氮含量

6.2.3.3　土壤团聚体全磷含量

不同氮添加处理贝加尔针茅草原土壤团聚体全磷含量变化范围在 0.41～0.48 g/kg（图 6.11）。各粒径土壤团聚体全磷含量随氮添加量增加的变化趋势与有机碳、全氮类似，但土壤团聚体全磷含量对氮添加处理的响应均未达到显著水平（$P>0.05$）。各粒径土壤团聚体在 N100 处理下全磷含量达到最高，N150 处理下＞2 mm、＜0.25 mm 土壤团聚体全磷含量与对照相比降低，但处理间差异不显著（$P>0.05$）。

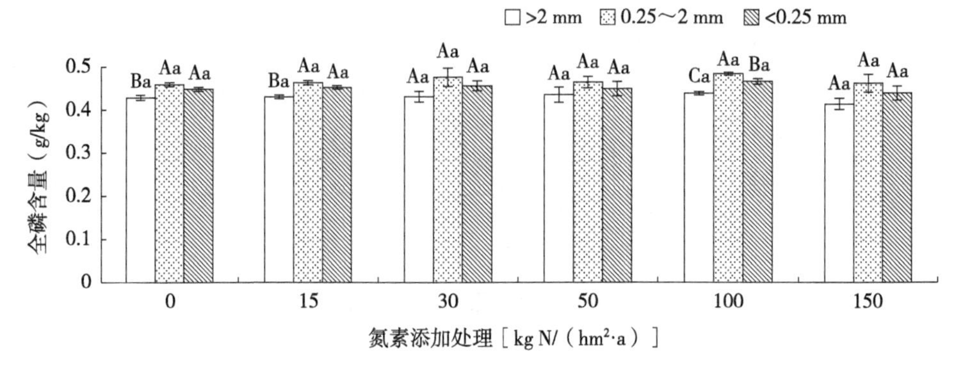

图 6.11　土壤团聚体中全磷含量

同一氮添加处理下土壤团聚体有机碳、全氮和全磷含量的分布均呈现中间高两边低的趋势，0.25～2 mm 土壤团聚体的有机碳、全氮和全磷含量均高于其他粒径。除了 N0、N50 处理下＞2 mm 土壤团聚体有机碳含量高于＜0.25 mm 土壤团聚体外，其他处理＜0.25 mm 土壤团聚体有机碳、全氮和全磷含量均高于＞2 mm 土壤团聚体。

6.2.3.4　土壤团聚体碳、氮和磷的相关性

对土壤团聚体碳、氮和磷 3 种元素的相关性进行分析可知，不同氮添加处理各粒径土壤团聚体碳、氮和磷之间存在着极显著的正相关关系（$P<0.01$）。如图 6.12 所示，碳、氮和磷之间呈现较好的线性拟合关系，且从斜率上看，磷的变化相对于碳和氮的变化速度较慢，这可能是碳和氮是有机质结构性成分的原因。

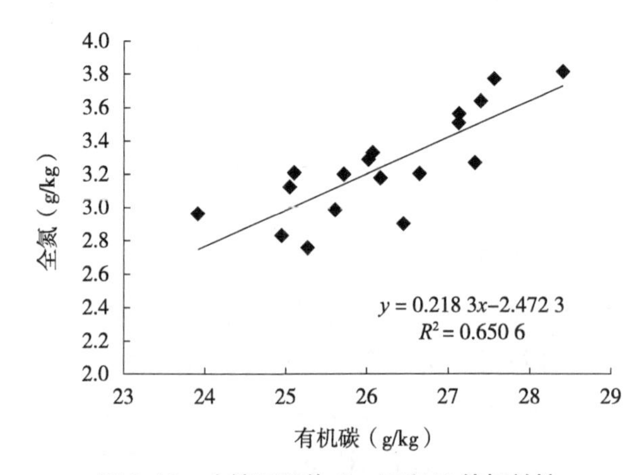

图 6.12　土壤团聚体 C、N 和 P 的相关性

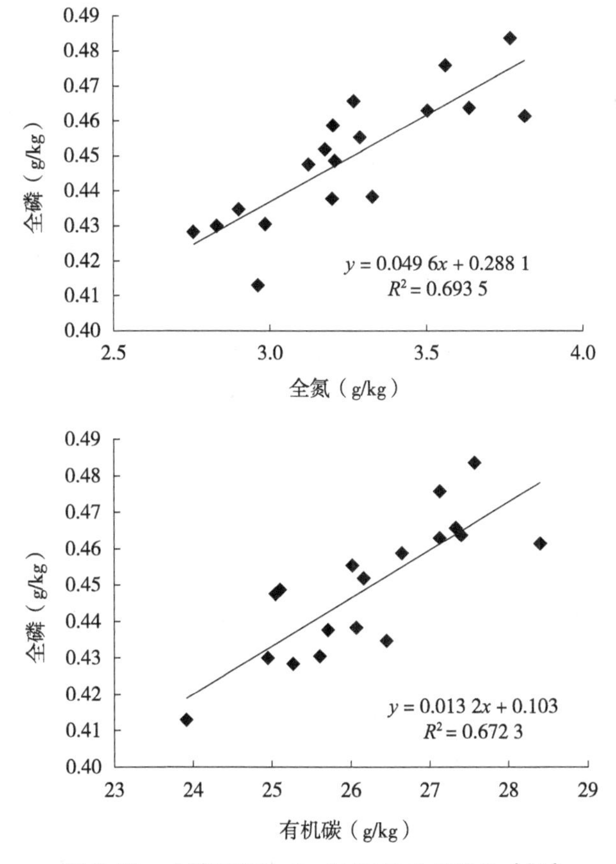

图 6.12 土壤团聚体 C、N 和 P 的相关性（续）

6.2.4 氮添加对土壤团聚体碳氮磷生态化学计量特征的影响

不同氮添加处理土壤团聚体碳氮比变化范围分别为 7.22～9.15，变异系数为 6.9%（表 6.5）。N100 和 N150 处理下＞2 mm 土壤团聚体碳氮比与对照相比显著减小（P＜0.05）；不同氮添加处理土壤团聚体碳氮比在 0.25～2 mm 粒径中随着氮添加量的增加与对照相比呈减小趋势，N150 处理较对照达到极显著水平（P＜0.01）；＜0.25 mm 的团聚体碳氮比与对照相比无显著差异。同一氮素添加处理土壤团聚体各粒径碳氮比存在显著差异，除 N100、N150 处理外，＞2 mm 粒径土壤团聚体碳氮比均显著高于其他 2 个粒径（P＜0.01）。

不同氮添加处理土壤团聚体碳磷比变化范围分别为 55.66～61.52，变异系数为 2.6%。不同氮添加处理，随氮素添加量增加＞2 mm 和＜0.25 mm 土壤团聚体碳磷比呈升高趋势，但差异均不显著；0.25～2 mm 团聚体碳磷比随氮素添加量增加也呈增加趋势，并在 N150 处理下达到显著差异（P＜0.05）。同一氮素添加处理，不同粒径团聚体碳磷比无显著差异（$P>0.05$）。

不同氮添加处理土壤团聚体氮磷比变化范围分别为 6.41～8.30，变异系数为 6.7%。不同氮添加处理随着氮添加量的增加，3 个粒径的团聚体氮磷比均呈增加趋势，其中 0.25～2 mm 粒径团聚体显著增加（$P<0.05$），>2 mm 和<0.25 mm 团聚体增加差异不显著（$P>0.05$）。同一氮素添加处理下，0.25～2 mm 团聚体氮磷比均高于>2 mm 和<0.25 mm，N100 处理使 0.25～2 mm 团聚体氮磷比显著高于其他粒径（$P<0.05$）。

表 6.5　不同氮素添加处理土壤团聚体碳氮磷化学计量学特征

项目	处理	土壤团聚体（mm）		
		>2	0.25～2	<0.25
碳氮比	N0	9.15 ± 0.18Aa	8.33 ± 0.08Ba	8.03 ± 0.07Bab
	N15	8.82 ± 0.12Aa	7.73 ± 0.04Cb	8.23 ± 0.04Ba
	N30	8.57 ± 0.37Aab	7.62 ± 0.09Bb	7.91 ± 0.21ABab
	N50	9.12 ± 0.25Aa	7.53 ± 0.10Bb	7.82 ± 0.19Bab
	N100	8.03 ± 0.10Ab	7.53 ± 0.09Bb	8.36 ± 0.23Aa
	N150	8.08 ± 0.16Ab	7.22 ± 0.03Bc	7.83 ± 0.13Ab
碳磷比	N0	58.76 ± 1.14Aa	57.93 ± 0.56ABbc	55.66 ± 0.50Ba
	N15	58.03 ± 0.76Aa	58.98 ± 0.29Aab	58.14 ± 0.26Aa
	N30	59.55 ± 2.59Aa	56.53 ± 0.66Ac	56.57 ± 1.48Aa
	N50	61.52 ± 1.67Aa	59.57 ± 0.80ABab	55.79 ± 1.34Ba
	N100	58.44 ± 0.71Aa	59.18 ± 0.69Aab	58.15 ± 1.63Aa
	N150	58.33 ± 1.17Aa	59.94 ± 0.22Aa	59.24 ± 0.95Aa
氮磷比	N0	6.41 ± 0.31Aa	6.96 ± 0.47Ab	6.95 ± 0.27Aa
	N15	6.59 ± 0.33Ba	7.62 ± 0.19Aab	7.06 ± 0.26ABa
	N30	6.95 ± 0.31Aa	7.42 ± 0.27Aab	7.15 ± 0.25Aa
	N50	6.75 ± 0.38Ba	7.91 ± 0.38Aab	7.13 ± 0.23ABa
	N100	7.27 ± 0.03Ba	7.86 ± 0.08Aab	6.96 ± 0.09Ca
	N150	7.22 ± 0.19Aa	8.30 ± 0.43Aa	7.57 ± 0.36Aa

氮添加显著影响了土壤团聚体全氮、碳氮比和氮磷比（$P<0.05$），并对碳氮比有极显著的影响（$P<0.01$）（表 6.6）。土壤团聚体粒径除对碳磷比有显著影响外，对有机碳、全氮、全磷、碳氮比和氮磷比均为极显著影响（$P<0.01$）。双因素方差分析显示，氮添加和团聚体的交互作用显著影响了土壤团聚体有机碳（$P<0.05$），且对土壤团聚体碳氮比有极显著的影响（$P<0.01$）。

表 6.6　氮添加和团聚体粒径对土壤团聚体生态化学计量特征影响的双因素方差分析

差异源	氮素添加		团聚体粒径		氮素添加 × 团聚体粒径	
	F	Sig	F	Sig	F	Sig
有机碳	1.814	0.121	25.606	0.000**	2.520	0.015*
全氮	3.057	0.017*	33.752	0.000**	0.544	0.850
全磷	1.261	0.297	13.521	0.000**	0.126	0.999
碳氮比	7.937	0.000**	52.728	0.000**	3.901	0.001**
碳磷比	1.150	0.347	4.240	0.020*	1.450	0.187
氮磷比	3.136	0.015*	11.924	0.000**	0.588	0.817

6.2.5　讨论与结论

氮添加可以使土壤生态系统的微环境发生改变，提高土壤的肥力，同时也会使土壤 pH 值降低（张海芳，2017）。本研究通过长期氮添加处理，研究了氮素添加对贝加尔针茅草原土壤团聚体稳定性及生态化学计量学的影响，结果表明，氮添加提高了土壤团聚体的稳定性及土壤肥力，同时氮的添加也提高了土壤有机质的矿化速率。

团聚体的平均重量直径和＞0.25 mm 的土壤大团聚体含量是决定土壤抗侵蚀能力的两个重要指标，通常用来评价土壤团聚体的稳定性（Six et al.，2004）。土壤团聚体的形成和稳定性与土壤中的有机质有着密切的联系，有机质是团聚体形成过程中重要的胶结物质（Goulet et al.，2004）。适宜浓度的营养元素输入在一定的时期内对整个生态系统的发展是有利的（邢玮等，2014）。郭虎波等（2013）对杉木人工林土壤团聚体的研究发现，中低氮处理可以提高土壤大团聚体含量以及团聚体平均重量直径，而高氮处理对土壤团聚体的含量与平均重量直径表现出一定的抑制作用。本研究结果显示，氮添加处理提高了＞0.25 mm 土壤大团聚体含量以及团聚体平均重量直径。根据课题组前期研究显示氮素添加提高了地上植物的生产力，提高了凋落物及根系分泌物的量，从而促进了土壤中有机质含量，这可能是促进土壤大团聚体含量及团聚体平均重量直径增加的原因；土壤有机质含量的增加是促进土壤大团聚体形成的重要原因（郭虎波等，2013），刘晓东等（2015）发现过高的氮元素添加会加速有机质的矿化，导致有机质含量下降，这可能是限制大团聚体形成的原因。

土壤有机碳的含量是反映土壤肥力大小、衡量土壤质量的重要指标。氮沉降对有机碳的影响尚且存在很大的不确定性，有机碳含量主要决定于初级生产力对土壤的碳输入和微生物对土壤有机物质分解矿化作用引起的碳输出之间的平衡（祁瑜等，2015）。一般认为氮沉降促进土壤有机碳积累的主要原因是促进了植物的生长和凋落物积累从而增加了有机碳输入；氮沉降减少有机碳积累的原因主要是氮输入加剧了有机碳的分解矿化作用。本研究结果显示，氮添加显著提高了各粒径土壤团聚体的有机碳含量，但在N150处理时＞2 mm粒径团聚体的有机碳含量较N50降低，这与郭虎波等（2013）对杉木人工林土壤团聚体有机碳分布的研究结果相一致。同时也印证了Fornara等（2012）的研究，即氮沉降增加对土壤有机碳的积累存在"碳饱和点"，土壤固定有机碳的能力在施氮量高于100 kg N/（hm^2·a）处理下显著下降，阻碍了土壤有机碳的积累。

土壤团聚体全氮含量分布情况与有机碳有密切的联系，两者分布较为一致，这可能是由于土壤中的氮素95%以上都是有机态氮，主要为氨基酸、蛋白质、腐殖质等，和有机碳共同来源于植物凋落物或残体分解所形成的有机质（李玮等，2015；朱秋丽等，2016）。氮添加后土壤有机质和全氮含量的升高主要是因为氮添加提高了草原植物的生产力，增加了凋落物和根系分泌物，进而丰富了土壤有机质（张海芳，2017）。随着氮素添加量的增加，大团聚体全氮含量显著增加，而微团聚体各处理间无显著差异，其原因是大团聚体在形成过程中结合了有机质，而微团聚体中有机质含量相对较低，导致微团聚体全氮含量随氮添加量增加升高并不明显。

氮添加对土壤团聚体全磷含量变化影响较小，与李瑞瑞等（2019）研究氮添加对墨西哥柏人工林土壤影响的结果相一致。Yang等（2015）对落叶松人工林持续9 a氮添加结果并未对土壤全磷含量产生显著影响。这是因为土壤磷素是一种沉积类的矿物，在土壤中的迁移率很低，土壤全磷含量主要受土壤母质的影响较大（李玮等，2015）。在同一氮添加处理下，不同粒径团聚体有机碳、全氮和全磷的增加幅度也有所不同（孙娇等，2016）。本研究结果显示，0.25～2 mm大团聚体中有机碳、全氮和全磷的含量高于＞2 mm大团聚体和＜0.25 mm微团聚体，这与Scott等（2014）及Maysoon等（2004）对农田土壤团聚体有机碳的研究结果相一致，可能与该粒径团聚体结合较多的轻组有机质有关（孔雨光等，2009），轻组有机质碳、氮含量高，周转快，易被土壤微生物分解，对提高土壤肥力具有重要的意义（谢锦升等，2008）。所以0.25～2 mm粒径大团聚体是最适合C、N和P积累，这可能是由于不同粒径的团聚体的物理性质和微生物特性的差异，造成大于该粒径的团聚体中的养分周转速度快，养分固定效率较低，小于该粒径的团聚体易分解的有机质含量低，造成总养分含量较低（李秋嘉等，2019）。孔雨光等（2009）在对土地利用方式变化对土壤团聚体影响的研究中也发现，各种土地利用方式下，均以0.25～2 mm大团聚体有机碳含量最高。

有机质是团聚体形成过程中的主要胶结物质，有机分子与黏粒和阳离子相互胶结形成微团聚体，微团聚体再通过与周围基本粒子或微团聚体之间相互胶结形成大团聚体，同时在大团聚体内部由于颗粒有机质的分解，大团聚体解体形成微团聚体（孔雨光等，2009）。这可能是微团聚体有机碳含量低于大团聚体的原因。

土壤碳氮比是有机质或其他成分中碳素与氮素总质量的比值，是土壤有机质组成和质量的重要指标之一（李玮等，2015），通常被认为是土壤氮素矿化能力的标志（刘月娇等，2015）。土壤有机质和全氮是土壤质量中最为重要的指标，它们不仅反映土壤的肥力状况，也能印证区域生态系统的演变规律（张春华等，2011）。本研究中，氮添加处理下贝加尔针茅草原土壤团聚体碳氮比变化范围是 7.22～9.15，低于中国陆地土壤碳氮比的平均值 12.3（An et al.，2010）以及全球草地土壤碳氮比的平均值 11.8（Liptzin et al.，2007），氮添加降低土壤大团聚体碳氮比。陈磊等（2018）对黄土高原油松林土壤短期氮添加的研究结果发现土壤碳氮比随氮添加水平的增加而下降。本研究结果与其相一致。土壤氮素对土壤有机碳的调控有着重要的作用，较高的土壤氮素含量会加速土壤微生物对有机质的分解矿化，减少有机碳的积累，从而导致土壤碳氮比降低，这也是 0.25～2 mm 团聚体碳氮比之所以比＞2 mm 团聚体碳氮比低的原因，由于 0.25～2 mm 团聚体中氮含量显著高于＞2 mm 团聚体，矿化速率高，导致碳氮比较低。

土壤碳磷比是衡量磷有效性的指标之一，碳磷比越低则磷的有效性越高（李玮等，2015）。此外，土壤碳磷比对植物的生长发育具有重要的影响（刘月娇等，2015）。氮添加处理下贝加尔针茅草原土壤团聚体碳磷比变化范围是 55.66～61.52，高于中国陆地土壤碳磷比的平均值 52.7，低于全球草地土壤碳磷比的平均值 64.3（An et al.，2010；Liptzin et al.，2007）。氮添加提高了土壤大团聚体碳磷比，这与课题组前期研究结果一致，表明氮添加降低了土壤团聚体磷的有效性。

土壤氮、磷是植物生长所必需的矿质营养元素，也是生态系统中常见的限制性元素，土壤氮磷比在一定程度上间接预测群落养分的供给性水平和限制性水平。氮添加处理下贝加尔针茅草原土壤团聚体氮磷比变化范围是 6.41～8.30，高于中国陆地土壤氮磷比平均值 3.9 以及全球草地土壤氮磷比平均值 5.6（An et al.，2010；Liptzin et al.，2007）。氮添加对草原各粒径土壤团聚体氮磷比均有所提高，表明氮添加缓减了草原植物氮限制，但是磷限制性增强。相同氮添加处理，0.25～2 mm 粒径土壤团聚体氮磷比最高，表明 0.25～2 mm 粒径大团聚体中养分限制类型以磷为主。

氮素添加提高了草原土壤大团聚体的含量和团聚体的稳定性，对团聚体的稳定性和土壤有机碳的积累有着重要的意义，但高浓度的氮添加不利于有机碳的积累。氮添加提高了＞0.25 mm 土壤大团聚体有机碳、全氮的含量，其中以 0.25～2 mm 粒径团聚体最为显著，且在同一处理下，0.25～2 mm 粒径团聚体有机碳、全氮、全磷含量最高，最适合养分的积累；氮添加未显著影响各粒径土壤团聚体全磷含量。氮添加导致团聚体碳氮比降低，土壤团聚体碳磷比、氮磷比升高；提高了土壤团聚体有机质的矿化速率，随着氮添加量的增大，土壤团聚体中磷元素成为限制草原植物生长的主要限制因素。氮素添加对贝加尔针茅草原土壤团聚体养分效应的影响、团聚体粒径分布和土壤生态化学计量学特征之间的内在联系有待更深入的研究。

第7章　氮添加对草原土壤微生物群落结构和多样性的影响

7.1　氮添加对土壤理化因子和微生物量碳氮的影响

7.1.1　样品采集与处理

土壤理化因子、酶活性和土壤微生物群落的土壤样品采集于2015年8月中旬。在氮添加处理小区内按照“S”形取样法选取10个点，去除表面植被，取0～10 cm和10～20 cm土层土壤分别混匀，去除根系和土壤入侵物，将其分成2份：一份放在冰盒中带回实验室，取出一部分4℃低温保存，用于测定土壤微生物量碳、氮，剩余放在 –20℃冰柜中保存，用于土壤速效养分和微生物分析；另一份常温保存，室内自然风干后研磨过筛，用于土壤理化性质和酶活性测定。

利用Microsoft Excel 2010和SPSS16.0软件对数据进行统计分析，采用单因素方差分析（one-way ANOVA）和最小显著差数法（LSD法）进行不同处理间均值的方差分析和差异显著性比较（P=0.05），统计数据以平均值和标准差表示。

7.1.2　氮添加对土壤理化因子的影响

连续6 a不同氮添加处理下，土壤化学性质变化见表7.1。0～10 cm土层，7个氮添加处理下土壤pH值均低于或显著低于未添加对照N0，土壤硝态氮含量则高于或显著高于对照N0。高氮添加处理（N100、N150、N200和N300）有机碳含量高于或显著高于对照N0，低氮添加处理（N15，N30和N50）与对照相比没有显著差异。除N15处理外，其余氮添加处理的铵态氮含量均高于或显著高于对照N0。10～20 cm土层，高氮处理（N100、N150、N200和N300）pH值显著低于对照N0，速效磷含量高于或显著高于对照N0。除N15处理外，其余氮添加处理的硝态氮和铵态氮含量均高于或显著高于对照N0。相同氮添加处理不同土层有机碳、全氮、全磷、硝态氮和铵态氮含量大致表现为0～10 cm＞10～20 cm土层。

7.1.3　氮添加对土壤微生物量碳氮的影响

连续6 a不同氮添加处理下，土壤微生物量碳、微生物量氮、微生物熵和微

表 7.1 不同氮添加处理土壤化学因子变化

处理		pH 值	有机碳（g/kg）	全氮（g/kg）	全磷（g/kg）	硝态氮（mg/kg）	铵态氮（mg/kg）	速效磷（mg/kg）
0～10 cm	N0	6.98 ± 0.16a	39.43 ± 0.47cd	2.31 ± 0.21a	0.43 ± 0.02a	1.82 ± 0.04e	27.42 ± 1.28c	4.58 ± 0.14c
	N15	6.85 ± 0.03a	38.79 ± 0.22d	2.41 ± 0.39a	0.42 ± 0.01a	1.92 ± 0.23e	21.11 ± 0.43d	3.89 ± 0.28d
	N30	6.54 ± 0.01b	35.70 ± 0.77d	2.26 ± 0.22a	0.39 ± 0.00b	2.93 ± 0.24e	30.97 ± 2.24c	4.03 ± 0.14c
	N50	6.43 ± 0.03b	39.75 ± 0.58cd	2.27 ± 0.20a	0.39 ± 0.01b	2.82 ± 0.07e	66.26 ± 2.06a	3.89 ± 0.28d
	N100	5.99 ± 0.12c	40.04 ± 0.41c	2.50 ± 0.38a	0.43 ± 0.02a	9.9 ± 0.13d	61.16 ± 3.88b	5.69 ± 0.14b
	N150	5.77 ± 0.09d	44.57 ± 0.43b	2.56 ± 0.09a	0.41 ± 0.02ab	37.67 ± 0.48c	27.60 ± 0.85c	6.94 ± 0.28a
	N200	5.70 ± 0.06d	44.87 ± 0.5b	2.33 ± 0.13a	0.38 ± 0.01b	48.09 ± 1.46b	29.25 ± 1.05c	5.28 ± 0.56b
	N300	5.19 ± 0.05e	61.42 ± 0.50a	2.39 ± 0.56a	0.39 ± 0.01b	66.21 ± 0.98a	30.32 ± 080c	5.83 ± 0.48b
10～20 cm	N0	6.80 ± 0.05a	28.27 ± 0.87f	2.46 ± 0.10a	0.39 ± 0.03a	1.78 ± 0.09e	15.77 ± 0.98e	2.36 ± 0.42e
	N15	6.62 ± 0.02a	34.54 ± 0.65c	1.77 ± 0.10b	0.37 ± 0.02abc	1.50 ± 0.24e	15.27 ± 0.79e	4.99 ± 0.27d
	N30	6.72 ± 0.26a	30.69 ± 0.48e	2.26 ± 0.11ab	0.33 ± 0.01d	1.91 ± 0.07de	25.37 ± 2.75bc	2.36 ± 0.42e
	N50	6.64 ± 0.08a	32.08 ± 0.89d	2.47 ± 0.16a	0.34 ± 0.01cd	2.22 ± 0.06de	23.54 ± 1.37cd	1.67 ± 0.22e
	N100	6.30 ± 0.08b	29.29 ± 0.53f	2.28 ± 0.19ab	0.36 ± 0.02abcd	3.08 ± 0.09d	43.47 ± 1.8a	5.46 ± 0.64cd
	N150	6.38 ± 0.04b	32.59 ± 0.75d	1.97 ± 0.38ab	0.38 ± 0.02ab	15.33 ± 0.16c	27.12 ± 0.42b	7.47 ± 0.23a
	N200	6.32 ± 0.03b	38.34 ± 0.30b	2.23 ± 0.42ab	0.35 ± 0.01bcd	24.26 ± 0.38b	24.65 ± 0.16cd	6.11 ± 0.28bc
	N300	6.11 ± 0.01c	39.47 ± 0.25a	2.19 ± 0.44ab	0.34 ± 0.01cd	29.90 ± 1.80a	22.50 ± 0.34d	6.72 ± 0.61b

生物量碳氮比变化见图 7.1～图 7.4。0～10 cm 土层，7 个氮添加处理土壤微生物量碳含量和微生物量碳氮比均显著低于对照 N0。高氮处理（N100、N150、N200 和 N300）土壤微生物量氮含量显著高于对照 N0，低氮处理（N15，N30 和 N50）与对照相比无显著差异。10～20 cm 土层，7 个氮添加处理下土壤微生物量碳含量低于或显著低于对照 N0。高氮处理（N00、N150、N200 和 N300）微生物量氮高于或显著高于对照 N0，微生物量碳氮比显著低于对照 N0。0～10 cm 土层与 10～20 cm 土层，7 个氮添加处理的微生物熵均显著低于对照 N0。上述结果表明，高氮添加降低了土壤微生物量碳、微生物熵和土壤微生物量碳氮比，改变了贝加尔针茅草原土壤微生物群落结构。

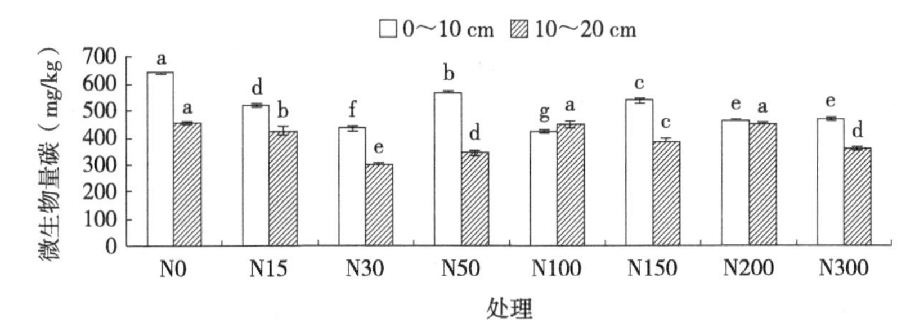

图 7.1　不同氮添加下土壤微生物量碳变化

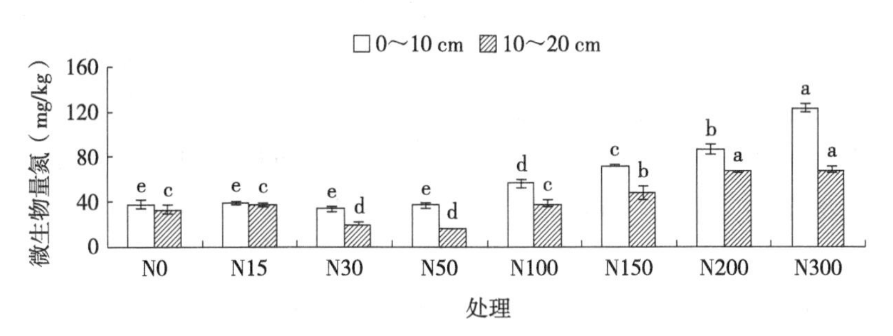

图 7.2　不同氮添加下土壤微生物量氮的变化

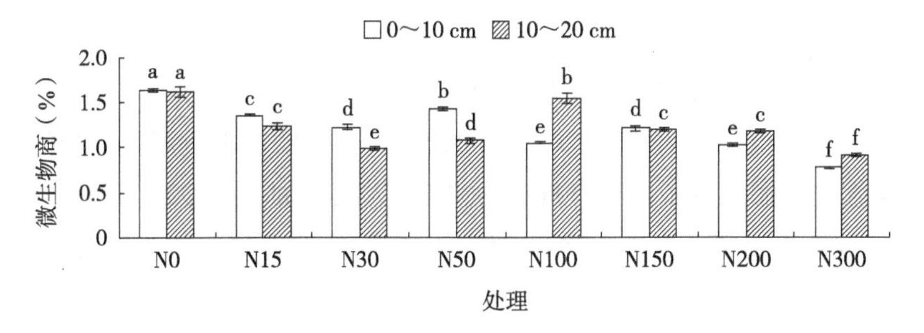

图 7.3　不同氮添加下土壤微生物熵变化

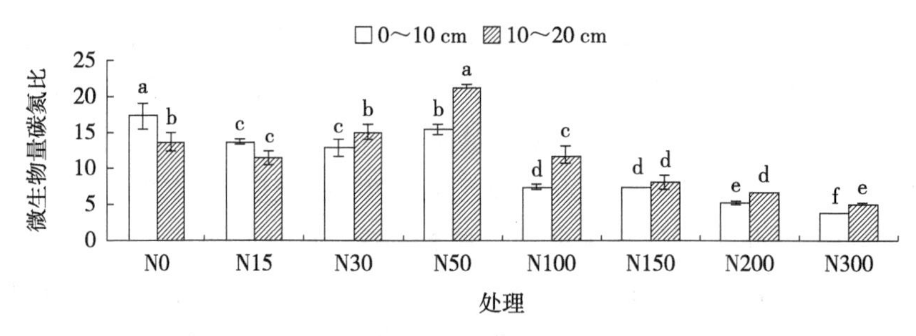

图 7.4　不同氮添加下土壤微生物量碳氮比变化

7.1.4　讨论与结论

本研究中，连续 6 a 氮添加处理对土壤理化因子产生了一定的影响。土壤 pH 值随氮添加水平升高呈降低趋势，高氮添加（N100、N150、N200 和 N300）处理在两个土层土壤 pH 值均显著低于对照，这与苏洁琼等（2014）对荒漠化草原施氮的研究结果一致。本实验所用氮素肥料为硝酸铵，土壤有效态含量随着氮添加水平的升高而提高，硝化作用产生的 H^+ 离子逐渐增多，从而引起土壤 pH 值降低。土壤有效态氮和全氮量是衡量土壤氮素供应状况的重要指标。在本研究中，7 个氮添加处理对土壤全氮含量无显著性影响，但高氮添加（N100、N150、N200 和 N300）造成土壤铵态氮和硝态氮含量升高或显著升高，缓解了该地区土壤氮素的限制作用。氮添加处理的全氮含量与对照相比在两个土层中均无显著性升高，这可能与速效氮流失较快有关（Kim et al.，2011），也可能是微生物和植物对氮的吸收和利用，使得土壤全氮含量保持了相对稳定的状态（Zhang et al.，2014；李焕茹等，2018）。周纪东等（2016）对内蒙古温带典型草原氮添加研究结果表明，两种施氮频率下土壤全氮含量在 0～5 cm 和 5～10 cm 土层没有显著变化。这与其研究结果一致。总体上，随着氮添加水平的升高，土壤有机碳含量升高，这与刘星等（2015）研究结果一致。这是因为氮输入量增大提高了草原植物的地上部生产力，同时也提高了植物凋落物和根系分泌物数量，从而促进了土壤有机碳的积累。此外，高氮添加造成土壤酸化，对土壤微生物群落产生了一定的抑制作用，进一步加大了土壤有机碳积累（苏洁琼等，2014）。Entwistle 等（2013）认为，氮素增加会降低凋落物的分解速率，增加木质素化合物的氧化程度和稳定性，从而促进了土壤有机碳的积累。高氮添加（N100、N150、N200 和 N300）处理提高了 2 个土层土壤速效磷含量，可能是高氮添加造成的土壤酸化，使更多的无机磷溶解释放。

土壤微生物量是植物营养物质的源和库，与养分循环密切相关，常被用来评价土壤质量的生物学性状。因研究对象、氮添加量和氮添加年限不同，氮添加对土壤微生物量的影响结果不尽一致。Maaroufi 等（2014）研究表明，低水平的氮添加可以提高微生物量。Chen 等（2015）对半干旱草原研究表明，氮添加降低了微生物量。可能原因是铵根离子引起的毒害作用或氨的水合产物引起的酸化作用造成的。本研究表明，氮添加降低了 0～10 cm 土层与 10～20 cm 土层土壤微生物量碳；高氮添加（N100、N150、N200 和 N300）显著提高了两个土层土壤微生物量氮。这与 Li 等（2010）在科尔沁沙质草地和洪丕征等（2016）在红椎人工幼龄林开展的氮添加实验对土壤微生物量影响研究结果一致。分析认为，高氮添加弥补了由于植物生长和氮素损失造成的氮素消耗，增加了土壤微生物量氮的固持；另一方面，高氮添加加快了土壤中原有有机碳的分解，降低了土壤微生物量碳。土壤微生物熵反映土壤中活性有机碳占总有机碳的比例，一般用土壤微生物量碳占土壤有机碳含量的百分比表示（刘满强等，2003）。一般土壤中微生物熵值在 1%～4%，由于土壤类型、采样时间、分析方法和管理措施等的不同，文献报道的微生物熵值扩大为 0.27%～7%。本研究中微生物熵的范围为 0.77%～2.29%，与文献的报道数值相符。高氮添加处理均显著降低了 0～10 cm 土层与 10～20 cm 土层土壤微生物熵。表明长期连续高氮沉降会降低土壤微生物熵，降低土壤活性有机碳的周转速率。土壤微生物量碳氮比反映微生物群落结构信息，其比值的显著变化预示着微生物群落结构变化（孙瑞等，2015）。本研究表明，高氮添加和低氮添加与对照相比，土壤微生物量碳氮比有显著差异，说明连续 6 a 高氮添加使以主要碳源为代谢基质的微生物类群组成发生了明显变化。

连续 6 a 不同氮添加水平对土壤化学性质的影响不同。低氮添加（N15、N30 和 N50）对 0～10 cm 土层土壤有机碳和硝态氮含量与 10～20 cm 土层土壤 pH 值和硝态氮含量无显著性影响。连续高浓度氮素添加导致贝加尔针茅草原土壤 pH 值下降，增加了 0～10 cm 土层、10～20 cm 土层土壤铵态氮和硝态氮的累积，土壤有机碳含量升高，增加了土壤固碳潜力。氮添加降低贝加尔针茅草原 0～10 cm、10～20 cm 土层土壤微生物量碳和土壤微生物熵；高氮添加显著提高了两个土层土壤微生物量氮，显著降低了土壤的微生物量碳氮比，改变了贝加尔针茅草原土壤微生物群落结构。

7.2 氮添加对土壤酶活性的影响

7.2.1 样品采集与处理

土壤样品采集于2015年8月中旬，具体土壤样品采集和处理方法与7.1.1相同。

运用Microsoft Excel 2010和SPSS16.0软件对数据进行统计分析。不同土层和施氮水平的交互作用采用双因素方差分析，不同氮处理间和土层之间差异显著性比较采用单因素方差分析和最小显著差数法进行（P=0.05），酶活性之间及其与化学性质之间的关系采用Pearson相关分析。

7.2.2 土壤酶活性变化

连续6 a不同氮添加处理水平下，土壤酶活性变化见（图7.5～图7.10）。0～10 cm土层，7个氮添加处理的脲酶活性均低于或显著低于对照N0，其中N30抑制作用最显著；10～20 cm土层，7个氮添加处理的脲酶活性与对照相比无显著性差异（图7.5）。0～10 cm土层，7个氮添加处理的过氧化氢酶活性均低于或显著低于对照N0；10～20 cm土层，N15、N30和N50处理的过氧化酶活性与对照无显著差异，高氮（N100、N150和N200）处理显著低于对照（图7.6）。0～10 cm土层，N15、N30、N50、N150、N200和N300处理的酸性磷酸酶活性低于对照N0，N100处理的酸性磷酸酶与对照相比无显著差异；10～20 cm土层，N15、N30、N50和N150处理显著低于对照，N100、N200和N300处理酸性磷酸酶与对照相比无显著差异（图7.7）。0～10 cm土层，7个氮添加处理的过氧化物酶活性均显著低于对照N0；10～20 cm土层，N15、N30、N50、N150、N200和N300处理过氧化物酶均显著低于对照，N100处理与对照相比无显著差异（图7.8）。0～10 cm土层与10～20 cm土层，N150和N200处

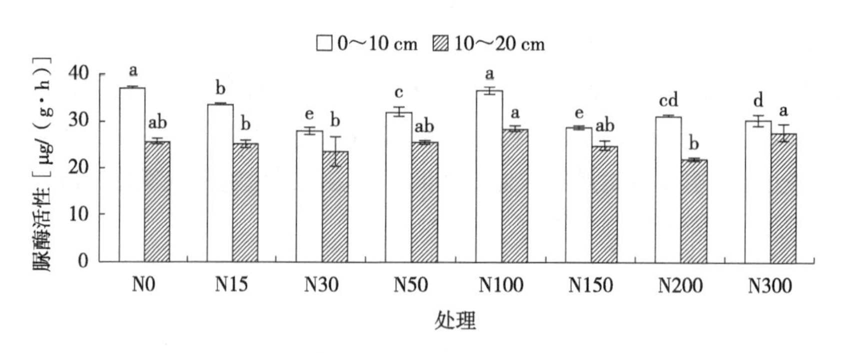

图7.5 氮添加对土壤脲酶活性的影响

理的多酚氧化酶活性显著低于对照，N100 和 N300 处理的多酚氧化酶活性显著高于对照（图 7.9）。0～10 cm 土层与 10～20 cm 土层，7 个氮添加处理的蔗糖酶活性均低于或显著低于各自对照（图 7.10）。

总体上，氮添加降低了 0～10 cm 土层脲酶、过氧化氢酶、酸性磷酸酶、过氧化物酶和蔗糖酶活性，降低了 10～20 cm 土层过氧化物酶和蔗糖酶活性。同一氮处理水平，不同深度土层的脲酶、酸性磷酸酶、多酚氧化酶和蔗糖酶活性表现为 0～10 cm 土层＞10～20 cm 土层。

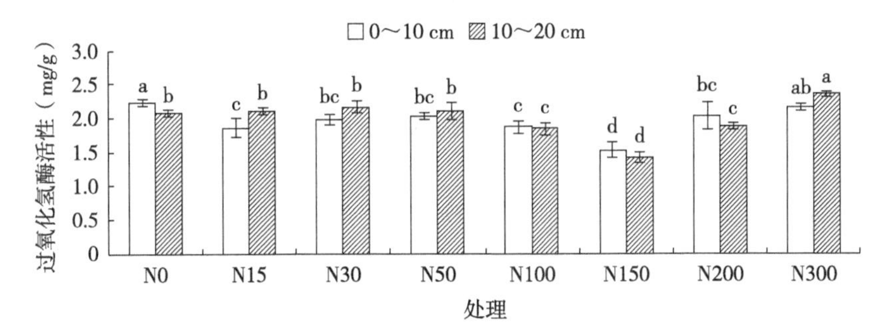

图 7.6　氮添加对土壤过氧化氢酶活性的影响

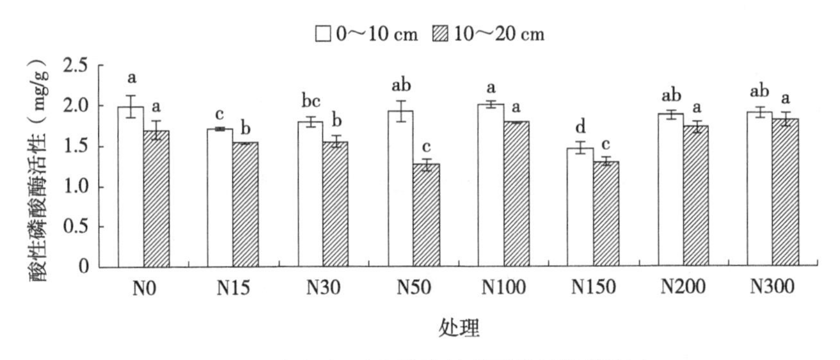

图 7.7　氮添加对土壤酸性磷酸酶活性的影响

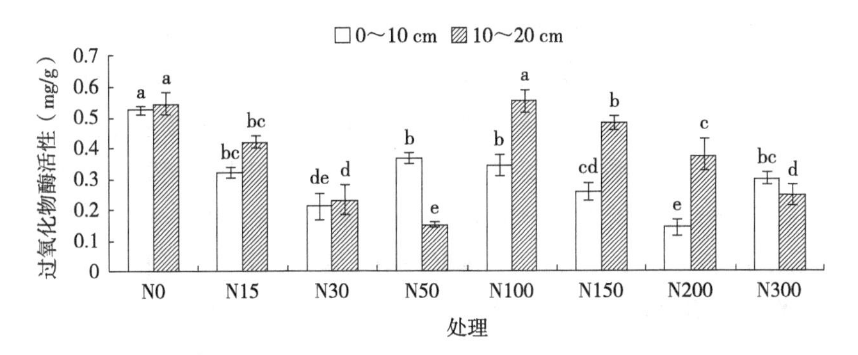

图 7.8　氮添加对土壤过氧化物酶活性的影响

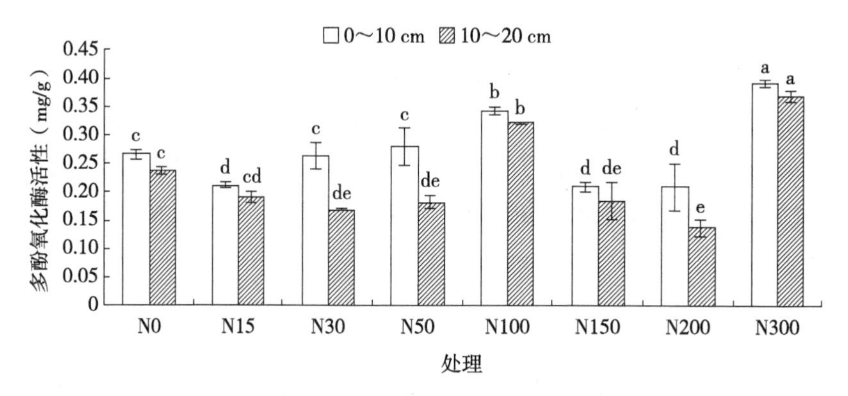

图 7.9 氮添加对土壤多酚氧化酶活性的影响

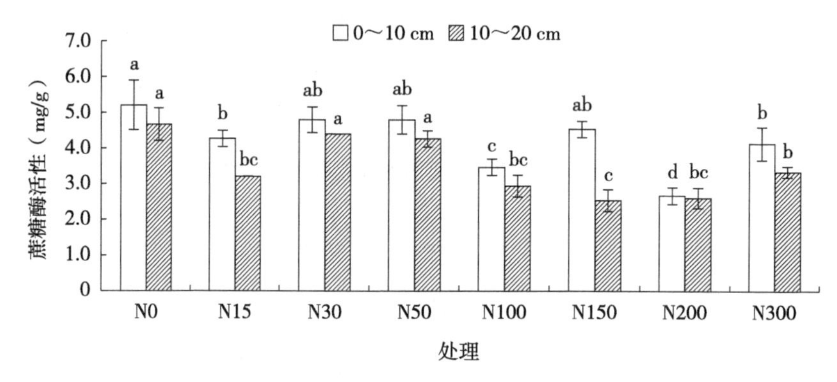

图 7.10 氮添加对土壤蔗糖酶活性的影响

7.2.3 土壤酶活性与土壤理化因子的相关性分析

同一土层不同氮添加水平下土壤酶活性与土壤化学因子相关性分析见表 7.2。0～10 cm 土层，土壤脲酶与土壤 pH 值、全磷呈显著正相关（$P<0.05$），与土壤硝态氮呈显著负相关（$P<0.05$）；土壤酸性磷酸酶与土壤铵态氮呈显著正相关（$P<0.05$）；土壤过氧化物酶与土壤 pH 值、全磷、微生物量碳呈极显著正相关（$P<0.01$），与土壤硝态氮呈显著负相关（$P<0.05$）；土壤多酚氧化酶与有机碳、铵态氮和微生物量氮含量呈显著正相关（$P<0.05$）；土壤蔗糖酶与土壤 pH 值、微生物量碳呈极显著正相关（$P<0.01$），与土壤硝态氮、微生物量氮呈显著负相关（$P<0.05$）。10～20 cm 土层，土壤脲酶与土壤全氮呈显著正相关（$P<0.05$）；过氧化氢酶与土壤速效磷呈显著负相关（$P<0.05$）；土壤酸性磷酸酶与土壤微生物量碳、微生物量氮呈显著正相关（$P<0.05$）；土壤过氧化物酶与土壤全磷、

微生物量碳呈极显著正相关（$P<0.01$）；土壤多酚氧化酶与土壤全磷、微生物量碳呈极显著正相关（$P<0.01$）；土壤多酚氧化酶与土壤 pH 值呈显著负相关（$P<0.05$）；土壤蔗糖酶与土壤 pH 值、全氮呈极显著正相关（$P<0.01$），与土壤硝态氮、速效磷和微生物量氮呈显著负相关（$P<0.05$）。

表 7.2 土壤酶活性与土壤化学因子的相关性分析

土壤化学因子	土层（cm）	脲酶	过氧化氢酶	酸性磷酸酶	过氧化物酶	多酚氧化酶	蔗糖酶
pH 值	0～10	0.427*	0.233	0.229	0.557**	-0.311	0.613**
	10～20	-0.086	0.212	-0.307	0.033	-0.453*	0.700**
有机碳	0～10	-0.240	0.202	0.042	-0.129	0.556**	-0.219
	10～20	-0.009	0.253	0.226	-0.360	0.395	-0.239
全氮	0～10	0.153	0.000	0.054	0.234	0.127	0.185
	10～20	0.426*	0.310	0.244	-0.026	0.184	0.600**
全磷	0～10	0.668**	0.081	0.233	0.642**	0.139	0.360
	10～20	0.296	-0.244	0.090	0.745**	0.098	0.118
硝态氮	0～10	-0.425*	-0.001	-0.150	-0.453*	0.259	-0.461*
	10～20	-0.042	-0.026	0.334	-0.159	0.250	-0.504*
铵态氮	0～10	0.280	0.052	0.462*	0.208	0.407*	-0.026
	10～20	0.335	-0.361	0.205	0.238	0.310	-0.342
速效磷	0～10	-0.149	-0.345	-0.276	-0.146	0.192	-0.228
	10～20	0.159	-0.428*	0.263	0.357	0.281	-0.796**
微生物量碳	0～10	0.342	0.187	-0.020	0.692**	-0.270	0.588**
	10～20	0.076	-0.308	0.424*	0.798**	0.089	-0.338
微生物量氮	0～10	-0.303	0.068	-0.034	0.360	0.414*	-0.468*
	10～20	-0.001	-0.111	0.511*	0.188	0.299	-0.622**

不同氮添加水平下同一土层土壤酶活性之间的相关性分析见表 7.3。在 0～10 cm 土层，脲酶与过氧化物酶、酸性磷酸酶呈极显著正相关（$P<0.01$）；

过氧化氢酶与多酚氧化酶、过氧化物酶、酸性磷酸酶呈显著正相关（$P<0.05$）；酸性磷酸酶与多酚氧化酶、过氧化物酶呈显著正相关（$P<0.05$）；过氧化物酶与蔗糖酶呈极显著正相关（$P<0.01$）。10～20 cm 土层，脲酶与多酚氧化酶呈极显著正相关（$P<0.01$）；过氧化氢酶与蔗糖酶、酸性磷酸酶呈显著正相关（$P<0.05$），与过氧化物酶呈显著负相关（$P<0.05$）；酸性磷酸酶与多酚氧化酶呈极显著正相关（$P<0.01$）。说明土壤酶活性对氮添加的响应存在共性关系。此外，0～10 cm 土层与 10～20 cm 土层土壤酶活性之间的相关性分析结果不同，说明土层深度影响了酶活性之间的相关程度。

表 7.3　土壤酶活性的相关性分析结果

土壤酶	土层（cm）	脲酶	过氧化氢酶	酸性磷酸酶	过氧化物酶	多酚氧化酶
蔗糖酶	0～10	0.027	0.174	0.004	0.631**	0.074
	10～20	0.137	0.608**	−0.025	−0.255	0.053
多酚氧化酶	0～10	0.210	0.481*	0.600**	0.303	1
	10～20	0.712**	0.352	0.580**	0.169	1
过氧化物酶	0～10	0.733**	0.411*	0.437*	1	—
	10～20	0.278	−0.483*	0.339	1	—
酸性磷酸酶	0～10	0.617**	0.800**	1	—	—
	10～20	0.342	0.407*	1	—	—
过氧化氢酶	0～10	0.352	1	—	—	—
	10～20	0.232	1	—	—	—

不同土层和氮水平的交互作用对土壤理化性质和酶活性变化双因素方差分析见表 7.4。土层深度在影响 pH 值、有机碳、铵态氮、微生物量碳和微生物量氮方面具有主效应，氮沉降水平在影响硝态氮方面具有主效应，除全氮以外，土层和氮沉降处理水平对其他理化指标表现出明显的交互作用。土层深度在影响脲酶、酸性磷酸酶和多酚氧化酶活性方面具有主效应，氮沉降水平在影响过氧化氢酶、过氧化物酶和蔗糖酶活性方面具有主效应，除过氧化氢酶以外，土层和氮沉降处理水平对其他 5 种酶活性变化表现出明显的交互作用。

表 7.4　土壤酶活性受土层和氮沉降处理水平变化影响的双因素方差分析（F 值）

变异来源	土层	氮处理	土层 × 氮处理
pH 值	50.077***	49.747***	8.744***
有机碳	1 827.292***	161.164***	31.348***
全氮	1.313	0.399	2.123
铵态氮	493.364***	254.156***	102.524***
硝态氮	3 395.518***	6 048.307***	841.880***
微生物量碳	2 172.699***	390.916***	287.377***
微生物量氮	273.194***	259.098***	8.551***
脲酶	155.682***	15.527***	4.132**
酸性磷酸酶	117.121***	34.842***	8.364***
过氧化氢酶	0.948	38.264***	3.079
过氧化物酶	51.613***	80.814***	40.595***
多酚氧化酶	71.629***	43.974***	4.445**
蔗糖酶	26.283***	31.850***	4.291**

注：*** 表示 $P<0.001$ 水平的差异显著性。

7.2.4　讨论与结论

连续 6 a 氮添加，对 6 种土壤酶活性产生了显著影响。kandeler 等（1999）研究认为，土壤酶活性的降低在一定程度上反映了土壤生态系统的退化。在连续 6 a 氮添加处理下，土壤酶活性对氮添加响应表现出了负反馈。本实验中，氮添加实验所用氮肥为硝酸铵，分离出的铵态氮和硝态氮可以直接被土壤微生物和植物吸收利用，因此较低的土壤氮矿化速率即可满足微生物的营养需求，从而导致脲酶活性降低。这与孙亚男等（2016）对高寒草甸进行氮添加实验研究结果一致。0～10 cm 土层，脲酶与土壤硝态氮含量呈显著负相关性，这表明随氮添加水平升高土壤中硝态氮含量增加，从而抑制了土壤脲酶活性。多酚氧化酶活性受氮添加水平的显著影响，0～10 cm 土层，N15、N150 和 N200 显示抑制，N30、N50、N100 和 N300 显示促进；10～20 cm 土层，N15、N30、N50、N150 和 N200 显示抑制，N100 和 N300 显示促进。前人研究也表明，多酚氧化酶对氮添加的响应存在不一致的结果，存在促进（张艺等，2017）、抑制（Deforest et al.，2014）、无显著影响（Zeglin et al.，2007）的不同结果。这说明多酚氧化酶对氮沉降的负响应并不是一个普遍现象。这种矛盾的研究结果可能是多酚氧化酶受土壤中可利用性氮含量的不同造成的。

土壤蔗糖酶参与土壤中含碳有机物代谢和低分子量糖的释放过程，是表征土壤碳素循环速度的重要指标（王启兰等，2007）。酸性磷酸酶、脲酶和蔗糖酶活性均与土壤有机质的降解密切相关。连续 6 a 氮添加，抑制了酸性磷酸酶、脲酶和蔗糖酶活性。表明持续氮沉降增加可能降低贝加尔针茅草原土壤有机质的分解，促进土壤有机质提升。Kim et al.（2011）研究表明，当本底土壤氮含量较高时，氮沉降的增加倾向于抑制酶活性，反之则有利于提高其活性。氮沉降增加影响土壤有机碳的积累和矿化，从而引起土壤中活性有机碳的含量变化。本研究中，0～10 cm 土层微生物量碳与蔗糖酶呈极显著正相关，印证了该观点。本研究表明，贝加尔针茅草原土壤脲酶、酸性磷酸酶、多酚氧化酶和蔗糖酶活性表现为 0～10 cm 土层高于 10～20 cm 土层，即随着土层深度的增加而降低。这与秦嘉海等（2014）对祁连山黑河上游退化草地的研究结果相一致。主要原因可能是在贝加尔针茅草原生态系统特有的生境条件下，表层和下层土壤的自身理化性质差异较大，主要植被以贝加尔针茅、羊草、羽茅、日荫菅等草本植物为主，此类植物根系主要分布在 0～10 cm 土层，水热条件和通气状况良好，微生物代谢活跃，因此 0～10 cm 土层土壤酶活性较高。随着土层深度的加深，土壤容重增加，土壤根系生物量降低，土壤微生物活动受到抑制。研究期间，土层深度、氮处理水平及其交互作用对贝加尔针茅草原土壤碳氮循环相关酶活性产生了显著影响，主要表现为高氮沉降（N150、N200、N300）均降低或显著降低了 0～10 cm 土层脲酶、酸性磷酸酶、过氧化氢酶、过氧化物酶和蔗糖酶活性。氮沉降对 10～20 cm 土层 6 种酶活性的影响与 0～10 cm 土层不一致，表明土层深度影响土壤酶活性。酶活性与土壤化学因子的相关分析表明，0～10 cm 土层，土壤脲酶、过氧化物酶和蔗糖酶与土壤 pH 值呈显著正相关，与土壤硝态氮呈显著负相关；10～20 cm 土层，土壤多酚氧化酶与土壤 pH 值呈显著负相关，蔗糖酶与土壤 pH 值呈显著正相关，与土壤硝态氮呈显著负相关。0～10 cm 土层，过氧化物酶和蔗糖酶与土壤微生物量碳呈极显著正相关；10～20 cm 土层，土壤酸性磷酸酶和过氧化物酶与土壤微生物量碳呈显著正相关呈显著。0～10 cm 土层，多酚氧化酶与土壤微生物量氮呈显著正相关，蔗糖酶与土壤微生物量氮呈显著负相关；10～20 cm 土层，土壤酸性磷酸酶与土壤微生物量氮呈显著正相关，蔗糖酶与土壤微生物量氮呈显著负相关。说明氮添加通过改变草原土壤的化学因子，影响土壤酶活性，土壤 pH 值、硝态氮、微生物量碳和微生物量氮是改变土壤酶活性的重要环境因子。

本研究中，土层深度、氮处理水平及其交互作用对 6 种酶活性的抑制或促进作用表现出一定的复杂性和不稳定性，这可能与野外实验条件的空间异质性、氮处理时间长短以及土壤环境因子不同等有关。本研究所得结论能初步反映氮沉降增加对贝加尔针茅草原土壤酶活性的影响，但仍然具有一定的局限性。今后的研究工作中，仍需开展土壤化学性质、酶活性的季节变化特征以及年度变化特征研究，为长期氮沉降增加对温带草甸草原的影响提供科学依据。

连续 6 a 高氮添加对贝加尔针茅草原土壤酶活性产生了显著影响，降低了 0～10 cm 土层土壤脲酶、过氧化氢酶、酸性磷酸酶、过氧化物酶和蔗糖酶活性，降低了 10～20 cm 土层过氧化物酶和蔗糖酶活性。在未来氮沉降增加的背景下，贝加尔针茅草原土壤水解酶和氧化酶活性将可能受到抑制，不利于土壤有机质的周转。

7.3　氮添加对土壤微生物群落的影响

7.3.1　样品采集与处理

土壤样品采集于 2015 年 8 月中旬，具体土壤样品采集和处理方法与 7.1.1 相同。

应用 SPSS 16.0 统计软件进行单因素方差分析（one-way ANOVA）、Pearason 相关性分析和主成分分析。

7.3.2　氮添加对土壤微生物群落结构的影响

连续 6 a 不同氮添加处理下，0～10 cm 土层与 10～20 cm 土层，土壤微生物类群 PLFAs 差异显著（图 7.11，图 7.12）。0～10 cm 土层，7 个氮添加处理土壤总磷脂脂肪酸（总 PLFAs）、细菌磷脂脂肪酸（细菌 PLFAs）、革兰氏阳性细菌磷脂脂肪酸（革兰氏阳性细菌 PLFAs）、革兰氏阴性细菌磷脂脂肪酸（PLFAs）、放线菌磷脂脂肪酸（放线菌 PLFAs）和真菌磷脂脂肪酸（真菌 PLFAs）含量均显著高于对照 N0。10～20 cm 土层土壤微生物类群表现出与 0～10 cm 土层不同变化趋势。10～20 cm 土层，N30、N50、N100、N150、N200 和 N300 处理的细菌 PLFAs、革兰氏阳性细菌 PLFAs 和革兰氏阴性细菌 PLFAs 含量低于或显著低于对照 N0，高氮添加（N100、N150、N200 和 N300）处理的真菌 PLFAs 含量显著高于对照 N0。相同氮添加处理不同土层的土壤各微生物类群含量表现为 0～10 cm 土层＞10～20 cm 土层。氮添加处理两个土层土壤细菌与真菌比值均低于或显著低于对照 N0，且不同氮添加处理间差异显著。说明氮添加显著影响了土壤细菌 / 真菌比值，土壤微生物群落结构存在显著差异。

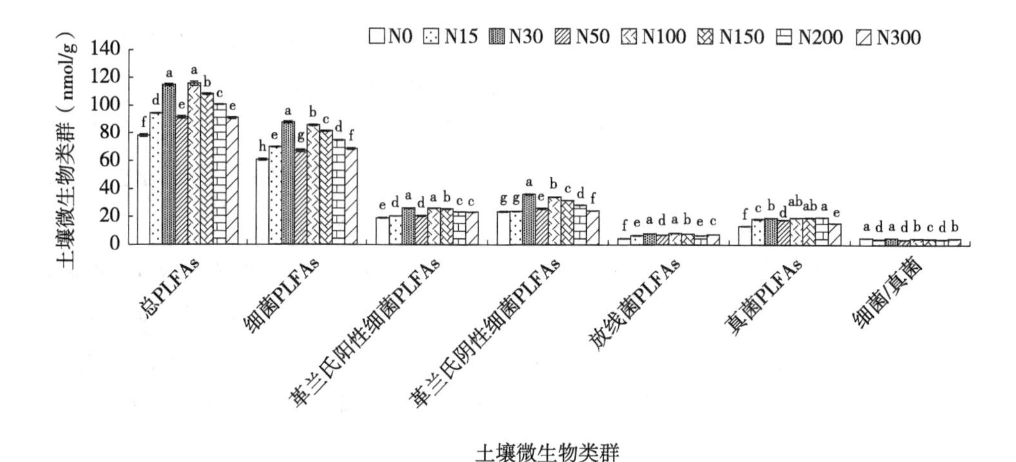

图 7.11 不同氮添加处理 0～10 cm 土层土壤微生物类群含量

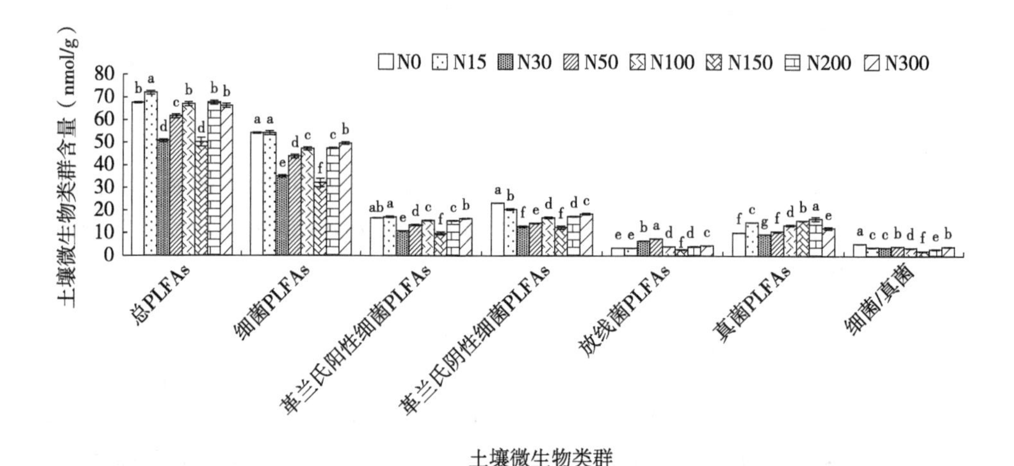

图 7.12 不同氮添加处理 10～20 cm 土层土壤微生物类群含量

土壤微生物类群 PLFAs 与土壤化学因子的相关性分析结果表明（表 7.5），0～10 cm 土层，土壤革兰氏阳性细菌 PLFAs 与土壤速效磷呈极显著正相关（$P<0.01$），土壤革兰氏阳性细菌 PLFAs 和放线菌 PLFAs 与土壤 pH 值均呈显著负相关（$P<0.05$）。10～20 cm 土层，土壤真菌 PLFAs 与土壤 pH 值呈极显著负相关（$P<0.01$），土壤细菌 / 真菌与土壤 pH 值呈极显著正相关（$P<0.01$）；土壤放线菌 PLFAs、细菌 / 真菌与土壤速效磷呈极显著负相关（$P<0.01$），土壤真菌 PLFAs 与土壤速效磷呈极显著正相关（$P<0.01$）；土壤革兰氏阳性细菌 PLFAs 与铵态氮呈显著负相关（$P<0.05$），与土壤全磷呈显著正相关（$P<0.05$），土壤放线菌 PLFAs 与土壤全磷呈极显著负相关（$P<0.01$）。说明引起土壤微生物类群发生变化的主要因素是土壤 pH 值和速效磷含量。

表 7.5　土壤微生物类群与土壤化学因子的相关性分析

土壤化学因子	土层（cm）	总 PLFAs	细菌 PLFAs	革兰氏阳性细菌 PLFAs	革兰氏阴性细菌 PLFAs	放线菌 PLFAs	真菌 PLFAs	细菌 / 真菌
pH 值	0～10	-0.266	-0.234	-0.516**	-0.136	-0.478*	-0.228	0.011
	10～20	-0.097	0.046	-0.090	0.161	0.266	-0.515**	0.466**
有机碳	0～10	-0.237	-0.247	0.070	-0.353	0.074	-0.287	0.089
	10～20	0.139	0.157	0.224	0.103	-0.050	0.012	0.076
全氮	0～10	0.183	0.171	0.212	0.115	0.212	0.156	0.014
	10～20	0.045	0.084	0.066	0.069	0.419*	-0.363	0.378
全磷	0～10	-0.046	-0.033	-0.115	-0.027	-0.183	-0.195	0.267
	10～20	0.225	0.271	0.197	0.445*	-0.584**	0.239	0.096
硝态氮	0～10	-0.001	-0.013	0.294	-0.121	0.189	0.019	-0.033
	10～20	0.046	-0.027	0.067	-0.050	-0.249	0.470*	-0.365
铵态氮	0～10	0.207	0.139	0.117	0.233	0.328	0.190	-0.127
	10～20	-0.184	-0.337	-0.233	-0.445*	0.065	0.166	-0.392
速效磷	0～10	0.299	0.302	0.544**	0.251	0.333	0.169	0.203
	10～20	0.052	-0.086	0.011	-0.073	-0.654**	0.814**	-0.675**

7.3.3　氮添加对土壤微生物功能多样性的影响

Biolog-Eco 微平板孔平均颜色变化率（AWCD）反映土壤微生物利用单一碳源的能力，是表征土壤微生物活性及群落功能多样性的重要指标。从图 7.13 可以看出，0～10 cm 土层与 10～20 cm 土层，土壤微生物利用碳源的能力随培养时间的延长逐渐增加。同一土层不同氮添加，AWCD 值增长速率各不相同，说明不同处理间微生物对碳源利用能力有较大差异。0～10 cm 土层，培养第 96 h 时 AWCD 值大小顺序为：N50>N30>N100>N15>N0>N200>N150>N300。低氮添加（N15、N30、N50）的 AWCD 值显著高于高氮添加（N150、N200、N300）。不同氮添加处理下 10～20 cm 土层的 AWCD 值大小顺序与 0～10 cm 土层顺序不同。同一氮添加处理不同土层土壤的 AWCD 值差异也很明显。培养第 168 h 时，N0、N15、N30、N50、N100、N150、N200、N300 处理 0～10 cm 土层的 AWCD 值分别是 10～20 cm 土层的 121.64%、126.09%、138.74%、194.01%、113.64%、104.74%、119.51%、116.58%。整体来看，培养期内 0～10 cm 土层土壤微生物的碳源利用能力高于 10～20 cm 土层。

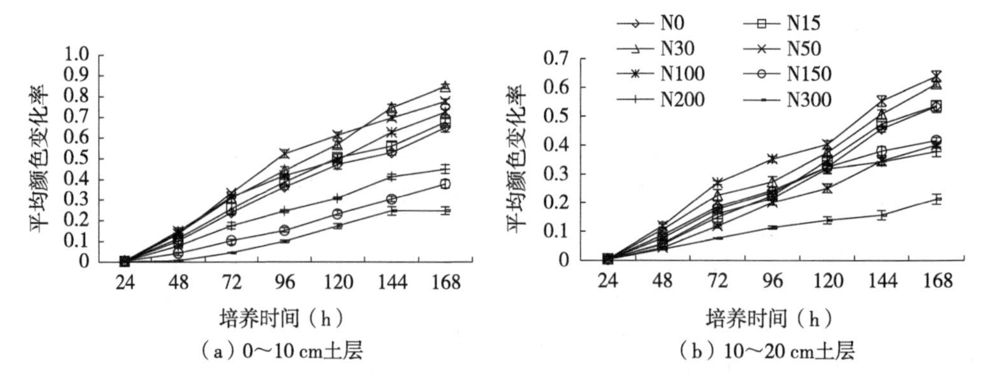

图 7.13　不同氮添加处理土壤微生物群落的平均颜色变化率变化

不同氮添加下土壤微生物群落的功能多样性指数不同（图 7.14，图 7.15）。0～10 cm 土层，N15、N30、N50 和 N100 处理的 Shannon 指数 H 与对照相比无显著差异（P>0.05），高氮添加（N150、N200、N300）Shannon 指数 H 显著低于对照（P<0.05）；7 个氮添加处理优势度指数 D 与对照相比无显著差异（P>0.05）；N300 处理均与度指数 E 显著高于对照 N0（P<0.05），其他 6 个氮添加处理的均与度指数 E 与对照相比无显著差异（P>0.05）。10～20 cm 土层，N15、N30、N50、N150 和 N200 处理的 Shannon 指数 H 显著低于对照（P<0.05），N100 处理的 Shannon 指数 H 与对照相比无显著差异（P>0.05）；优势度指数 D 和均与度指数 E 与对照相比均无显著差异（P>0.05）。相同氮添加处理下，0～10 cm 土层 Shannon 指数 H 和优势度指数 D 总体上表现为大于 10～20 cm 土层。

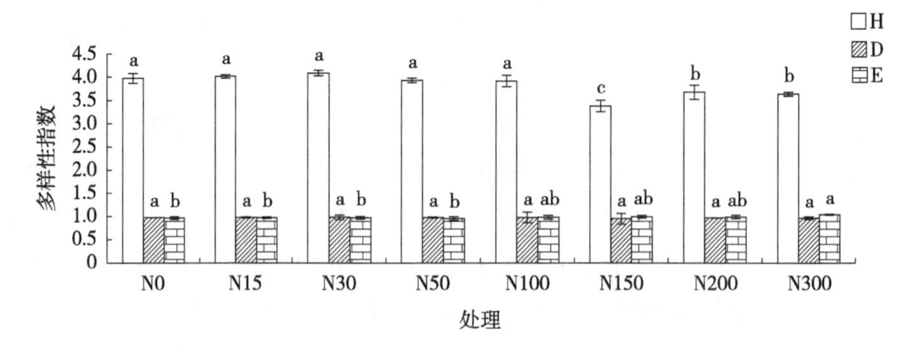

图 7.14　不同氮添加处理 0～10 cm 土层土壤微生物群落多样性指数变化

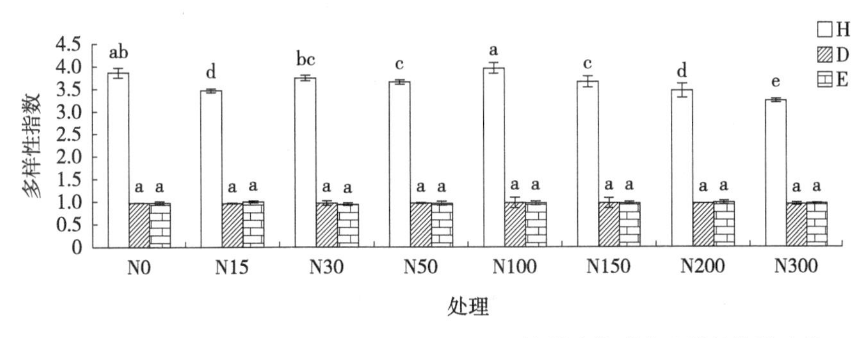

图 7.15　不同氮添加处理 10～20 cm 土层土壤微生物群落多样性指数变化

Biolog 微孔中的 31 种碳源根据官能团的不同分为 6 大类，分别为碳水类、氨基酸类、羧酸类、酚酸类、多聚物类和胺类（王楠楠等，2017）。利用培养 96 h 的 AWCD 值，对两个土层土壤微生物对 31 种碳源底物利用情况进行主成分分析。主成分提取的原则是提取特征值大于 1 的前 m 个主成分。根据此原则，两个土层分别提取了 6 个主成分，分别取前两个主成分进行分析。取前两个主成分的主要碳源进行作图（图 7.16），0～10 cm 土层，PC1 轴和 PC2 轴贡献率分别为 44.89%、18.08%，10～20 cm 土层，PC1 轴和 PC2 轴贡献率分别为 32.49%、16.60%。图 7.16 结果表明，0～10 cm 土层与 10～20 cm 土层，7 个氮添加处理和对照 N0 的 PC 值在两个 PC 轴上有明显的分布差异，说明氮添加水平显著影响土壤微生物群落对碳源的利用能力。碳源利用能力分布差异表明，0～10 cm 土层与 10～20 cm 土层，高氮添加（N150、N200 和 N300）处理对 PC1、PC2 相关碳源利用能力偏低。0～10 cm 土层，N30 和 N50 处理主要利用 PC1 相关碳源，N0、N15 和 N100 处理主要利用 PC2 相关碳源。10～20 cm 土层，N0 和 N30 主要利用 PC1 相关碳源，N15 和 N50 主要利用 PC2 相关碳源，N100 对 PC1、PC2 碳源利用能力均较高。

土壤微生物群落多样性指数与化学因子之间的相关性分析见表 7.6。0～10 cm 土层，土壤微生物 Shannon 指数 H 与土壤 pH 值、微生物量碳氮比呈显著正相关（$P<0.05$），与土壤有机碳、硝态氮、速效磷和微生物量氮呈极显著负相关（$P<0.01$）；优势度指数 D 与全氮和全磷呈显著正相关（$P<0.05$）；均匀度指数 E 与土壤 pH 值、微生物量碳氮比呈显著负相关（$P<0.05$），与有机碳、全氮、硝态氮、速效磷和微生物量氮呈极显著正相关（$P<0.01$）。10～20 cm 土层，土壤微生物 Shannon 指数 H 与土壤 pH 值、全氮、全磷、铵态氮和微生物量碳氮比呈显著正相关（$P<0.05$），与有机碳、硝态氮和微生物量氮含量呈极显著负相关（$P<0.01$）；优势度指数 D 与全磷含量呈极显著正相关（$P<0.01$）；均匀度

指数 E 与土壤全氮、全磷呈极显著正相关（$P<0.01$）。土壤 pH 值、有机碳、全氮、全磷、硝态氮、微生物量氮、和微生物量碳氮比是影响贝加尔针茅草原土壤微生物群落功能多样性的重要环境因子。

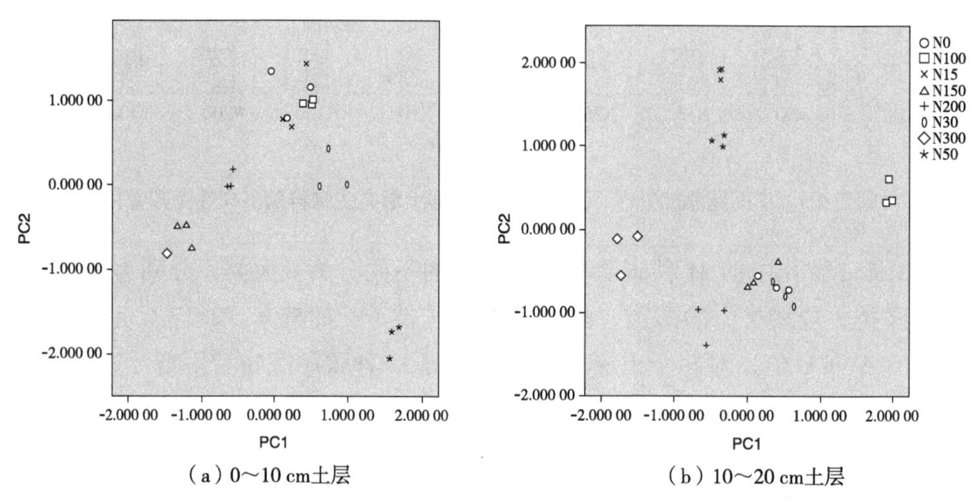

（a）0～10 cm土层　　（b）10～20 cm土层

图 7.16　不同氮添加处理下土壤微生物碳源利用的主成分分析

表 7.6　土壤微生物群落多样性指数与化学因子之间的相关性分析

土壤化学因子	Shannon 指数（H）		优势度指数（D）		均匀度指数（E）	
	0～10 cm	10～20 cm	0～10 cm	10～20 cm	0～10 cm	10～20 cm
pH 值	0.748**	0.475*	0.216	0.223	−0.470*	0.371
总有机碳	−0.568**	−0.853**	−0.078	0.187	0.679**	−0.145
全氮	−0.025	0.517**	0.476*	0.342	0.592**	0.669**
全磷	0.386	0.405*	0.434*	0.690**	0.226	0.522**
硝态氮	−0.747**	−0.674**	−0.135	−0.001	0.628**	−0.209
铵态氮	0.218	0.453*	0.127	−0.051	−0.160	0.174
速效磷	−0.747**	−0.371	−0.058	0.250	0.574**	−0.021
微生物量碳	0.017	0.204	0.003	0.350	−0.245	0.093
微生物量氮	−0.678**	−0.571**	−0.118	0.140	0.655**	−0.150
微生物量碳氮比	0.661*	0.482*	0.126	−0.093	−0.552**	0.150

7.3.4　讨论与结论

土壤微生物作为草地土壤生态系统中极为重要的组成部分，参与土壤碳、氮循环及土壤有机物的矿化过程，对有机物分解、养分转化、供应起着主导作用，是草地土壤质量变化的重要指标。一些研究者认为，土壤质量指标应当包括微生物量碳氮、矿化氮、土壤微生物熵等。草地土壤微生物由于氮肥类型、施肥量、施肥时间长短以及草地初始氮水平不同，对氮添加的响应不尽一致。贝加尔针茅草原属于氮限制的陆地生态系统，对环境变化敏感（Ren et al., 2008）。施氮对土壤微生物主要有两方面的影响：增加土壤铵态氮和硝态氮的含量，有利于微生物的生长；但同时会降低土壤 pH 值，不利于土壤微生物的生长。随氮添加量的增大，土壤 pH 值显著下降，而土壤有机碳显著上升，可能是氮添加对土壤微生物促进作用大于氮添加引起的 pH 值降低对土壤微生物的抑制作用。同时也表明，对于氮限制的草原生态系统，适量的氮输入有助于促进土壤有机碳的积累。

磷脂脂肪酸是活体微生物细胞膜恒定的组分，特定的菌落磷脂脂肪酸含量的变化可反映土壤细菌、真菌生物量与菌落结构。本研究显示，氮添加提高了 0～10 cm 土层土壤微生物各类群含量，但总体上降低了 10～20 cm 土层总 PLFAs、细菌 PLFAs、革兰氏阳性细菌 PLFAs 和革兰氏阴性细菌 PLFAs 含量。王长庭等（2017）对高寒藏蒿草沼泽化草甸氮添加研究也得出类似研究结论。施瑶等（2014）对内蒙古温带典型草原氮添加实验表明，氮添加对土壤真菌 PLFAs 含量无显著影响。Bontti 等（2011）在美国科罗拉多长期草地施氮实验研究发现，施氮增加了细菌的数量，而对真菌数量没有影响。这与本实验研究结果不一致，土壤养分有效性的不同可能是各地研究结果差异的主要原因（Treseder et al., 2001）。无论氮添加与否，0～10 cm 土层微生物各类群磷脂脂肪酸含量高于 10～20 cm 土层。这是因为表层土壤养分高于次表层土壤养分，另外表层土壤有更多的植物凋落物和有机质，促进了土壤微生物的生长。

土壤磷脂脂肪酸真菌 / 细菌反映微生物群落对环境变化做出响应和生态系统功能变化的度量标准，具有特定的生态学意义（曹志平等，2011）。一般研究认为，长期氮沉降对真菌生物量的负面影响要大于细菌，从而使得真菌 / 细菌比值下降（Leff et al., 2015；Frey et al., 2004 ）。然而也有很多研究并未出现这种结果，原因可能是施氮时间的长短、氮添加量以及土壤质地不同而造成的土壤可利用性养分的差异。Nemergut 等（2008）对高山苔原氮添加研究表明，缓慢氮添加未改变土壤微生物群落结构。Huang 等（2015）对新疆温带荒漠草原 3 a 氮添加研究表明，氮添加并未显著改变土壤真菌 / 细菌比值。Diepen 等（2010）对硬木森林的模拟氮沉降研究表明，氮沉降降低了土壤丛枝菌根真菌丰度，改变了土壤微生物群落结构。连续 6 a 氮添加后，降低了细菌 / 真菌比值，这与 Liu 等（2013）对热带森林氮添加实验研究结果一致。这种比值变化是因为土壤细菌和真菌对 pH 值变化适应性不同，真菌比细菌对酸化土壤环境的适应能力更强（Sun et al., 2016），因此 pH 值下降更有利于真菌的生长。可能是因为长期氮添加导致土壤养分单一，不能满足与土壤养分密切相关的一些细菌生长代谢所需，一些真菌能够利用菌丝从土壤中获得更多的养分供应其自身代谢。但值得注意的是，真菌与细菌之比变化小并不表明微生物群落结构没有变化，因为真菌或细菌某个微生物类群内部可能发生了变化。

相关性分析表明，土壤细菌 / 真菌比值与土壤 pH 值呈正相关性。氮素添加虽能够使土壤有机质有所增加，但是增加这部分有机质不易被土壤微生物分解利用，同时氮素添加使土壤酸化，引起土壤微生物群落组成改变（Smolander et al., 1994）。Zhou 等（2017）研究认为，氮添加造成的土壤可利用性氮增加而不是土壤酸化导致了土壤微生物群落结构的改变。本研究，土壤微生物类群与土壤化学因子的相关分析表明，土壤 pH 值和土壤速效磷含量是影响土壤微生物群落结构的重要环境因子。这与前人研究中，土壤微生物的群落结构受土壤 pH 值、土壤速效磷、地上植被等因素影响的结果一致。这可能是高氮输入导致土壤中硝态氮含量升高导致土壤 pH 值降低，从而导致土壤微生物群落结构发生改变（Chen et al., 2015）。本研究中，高氮添加显著增加了土壤中硝态氮含量，因此高氮与低氮相比，土壤微生物群落结构发生的变化更大。

平均颜色变化率（AWCD）值的高低反映了微生物群落代谢活性高低。0～10 cm 土层在培养期内，低氮添加（N15、N30 和 N50）和 N100 处理的 AWCD 值高于对照，高氮添加（N150、N200 和 N300）处理的 AWCD 值则低于对照。这表明适量氮添加促进土壤微生物群落代谢活性，过量氮添加则抑制土壤微生物群落代谢活性。同一氮添加处理下，0～10 cm 土层微生物的 AWCD 值高于 10～20 cm 土层。这与吴则焰等（2013）和蔡进军等（2016）的研究结果一致。贝加尔针茅草地大部分的根系存在于 0～10 cm 土层，相较于 10～20 cm 土层有更多的植物根际分泌物，而植物根际分泌物可对其周围微生物群落生长和代谢的促进作用可能是导致这一结果的主要原因（Lovieno et al., 2010；Wang et al., 2008）。主成分分析结果表明，相同土层不同氮添加处理下在第一和第二主成分相关碳源利用能力不同，各处理在 PC 轴上出现了明显的分异，高氮添加（N150、N200 和 N300）处理对第一、第二主成分相关碳源的利用能力偏低。分析认为，连续高氮添加打破了土壤原有的养分平衡，改变了土壤养分的循环转化过程，从而加大了微生物群落的不稳定性。

土壤微生物活性和群落结构变化受土壤 pH 值、营养状况、温度和水分等条件的影响。土壤微生物功能多样性与化学因子的相关分析表明，土壤微生物

Shannon 指数 H 与土壤硝态氮呈极显著负相关，这说明土壤氮素的供应状况影响微生物功能多样性。其原因可能是氮素添加使土壤硝态氮含量增加，土壤中游离氢离子增多，导致土壤酸化（Chen，et al.，2013），而一般认为土壤细菌群落在中性 pH 值条件下更趋于均一，丰富度和多样性也越高（Lauber et al.，2009）。土壤微生物 Shannon 指数 H 与 pH 值之间呈显著正相关，表明可能是连续氮添加造成的 pH 值降低，导致了土壤微生物功能多样性的降低。Freitag 等（2005）在研究草地土壤微生物对外源氮输入的响应中，发现施氮不利于提高草原土壤微生物 α-多样性。高氮添加与低氮添加及无氮添加在碳源利用能力上有很大差异，原因可能是因为高氮添加引起土壤高渗环境造成胁迫，也有可能是由于高氮添加使贝加尔针茅草地植物群落多样性发生改变（李文娇等，2015），凋落物产量及生化性质改变（于雯超等，2014），从而造成异养微生物底物可获得性改变。本研究中土壤 Shannon 多样性指数与土壤有机碳含量呈负相关，这可能是因为施用无机氮肥，提高了植物生产力，增加了凋落物、植物根茬等的残留，使土壤中积累的有机碳总量增加。高氮添加与低氮添加及对照处理在碳源利用能力上有很大差异，原因可能是因为高氮添加引起土壤高渗环境造成胁迫，也有可能是由于高氮添加使贝加尔针茅草地植物群落、凋落物产量及生化性质改变（李文娇等，2015），从而造成异养微生物底物可获得性改变。氮添加对土壤微生物群落结构和功能的影响存在阈值效应，如 Yao 等（2014）在对羊草草地和 Zhang 等（2017）黄土高原白羊草研究中发现的氮添加的阈值效应。本研究中也发现了阈值，即 N100 处理是研究区贝加尔针茅草地氮添加的阈值，添加氮超过 100 kg/（hm^2·a）后土壤微生物活性降低。前人关于氮沉降对草地研究表明，当草地生态系统未达到氮饱和时，适量的氮素沉降能够降低土壤微生物的营养压力，过量的氮沉降将增加土壤环境变化对微生物群落的胁迫程度，从而使微生物的生长和活性受到抑制（刘蔚秋等，2010；张成霞等，2010）。表明长期高氮沉降可能进一步恶化草原土壤健康状况。

微生物是土壤碳氮循环和能量流动主要参与者。研究氮沉降增加对草原土壤微生物群落结构的影响，对于了解氮沉降增加对草原生态系统结构和功能的影响具有重要意义。本研究初步阐释了不同氮添加量对贝加尔针茅草原土壤微生物群落结构的影响，但对其影响机理尚不明确。由于氮沉降增加具有长期性和全球性的特点，其对贝加尔针茅草原生态系统的影响必然是一个长期的、复杂的过程。在大气氮沉降持续增加的背景下，贝加尔针茅草原土壤微生物群落结构是如何变化的，需要通过其他更为先进的土壤微生物分析技术如高通量测序、同位素示踪技术等，进行更深入更有针对性的研究。

连续 6 a 氮添加提高了 0～10 cm 土层土壤微生物类群含量，降低了 10～20 cm 土层土壤细菌 PLFAs、革兰氏阳性细菌 PLFAs 和革兰氏阴性细菌 PLFAs 含量；降低了两个土层的细菌 / 真菌比值，改变了土壤微生物群落结构。土壤磷脂脂肪酸类群与土壤化学因子的相关性分析显示，引起土壤微生物类群含量和组成发生变化的主要土壤环境因子是土壤 pH 值和速效磷含量。高氮添加降低了土壤微生物碳源利用能力，不利于草地土壤微生物多样性提高。在该实验条件下，施氮量 100 kg N/（hm^2 · a）是研究区微生物活性从促进到抑制的一个阈值。因此选择合适的氮添加量对于促进贝加尔针茅草原土壤微生物碳源利用能力尤为重要。土壤微生物功能多样性与土壤 pH 值、有机碳、全氮、全磷、微生物量氮、微生物熵、微生物量碳氮比、硝态氮密切相关，说明土壤 pH 值、微生物生物量和土壤养分影响土壤微生物功能多样性。研究结果可为该区合理施肥和科学管理提供依据。

7.4 氮添加对土壤团聚体微生物群落的影响

7.4.1 样品采集与处理

土壤样品采集与处理与 6.2.1 相同。

土壤团聚体微生物群落特征用所测得 PLFA 数据计算多样性指数：辛普森多样性指数（Simpson diversity index，Ds）、香农-维纳多样性指数（Shannon-wiener diversity index，H）、丰富度指数（Margalef index ，D）表示：

Simpson 多样性指数：$$Ds = 1 - \sum P_i^2 \tag{7.1}$$

Shannon-wiener 多样性指数：$$H = -\sum P_i \ln P_i \tag{7.2}$$

Margalef 丰富度指数：$$D = \frac{(S-1)}{\ln N} \tag{7.3}$$

式中，P_i 为第 i 种 PLFA 占微生物总 PLFAs 的比例；S 为一个样品中检测出的 PLFA 种数；N 为样品中总 PLFA 的含量。

7.4.2 氮添加对土壤团聚体中微生物群落结构的影响

氮添加显著影响了土壤团聚体中微生物 PLFAs 的含量（图 7.17～图 7.21）。随着氮素添加量的增加，各粒径土壤团聚体中总 PLFAs、真菌 PLFAs、细菌 PLFAs 和真菌 / 细菌比值均呈升高趋势。各氮素添加处理中 N50 和 N100 对土壤团聚体微生物 PLFAs 的影响与对照相比最为显著，N100 处理显著提高了＞2 mm 土壤团聚体总 PLFAs、真菌 PLFAs 和细菌 PLFAs 的含量（P<0.05），提

高了0.25～2 mm土壤团聚体总PLFAs和真菌PLFAs含量（$P<0.05$）；<0.25 mm土壤团聚体总PLFAs、真菌PLFAs和细菌PLFAs含量在N50处理时最高，且显著高于对照处理（$P<0.05$）。N150处理与N100处理相比，显著降低了>2 mm和0.25～2 mm的土壤团聚体总PLFAs、真菌PLFAs含量（$P<0.05$），但与对照处理相比并未减少。0.25～2 mm土壤团聚体G^+/G^-比在N100处理下显著高于对照，真菌/细菌比在N50处理显著高于对照（$P<0.05$），>2 mm和<0.25 mm土壤团聚体G^+/G^-比和真菌/细菌比与对照无显著差异（$P>0.05$）。N150处理0.25～2 mm土壤团聚体真菌/细菌比较N50处理显著降低（$P<0.05$），但与对照无显著差异。

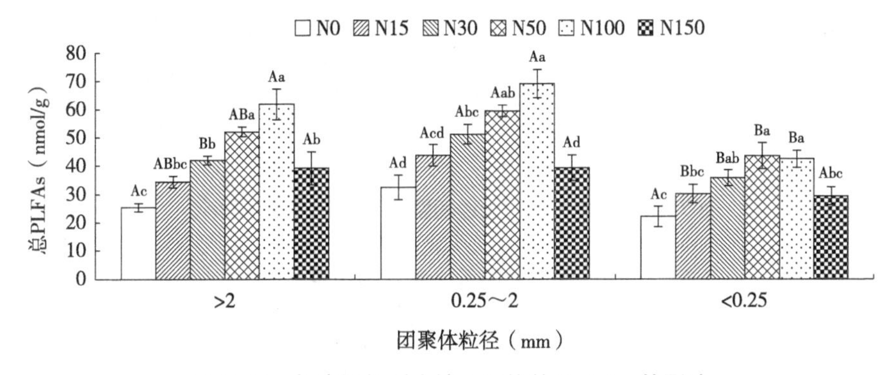

图7.17 氮素添加对土壤团聚体总PLFAs的影响

［注：不同大写字母表示团聚体粒径之间差异显著（$P<0.05$），不同小写字母表示相同粒径团聚体处理之间差异显著（$P<0.05$），图7.18～图7.21同］

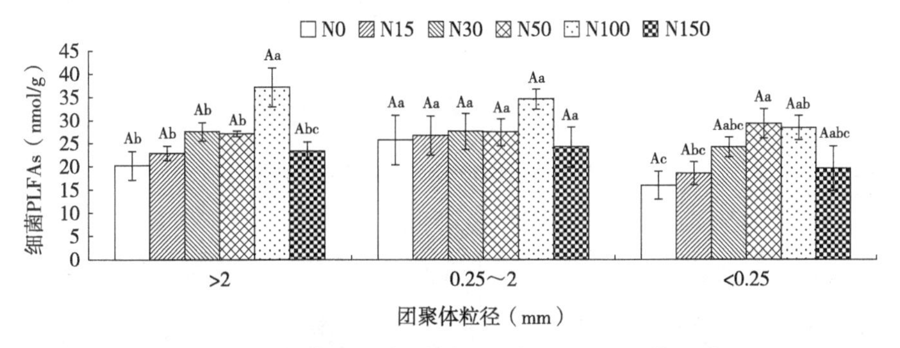

图7.18 氮素添加对土壤团聚体细菌PLFAs的影响

同一氮素添加处理下不同粒径土壤团聚体中微生物PLFAs的含量也存在显著差异，微生物总PLFAs和真菌PLFAs含量在同一处理下均表现为0.25～2 mm土壤团聚体最高，<0.25 mm土壤团聚体最低，细菌PLFAs含量在各粒径中差异

不显著。N50、N100 处理<0.25 mm 土壤团聚体总 PLFAs 含量显著低于 0.25～2 mm 土壤团聚体（$P<0.05$）；N100 处理<0.25 mm 土壤团聚体真菌 PLFAs 和细菌 PLFAs 含量显著低于 0.25～2 mm 土壤团聚体（$P<0.05$）。同一氮素添加处理下，0.25～2 mm 土壤团聚体 G^+/G^- 比在 N30～N100 处理显著高于>2 mm 和<0.25 mm 土壤团聚体，真菌 / 细菌比在不同粒径团聚体间无显著差异。

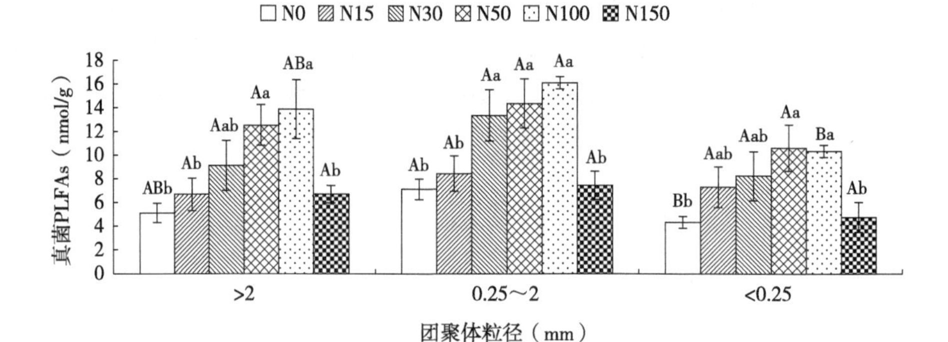

图 7.19　氮素添加对土壤团聚体真菌 PLFAs 的影响

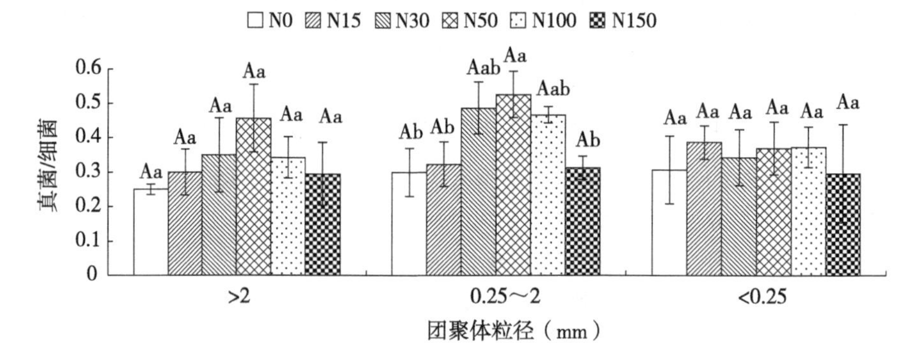

图 7.20　氮素添加对土壤团聚体真菌 / 细菌的影响

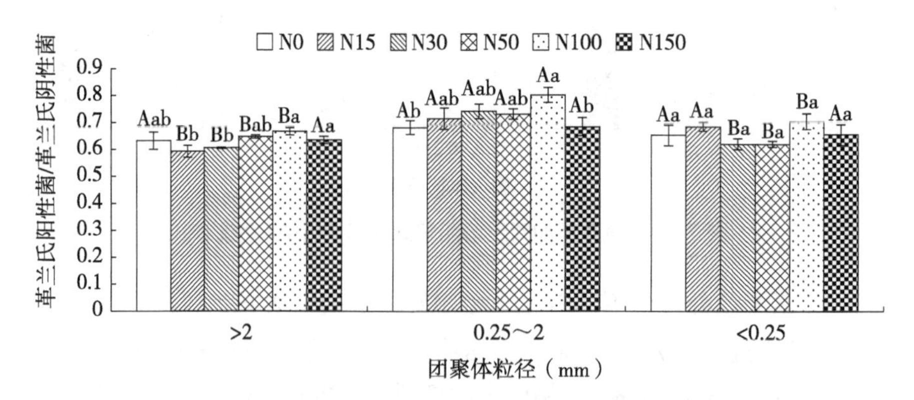

图 7.21　氮素添加对土壤团聚体革兰氏阳性菌 / 革兰氏阴性菌的影响

氮添加显著降低了3个粒径土壤团聚体微生物的Margalef丰富度指数（$P<0.05$），而对Simpson多样性指数、Shannon-wiener多样性指数无显著差异（表7.7）。同一氮素添加处理，除N15处理对不同粒径土壤团聚体的Simpson多样性指数、Shannon-wiener多样性指数有显著影响外，其他处理影响均不显著。N15～N100处理<0.25 mm土壤团聚体Margalef丰富度指数显著高于同处理下0.25～2 mm土壤团聚体。

表7.7 氮添加处理对土壤团聚体微生物群落多样性的影响

团聚体（mm）	辛普森多样性指数（*Ds*）					
	N0	N15	N30	N50	N100	N150
>2	0.489 ± 0.018Aa	0.494 ± 0.025Ba	0.493 ± 0.032Aa	0.526 ± 0.032Aa	0.493 ± 0.022Aa	0.472 ± 0.047Aa
0.25～2	0.558 ± 0.033Aa	0.498 ± 0.028Ba	0.558 ± 0.013Aa	0.523 ± 0.035Aa	0.516 ± 0.027Aa	0.506 ± 0.018Aa
<0.25	0.506 ± 0.046Aa	0.589 ± 0.023Aa	0.539 ± 0.046Aa	0.555 ± 0.026Aa	0.545 ± 0.023Aa	0.523 ± 0.044Aa
团聚体（mm）	香农-维纳多样性指数（*H*）					
	N0	N15	N30	N50	N100	N150
>2	0.847 ± 0.023Aa	0.852 ± 0.032Ba	0.850 ± 0.039Aa	0.896 ± 0.043Aa	0.847 ± 0.028Aa	0.822 ± 0.065Aa
0.25～2	0.946 ± 0.045Aa	0.860 ± 0.038Ba	0.946 ± 0.015Aa	0.890 ± 0.048Aa	0.881 ± 0.036Aa	0.873 ± 0.025Aa
<0.25	0.955 ± 0.064Aa	0.988 ± 0.032Aa	0.915 ± 0.066Aa	0.935 ± 0.034Aa	0.923 ± 0.031Aa	0.895 ± 0.061Aa
团聚体（mm）	丰富度指数（*D*）					
	N0	N15	N30	N50	N100	N150
>2	0.620 ± 0.012Aa	0.567 ± 0.010ABb	0.536 ± 0.005ABbc	0.507 ± 0.004ABcd	0.488 ± 0.012Bd	0.552 ± 0.021Ab
0.25～2	0.584 ± 0.029Aa	0.532 ± 0.013Bbc	0.510 ± 0.009Bbcd	0.490 ± 0.004Bcd	0.473 ± 0.008Bd	0.549 ± 0.016Aab
<0.25	0.662 ± 0.040Aa	0.591 ± 0.017Ab	0.561 ± 0.012Ab	0.534 ± 0.015Ab	0.535 ± 0.010Ab	0.595 ± 0.017Ab

注：同行不同小写字母表示团聚体处理之间差异显著（$P<0.05$），同列不同大写字母表示团聚体粒径之间差异显著（$P<0.05$）。

7.4.3 土壤团聚体微生物群落与土壤化学因子的相关性分析

对土壤团聚体微生物群落与化学因子之间进行相关性分析可知（表7.8），土壤团聚体化学因子与微生物群落结构有极大地相关性。土壤团聚体有机碳、全氮和全磷与真菌 PLFAs、革兰氏阳性细菌 / 革兰氏阴性细菌和真菌 / 细菌均呈极显著的正相关关系（P<0.01），总 PLFAs 与有机碳和全氮显著相关（P<0.05），而与全磷无相关关系。有机碳与丰富度指数呈显著负相关关系；全磷与 Simpson 多样性指数、Shannon-wiener 多样性指数极显著正相关（P<0.01）。土壤团聚体碳氮比与总 PLFAs 和革兰氏阳性细菌 / 革兰氏阴性细菌呈显著负相关关系，与丰富度指数呈显著正相关关系（P<0.05）；土壤 pH 值与丰富度指数呈显著正相关关系（P<0.05）。土壤团聚体有机碳、全氮、有机碳 / 全氮、有机碳 / 全磷和全氮 / 全磷与 Simpson 多样性指数、Shannon-wiener 多样性指数均无显著相关关系。

表 7.8　土壤团聚体微生物群落与化学因子的相关性分析

	总 FLFAs	真菌 FLFAs	革兰氏阳性细菌 / 革兰氏阴性细菌	真菌 / 细菌	辛普森多样性指数（Ds）	香农-维纳多样性指数（H）	丰富度指数（D）
有机碳	0.290*	0.368**	0.477**	0.366**	0.218	0.211	−0.287*
全氮	0.270*	0.326**	0.448**	0.315**	0.228	0.223	−0.196
全磷	0.214	0.375**	0.429**	0.356**	0.327**	0.321**	−0.183
有机碳 / 全氮	−0.277*	−0.153	−0.360**	−0.036	0.020	0.015	0.235*
有机碳 / 全磷	0.169	0.195	0.104	0.260*	0.003	−0.010	−0.188
全氮 / 全磷	0.189	0.236*	0.294*	0.272*	0.171	0.163	−0.126
pH 值	−0.191	−0.065	−0.065	−0.059	0.127	0.132	0.238*

7.4.4　讨论与结论

土壤微生物是土壤中营养周转的主要参与者，而碳、氮是影响土壤微生物群落结构和功能的 2 种重要因素，氮素的添加能够影响微生物群落的变化，进而影响微生物群落功能和土壤营养过程（Cusack et al.，2011）。土壤团聚体是微生物的重要栖息场所，也是土壤的重要结构单元，其形成和稳定性都与微生物有着密切的联系（刘晶等，2018）。研究土壤团聚体微生物群落结构与理化因子的相关性是揭示氮素添加对土壤生态系统影响机制的重要途径。本文通过研究氮素添加对贝加尔针茅草原土壤团聚体的影响，结果表明，氮素添加显著影响了土壤团聚体有机碳和全氮的含量以及微生物群落结构。

土壤微生物是陆地生态系统的重要组成部分，在土壤有机质的分解、腐殖质的形成及土壤养分的转化和循环等生物化学过程中发挥着重要作用，是土壤乃至整个生态系统物质循环的重要维持者、贡献者和土壤环境灵敏的指示者（Anderson et al.，2003）。氮素添加对土壤微生物具有双重影响效果，一方面氮素的添加增加了土壤无机态氮含量，有利于微生物的生长；另一方面，氮素的添加会导致土壤酸化和养分不均衡等土壤环境引起的微生物数量及活性的降低（王慧颖等，2018）。本研究结果表明，通过连续 8 a 的氮素添加实验，土壤团聚体微生物总 PLFAs 和真菌 PLFAs 含量随着氮素添加量的增加呈升高趋势，这与赵学超等（2020）对内蒙古多伦草原的氮素添加实验研究结果一致。说明氮素添加对土壤团聚体微生物总 PLFAs 和真菌 PLFAs 有显著的促进效应，且以中度水平的氮素添加量对土壤团聚体微生物量的促进效果最为明显。基于前期的研究结果表明，可能是由于草原生态系统氮素养分匮乏，氮素的添加促进了草地植物的生长和凋落物的积累从而增加了有机碳的含量（李文娇等，2015）。而土壤有机碳是影响土壤真菌群落的重要因子，有机碳是腐生性真菌的能源物质，有机碳的增加促进了真菌的生长（张爱林等，2018；张树萌等，2018）。前期的研究中发现 0.25～2 mm 土壤团聚体有机碳含量显著高于其他两个粒径，这同样也解释了 0.25～2 mm 土壤团聚体总 PLFAs 和真菌 PLFAs 含量高于其他粒径的原因。N150 相比 N100 处理土壤团聚体微生物总 PLFAs、真菌 PLFAs 和细菌 PLFAs 含量显著下降的原因可能是高浓度的氮素添加导致土壤 pH 值下降，不利于微生物的生长。

土壤革兰氏阳性菌 / 革兰氏阴性菌的比值可用于指示土壤的营养状况，该比值越高表示营养胁迫越强（Hammesfahr et al.，2008）。当环境中某一营养元素的浓度大于或小于临界水平时即会形成营养胁迫。本研究中，>2 mm 和 0.25～2 mm 土壤团聚体革兰氏阳性菌 / 革兰氏阴性菌随着氮素添加量的增加逐渐升高，表示随着氮素添加量的增加，大团聚体中营养胁迫程度越来越高；而在同一氮素添加处理下，0.25～2 mm 土壤团聚体革兰氏阳性菌 / 革兰氏阴性菌高于其他粒径，说明 0.25～2 mm 土壤团聚体相比于其他粒径土壤团聚体营养胁迫程度更高。Penuelas 等（2012）认为随着氮素的持续输出，土壤中磷的限制性会逐渐增强。外源氮素增加是导致陆地生态系统磷素限制的一个重要的贡献因子（王晶苑等，2013）。而在资源受限的土壤中革兰氏阳性菌生长会更占优势（斯贵才等，2014），故革兰氏阳性菌 / 革兰氏阴性菌的升高可能是由于土壤中磷限制增强的原因。

土壤中有机质的分解途径可分为真菌途径和细菌途径，在不同的土壤生态系统中，由于有机物的来源不同，导致这两条途径所发挥的作用也不同。以真菌分解途径为主的土壤氮和能量的转化较缓慢，有利于氮和有机质的积累；而细菌分解途径为主的土壤，有机质和氮的矿化速率快，有利于养分的供应。因此土壤中真菌/细菌比可以反映整个土壤生态系统结构和功能对不同土壤条件的响应（曹志平等，2011）。本研究发现，N50 处理促进了 0.25～2 mm 土壤团聚体真菌/细菌比；N150 处理相较于 N50 处理 0.25～2 mm 土壤团聚体真菌/细菌比降低，但与对照无显著影响。这与张爱林等（2018）的研究结果相一致。原因可能是氮素的添加对真菌群落的影响更大，由于偏酸性土壤更适合真菌的生长，一定程度的氮素添加导致土壤 pH 值下降，为真菌的生长提供了适宜的环境，而过高的氮添加同样也不利于真菌的生长。

微生物群落多样性是表征土壤质量变化的敏感指标，与土壤中的物质和能量转换、土壤肥力有着密切的联系，对土壤管理具有重要的指示意义。本研究中氮素添加降低了 3 个粒径土壤团聚体微生物群落的 Margalef 丰富度指数，且 0.25～2 mm 土壤团聚体微生物群落的 Margalef 丰富度指数显著低于＜0.25 mm 土壤团聚体。这可能是由于氮素添加导致土壤 pH 值的改变引起的，土壤 pH 值是反映土壤盐碱化程度的主要指标，可以通过影响微生物代谢的酶活性以及细胞膜的稳定性，从而改变微生物对土壤环境中营养物质的吸收，是影响微生物生命活动的重要因素（何亚婷等，2010）。已有研究表明，土壤微生物群落丰富度指数和多样性指数与土壤 pH 值呈显著正相关关系，随着 pH 值的降低而降低，土壤微生物对土壤 pH 值有一定的耐受范围，过低的土壤 pH 值会抑制微生物的生长和活动，因而本研究中 pH 值可能是导致土壤微生物群落多样性降低的原因之一（杨文航等，2018）。

土壤理化性质与土壤微生物群落结构有着重要的联系，土壤理化性质的改变会影响土壤微生物群落的结构组成。本研究结果表明，土壤团聚体微生物总 PLFAs、真菌 PLFAs、革兰氏阳性菌/革兰氏阴性菌和真菌/细菌与有机碳、全氮和全磷呈正相关关系，而与碳氮比呈负相关，这与谷晓楠等（2017）对长白山高山草甸带土壤微生物的研究结果一致。土壤微生物作为草原生态系统的分解者，对土壤养分的循环具有极其重要的作用。土壤微生物参与土壤碳、氮等元素的循环过程和土壤矿物的矿化过程，与土壤有机碳有着密切的关系，同时对土壤团聚体的形成及其稳定性起着重要的作用（Cavagnaro et al.，2016）。相关研究表明，土壤有机碳与真菌/细菌比有关，可能是影响土壤有机碳稳定性的主要原因，但内在机制非常复杂（丁雪丽等，2012）。土壤微生物对有机碳的利用和转化主要有真菌和细菌分别主导的两条途径，而真菌对有机碳的储存能力比细菌更强，所以土壤有机碳含量与真菌和细菌的相对组成密切相关（曾嫣冰等，2018）。Degens 等（1996）发现，菌丝对土壤团聚体有显著影响，有利于团聚体的形成，大团聚体的形成有赖于菌根菌丝体和其他根际微生物产生的有机质。土壤微生物自身的代谢产物难以被分解，从而增加了土壤碳的稳定程度，微生物产生的黏多糖和菌丝促进土壤团聚体的形成，从而物理性的阻碍了有机碳的分解；而且微生物分泌的胞外多聚糖可以促进矿物结合态有机碳的形成，使土壤固定的活性有机碳更多地向稳定性碳转变，增强碳的稳定性（崔亚潇，2016）。土壤碳氮比通常被认为是土壤氮素矿化能力的标志，碳氮比降低时，充足的氮素使得微生物可矿化基质增多，反而促进了微生物量的增加，这可能是土壤团聚体碳氮比与微生物群落总 PLFAs 和真菌 PLFAs 含量呈负相关的原因（Recous et al.，1999；蒋跃利等，2014）。

连续 8 a 氮素添加显著提高了土壤团聚体微生物总 PLFAs 和真菌 PLFAs，其中以 0.25～2 mm 土壤团聚体最为显著；且在同一处理下 0.25～2 mm 土壤团聚体微生物总 PLFAs、真菌 PLFAs、革兰氏阳性菌 / 革兰氏阴性菌和真菌 / 细菌显著高于其他粒径。氮素添加对土壤团聚体微生物的促进效果呈非线性增长趋势，高浓度的氮添加对微生物 PLFAs 含量的促进效果反而会减弱。氮素添加显著降低了土壤团聚体微生物的 Margalef 丰富度指数，对土壤微生物群落 Simpson 多样性指数和 Shannon-wiener 多样性指数无显著影响。土壤团聚体微生物总 PLFAs、真菌 PLFAs 含量、革兰氏阳性菌 / 革兰氏阴性菌、真菌 / 细菌与土壤有机碳、全氮和全磷含量呈显著正相关关系，与碳氮比呈负相关。综上所述，适宜的氮素添加可以促进微生物的生长，但过高浓度氮素输入的促进作用反而会减弱；不同粒径土壤团聚体微生物群落存在差异，0.25～2 mm 土壤团聚体可能更适合微生物的生存。

7.5　氮添加对土壤细菌群落结构及多样性的影响

7.5.1　样品采集与处理

土壤样品采集于 2015 年 8 月中旬，具体土壤样品采集和处理方法与 7.1.1 相同。分析测定 0～10 cm 土壤样品。

采用 Illumina Miseq 测序平台进行 Paired-end 高通量测序。微生物高通量数据分析，下机数据经过 Trimmomatic、Readfq（vertion 6.0）和 FLASH（vertion 1.2.10）软件预处理，去除低质量 reads，然后根据 PE 数据之间 overlap 关系将成

对的 reads 拼接成一条序列。利用 Mothur 软件去除长度小于 200 bp 的序列及其 maxhomop 大于 10 的序列，利用 Usearch（vertion 8.0.1623）软件去除嵌合体。在 0.97 相似度下利用 QIIME（v1.8.0）软件将其聚类为用于物种分类的 OTU，统计各样品 OTU 中的丰度信息。将代表性序列用 RDP 分类与 GreenGenes 数据库进行物种注释。基于 OTU 的结果，计算香农指数（Shannon 指数）、Chao1 指数、谱系多样性（PD-whole-tree）和观察种数（Observed_species）共 4 个指标来进行生物多样性分析。采用 SPSS16.0 软件进行单因素方差分析和 Pearson 相关性分析。采用主成分分析和非度量多维尺度分析比较不同氮添加处理细菌群落组成的差异。

7.5.2 氮添加对土壤细菌群落结构的影响

通过对不同氮添加水平处理 0～10 cm 土层土壤微生物的 DNA 进行 16S rDNA 高通量测序，共获得 1 036 564 条高质量序列，每个样品的序列数从 22 321 条到 48 051 条不等。在 97% 序列相似度水平下有 178 022 个 OTU，每个样品的 OTU 数量从 4 122 个到 7 873 个不等。各个处理在门分类水平上具有较高的多样性，达到 31 个门，见图 7.22（文后彩图）。在群落中占优势的细菌门类有酸杆菌门 Acidobacteria（19.01%～38.31%），变形菌门 Proteobacteria（6.64%～17.11%），放线菌门 Actinobacteria（5.07%～16.06%），疣微菌门 Verrucomicrobia（3.57%～7.40%），绿弯菌门 Chlorofleri（3.38%～8.42%），芽单胞菌门 Gemmatimonadetes（0.87%～1.81%）（图 7.23）。酸杆菌门和疣微菌门相对丰度在 N15 处理中均高于对照 N0，但无显著差异，其他 6 个氮添加处理均低于或显著低于对照 N0。变形菌门则相反，7 个氮添加处理相对丰度均高于或显著高于对照 N0。放线菌门和芽单胞菌门相对丰度在 N15 处理中均低于对照 N0，但无显著差异，其他 6 个氮添加处理均高于或显著高于对照 N0。7 个氮添加处理的绿弯菌门相对丰度均显著低于对照 N0。

7.5.3 氮添加对土壤细菌多样性的影响

OTUs 丰富度代表物种总数的变化，其值越高代表样品物种丰富度越高。观察种数、PD-whole-tree 和 Chao1 指数反映样品中群落的丰度，其值越大表明群落物种的丰富度越高。Shannon 指数表示细菌群落多样性程度，其指数越大，表明群落多样性越高。7 个氮添加处理 OTUs 丰富度、Chao1、Observed-species、PD-whole-tree 和 Shannon 指数与对照相比无显著差异（表 7.9）。N15、N50、N100 和 N150 处理的 Chao1 和 Observed-species 指数显著高于 N300 处理。

N300 处理的 OTUs 丰富度、Chao1、Observed-species、PD-whole-tree 和 Shannon 多样性指数虽与对照相比无显著差异，但有下降趋势。

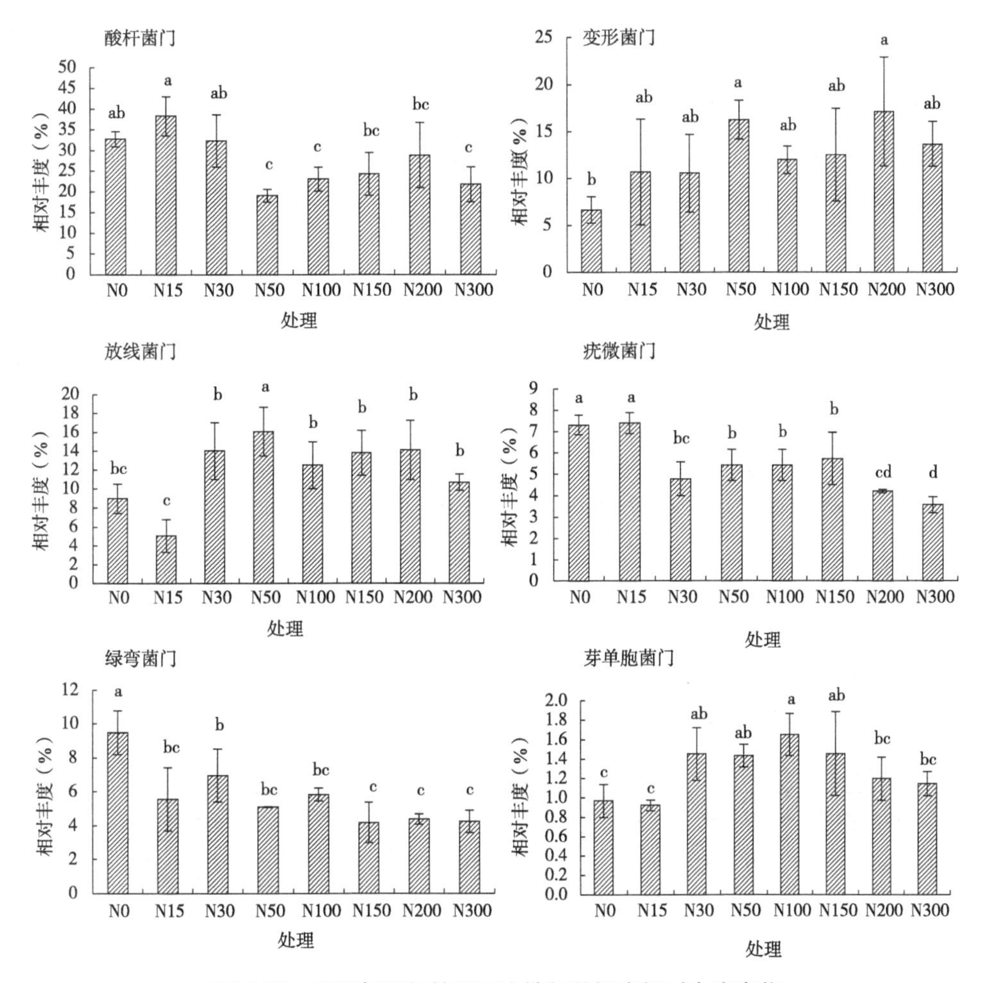

图 7.23　不同氮添加处理下土壤细菌门类相对丰度变化

土壤细菌丰富度和 α 多样性与土壤化学因子的相关性分析结果见表 7.10。OTUs 丰富度与氮输入量呈显著负相关（$P<0.05$），与土壤 pH 值、全氮和全磷含量呈显著正相关（$P<0.05$）。Observed-species 与土壤有机碳含量呈显著负相关（$P<0.05$）。OTUs 丰富度、Chao1、Observed-species、PD-whole-tree 和 Shannon 指数均与全氮和全磷呈极显著正相关（$P<0.01$）。表明影响土壤 α 多样性指数的主要土壤环境因子是土壤全氮和全磷含量。

表 7.9 不同氮添加处理土壤细菌丰富度和 α 多样性指数变化

处理	OTUs	Chao1	Observed-species	PD-whole-tree	Shannon
N0	5 576.25 ± 427.57ab	9 464.53 ± 1 172.36ab	4 359.25 ± 194.57ab	199.75 ± 4.66ab	10.09 ± 0.20a
N15	6 856.50 ± 1 058.12a	11 173.73 ± 1 210.34a	4 618.50 ± 376.85a	204.32 ± 18.32ab	9.93 ± 0.35a
N30	5 055.25 ± 622.79b	9 493.89 ± 1 454.95ab	4 303.75 ± 327.79ab	194.10 ± 14.46ab	10.09 ± 0.28a
N50	5 709.75 ± 837.54ab	111 460.28 ± 1 023.11a	4 697.50 ± 388.53a	208.89 ± 17.92a	10.12 ± 0.38a
N100	5 575.50 ± 910.83ab	11 637.92 ± 1 288.34a	4 800.25 ± 299.69a	213.87 ± 13.39a	10.27 ± 0.11a
N150	5 606.50 ± 444.44ab	11 681.17 ± 1 266.12a	4 658.50 ± 219.89a	206.84 ± 9.76ab	10.10 ± 0.14a
N200	5 559.75 ± 515.43ab	10 650.17 ± 1 655.39ab	4 445.75 ± 489.03ab	199.50 ± 18.74ab	9.89 ± 0.45a
N300	4 566.00 ± 498.01b	8 742.65 ± 660.51b	3 963.00 ± 179.10b	180.65 ± 10.23b	9.89 ± 0.09a

表 7.10 土壤细菌丰富度和 α 多样性与土壤化学因子的相关性

多样性指数	N 输入量	pH 值	有机碳	全氮	全磷	硝态氮	铵态氮	速效磷
OTUs	−0.429*	0.410*	−0.378	0.609**	0.573**	−0.386	−0.007	−0.123
Chao1	−0.181	0.121	−0.284	0.637**	0.482*	−0.204	0.376	0.244
Observed-species	−0.334	0.297	−0.407*	0.626**	0.558**	−0.358	0.401	0.144
PD-whole-tree	−0.338	0.331	−0.392	0.669**	0.581**	−0.357	0.390	0.151
Shannon	−0.228	0.297	−0.215	0.602**	0.578**	−0.266	0.378	0.211

7.5.4 不同氮添加水平下土壤细菌群落差异分析

不同氮添加处理之间有显著差异的 OTUs 丰度的 PCA 图如图 7.24（文后彩图）所示，前两个主成分分别占细菌群落变异的 36.97% 和 12.52%。高氮添加（N150、N200、N300）位于主成分 1 右侧，而对照 N0、N100 与低氮添加（N15、N30 和 N50）位于主成分 1 左侧。说明高氮添加（N150、N200、N300）有显著差异 OTUs 丰度组成相似，而 N0、N15、N30、N50 与 N100 有显著差异 OUTs 丰度组成相似。

非度量多维尺度分析（Nonmetric Multidimensional Scaling，NMDS）常用于比较不同样本组之间的差异，样品点的分布代表了样本与样本之间的相似度的程度。基于各氮添加处理差异 OTUs 相对丰度 NMDS 分析结果如图 7.25（文后彩图）所示，可以发现 7 个氮添加处理差异 OTUs 与对照处理差别显著，且高氮添加（N150、N200、N300）处理与低氮添加（N15、N30、N50）、对照 N0 和 N100 处理处于不同排序区。说明连续 6 a 高氮添加（N150、N200 和 N300）对土壤细菌群落产生了显著影响。

7.5.5 土壤细菌优势菌群与土壤化学因子的相关性

土壤优势细菌门和土壤化学因子相关性分析结果如表 7.11 所示。酸杆菌门与氮输入量、硝态氮和铵态氮含量呈显著负相关（$P<0.05$），与土壤 pH 值呈极显著正相关（$P<0.01$）。变形菌门与土壤 pH 值和土壤全磷含量呈显著负相关（$P<0.05$）。放线菌门和芽单胞菌门均与土壤铵态氮含量呈显著正相关（$P<0.05$）。疣微菌门与氮输入量、有机碳和硝态氮含量呈极显著负相关（$P<0.01$），与土壤 pH 值、全磷含量呈极显著正相关（$P<0.01$）。绿弯菌门与土壤 pH 值和全磷含量呈极显著正相关（$P<0.01$），与氮输入量、有机碳、硝态氮和速效磷含量呈显著负相关（$P<0.05$）。pH 值与酸杆菌门、疣微菌门和绿弯菌门呈极显著正相关，与变形菌门呈显著负相关，说明氮添加通过改变土壤 pH 值而影响了土壤细菌群落结构。

表 7.11 土壤细菌主要类群相对丰度与土壤化学因子的相关性

细菌类群	N 输入量	pH 值	有机碳	全氮	全磷	硝态氮	铵态氮	速效磷
酸杆菌门	−0.515*	0.609**	−0.388	−0.037	0.372	−0.415*	−0.534**	−0.357
变形菌门	0.383	−0.426*	0.213	−0.155	−0.514*	0.336	0.237	0.081
放线菌门	0.189	−0.308	−0.014	0.065	−0.400	0.139	0.467*	0.223
疣微菌门	−0.734**	0.733**	−0.575**	0.044	0.606**	−0.678**	−0.090	−0.277
绿弯菌门	−0.620**	0.639**	−0.467*	−0.325	0.642**	−0.580**	−0.099	−0.441*
芽单胞菌门	0.064	−0.237	−0.129	−0.152	−0.020	−0.040	0.542**	0.304

7.5.6 讨论与结论

氮素是干旱和半干旱草原生态系统限制因子之一，氮的大量输入改变土壤碳氮比，进而影响微生物介导的碳氮循环过程（Singh et al., 2010）。土壤细菌是土壤微生物的重要组成部分，在土壤有机质分解、养分转化等生态过程中有着不可或缺的地位（Lienhard et al., 2013）。氮沉降增加会影响土壤微生物生长和繁殖，包括影响细菌丰度和多样性变化。不同细菌类型对土壤环境适应性不同，且对土壤养分资源利用能力存在差异。r-生存策略细菌利用易代谢有机质，生长繁殖快，适应富营养环境。k-生存策略细菌能分解较难分解的有机质，生长繁殖慢，适应寡营养环境。连续6 a氮添加并未使贝加尔针茅草原土壤主要细菌菌群优势地位发生改变，但对其相对丰度产生了比较显著的影响。本研究对细菌群落的相对丰度分析表明，随着氮添加水平的升高，细菌门类相对丰度表现出不同的变化趋势。高氮添加提高了放线菌门和变形菌门相对丰度，这与前人研究结果一致（Fierer et al.，2012）。前人研究认为放线菌门和变形菌门属于富营养型细菌，在高氮环境中生长繁殖速度快（Zeng et al.，2016）。酸杆菌门和疣微菌门相对丰度随着氮添加量增加而降低。其可能原因是酸杆菌门和疣微菌门属于寡营养类群，具有较低的生长速度和较难降解物质能力。Fierer等（2012）研究表明，疣微菌门更适合养分含量较低的土壤条件。这符合微生物氮矿化假说，在高氮环境中微生物利用较难降解碳源能力降低（Craine et al.，2007）。在土壤养分物质较为高的高氮添加处理中，寡营养类群微生物与富营养类群相比有较低的竞争力。氮添加对土壤细菌群落结构的影响与氮添加水平有关。Zeng等（2016）对温带草原氮添加实验发现，氮添加大于120 kg N/（$hm^2 \cdot a$）显著影响土壤细菌群落结构。本研究中，氮添加大于150 kg N/（$hm^2 \cdot a$）显著影响贝加尔针茅草原土壤细菌群落结构。

土壤细菌生长受土壤环境因子的影响（刘洋等，2016），其中土壤酸碱程度对土壤细菌群落的影响最为显著（张薇等，2007）。本研究优势菌群与土壤化学因子相关分析表明，酸杆菌门、疣微菌门和绿弯菌门相对丰度与土壤pH值呈极显著正相关，变形菌门与土壤pH值呈显著负相关。说明土壤pH值是影响土壤细菌群落的主要影响因素。这与前人研究一致（Bartram et al.，2014）。本课题组研究发现，氮添加增加了土壤有机碳，这与土壤氮的有效性、pH值和细菌群落结构有关，高氮促进了变形菌门生长和繁殖，且结构方程表明，变形菌门与有机碳分数呈显著正效应（Qin et al.，2020）。Yang等（2019）研究发现，土壤有机碳是改变细菌群落结构主要驱动因素。一般情况下，土壤微生物多样性在土壤pH值近中性时最高，过酸过碱都会使微生物群落的生长受到胁迫，从而会降低微生物多样性。前人研究认为，土壤酸化对细菌群落的生态选择和不同细菌群落在酸性条件下压力下的适应性进化，是土壤酸化导致土壤细菌群落改变的机制（Zhang et al.，2015）。本研究中，疣微菌门相对丰度与土壤有机碳和硝态氮含量呈极显著负相关，酸杆菌门、疣微菌门和绿弯菌门与土壤硝态氮含量呈显著负相关，放线菌门、芽单胞菌门和酸杆菌门与土壤铵态氮含量均有显著相关性。推测在本研究区细菌优势菌群的相对丰度变化也受到了养分有效性的驱动。Yang等

（2018）研究也表明土壤化学性质包括土壤 pH 值、无机氮含量等是影响土壤细菌群落结构的土壤环境因素。原因可能是氮添加导致草地植物群落组成发生变化（李文姣等，2015），而植物凋落物分解和根系分泌物影响土壤细菌生长条件，如土壤 pH 值、容重、速效氮、可溶性碳等土壤理化因子不同，导致土壤细菌可获取的营养物质和所处的环境不同，土壤中适宜生长的细菌群落也不同。

多样性指数是表征土壤微生物群落丰富度和多样性的重要指标，多样性指数越高表明土壤微生物群落丰富度和多样性越高。大部分研究结果认为，氮添加会降低细菌多样性，也有研究表明氮添加对草原生态系统细菌多样性无显著影响（Fierer et al.，2012；杨山等，2015）；还有一些研究表明，低氮添加缓解了细菌生长的氮限制，细菌丰度和种类增加，而高浓度氮添加反而会抑制土壤细菌多样性（Zeng et al.，2016；李宗明等，2018）。本研究表明，随着氮添加水平的升高，α 多样性指数（Chao1 指数、Observed-species 指数、PD-whole-tree 指数和 Shannon 指数）总体上表现为先升高后降低的趋势。高氮处理 300 kg N/（$hm^2 \cdot a$）时土壤细菌 OTUs 丰富度和 α 多样性指数与对照相比无显著差异，但均低于对照。本研究结果与这一研究结论一致。这可能是因为本研究模拟氮沉降所用肥料为 NH_4NO_3，NH_4^+ 离子在氧化成亚硝酸盐过程中释放出 H^+，引起土壤酸化，从而使不耐酸细菌物种繁殖缓慢，物种多样性下降；也有可能是高氮添加导致土壤中可利用性氮素含量增多，导致喜氮微生物生长迅速（Wang et al.，2018）。相关性分析结果表明，OTUs 丰富度与 pH 值、全氮和全磷含量呈显著相关性。α 多样性指数与土壤全氮和全磷含量呈极显著正相关。表明，土壤全氮和全磷含量是影响土壤细菌群落 α 多样性重要影响因素。

连续 6 a 氮添加改变了土壤优势细菌的相对丰度，除 N15 处理外，其他 6 种氮添加处理降低了酸杆菌门、疣微菌门和绿弯菌门相对丰度，提高了变形菌门、放线菌门和芽单胞菌门相对丰度。高氮添加（N150、N200 和 N300）处理土壤细菌群落与低氮添加处理、N100 处理和对照 N0 显著分开，对土壤细菌群落结构产生了显著影响。土壤 pH 值、硝态氮、铵态氮和全磷含量是引起本研究土壤细菌群落结构变化的重要影响因素。7 个氮添加处理 OTUs 丰富度、Chao1、Observed-species、PD-whole-tree 和 Shannon 指数与对照相比无显著差异。随着氮添加量的增加，α 多样性指数呈先升高后下降趋势，氮添加量为 300 kg N/（$hm^2 \cdot a$）时，土壤细菌 OTUs 丰富度和 α 多样性指数均低于对照处理，但无显著差异。

7.6 氮添加对土壤真菌群落结构及多样性的影响

7.6.1 样品采集与处理

土壤样品采集见 7.1.1。样品为 2015 年 8 月采集土壤样品。分析测定 0～10 cm，10～20 cm 土层土壤样品。

真菌高通量数据处理方法同 7.5.1。采用 SPSS16.0 软件进行双因素方差分析。采用主成分分析、非度量多维尺度分析比较不同氮处理真菌群落的差异。采用 CANOCO5.0 将土壤化学性质和真菌群落组成进行典范对应分析（CCA）。

7.6.2 氮添加对土壤真菌群落结构的影响

7.6.2.1 土壤真菌优势门的相对丰度变化

真菌高通量测序结果 NCBI 序列号为 SRP160402。通过对不同氮添加水平处理 0～10 cm 土层土壤微生物的 DNA 进行 18S rDNA 高通量测序，共获得 2 306 209 条高质量序列，每个样品的序列数从 39 653 条到 108 247 条不等。在 97 % 序列相似度水平下有 164 664 个 OTU，每个样品的 OTU 数量从 3 057 个到 6 702 个不等。10～20 cm 土层共获得 2 162 603 条高质量序列，每个样品的序列数从 39 513 条到 89 305 条不等，每个样品的 OTU 数量从 4 240 个到 6 237 个不等。

不同氮添加处理土壤中检测到 7 个真菌门，优势真菌有 5 个。0～10 cm 土层，子囊菌门 Ascomycota（相对丰度 26.80%～39.98%），担子菌门 Basidiomycota（5.57%～15.84%），接合菌门 Zygomycota（1.47%～3.01%），球囊菌门 Glomeromycota（0.10%～3.47%），壶菌门 Chytridiomycota（0.05%～0.73%）（图 7.26）。随着氮添加水平的提高，子囊菌门相对丰度呈先升高后降低的趋势，在 N50 处理时最高。N15 的接合菌门略低于对照 N0，但无显著差异，其他氮添加处理的接合菌门均显著高于对照 N0。N150、N200 和 N300 的壶菌门高于或显著高于对照 N0，而 N15、N30、N50、N100 的低于或显著低于对照 N0。10～20 cm 土层，子囊菌门（35.80%～55.14%），担子菌门（4.31%～9.17%），接合菌门（1.19%～1.91%），球囊菌门（0.29%～1.19%），壶菌门（0.03%～0.09%）（图 7.26）。N0 处理子囊菌门的相对丰度为 42.99%，N30 处理、N50 和 N200 处理分别提高到 44.51%、55.14% 和 46.28%，N50 处理最高，而 N15、N100、N150 和 N300 处理均显著低于对照 N0。氮添加处理的担子菌门均显著低于对照 N0。N200、N300 的接合菌门低于对照 N0，但无显著差异，其他氮添加处理的接合菌门均显著低于对照 N0。N100、N300 的球囊菌门与对照无显著差异，N15、N30、N50、N150、N200 的球囊菌门显著高于对照 N0。N150、N200 和 N300 的壶菌门高于或显著高于对照 N0，而 N15、N30、N50 和 N100 的低于或显著低于对照 N0。土层、氮水平和其交互作用对土壤优势真菌门双因素方差分析见表 7.12。5 种真菌优势菌门受土层、氮水平和土层和氮水平处理的显著交互作用。

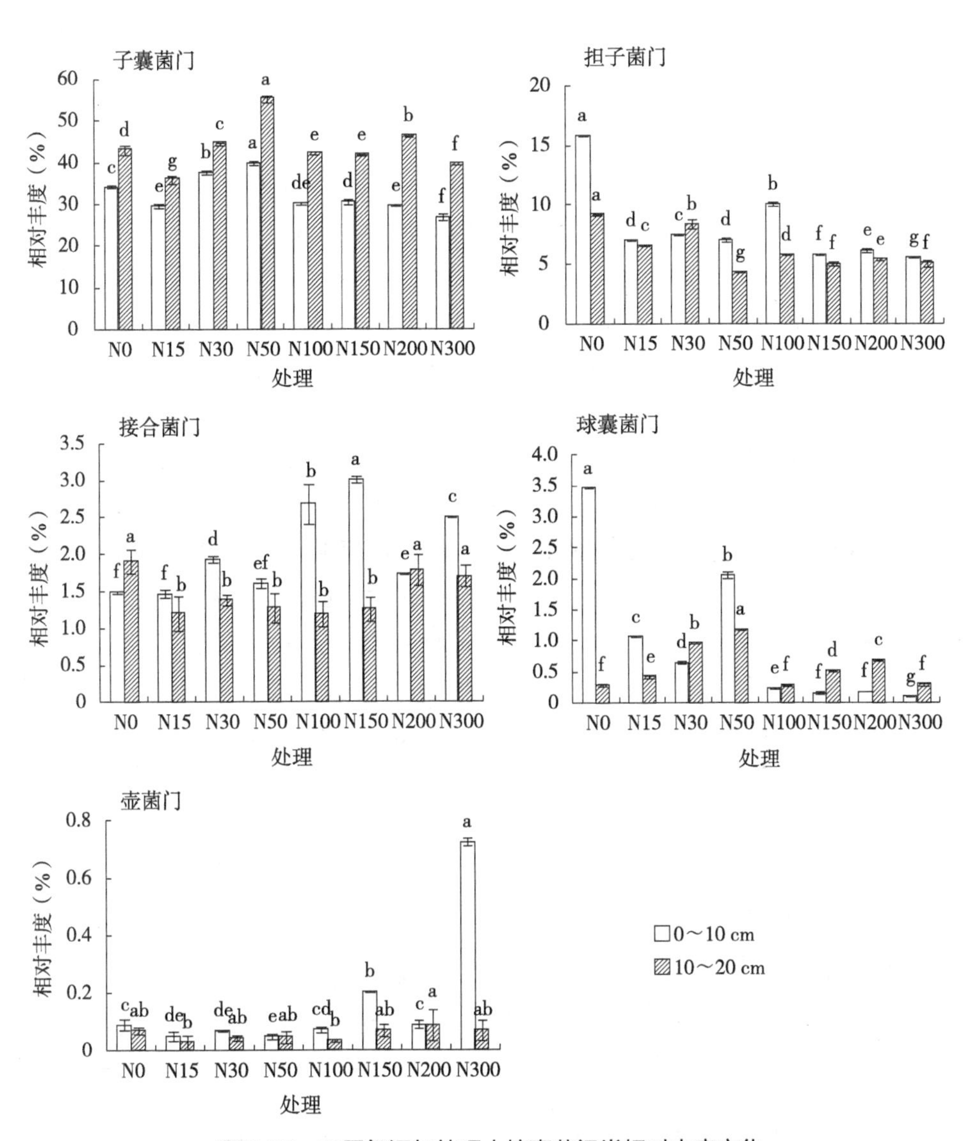

图 7.26　不同氮添加处理土壤真菌门类相对丰度变化

表 7.12 土壤主要真菌门受土层和氮添加处理水平变化影响的双因素方差分析

真菌门	土层		处理		土层 × 处理	
	F	P	F	P	F	P
子囊菌门	5 047.573	<0.001	466.837	<0.001	71.346	<0.001
担子菌门	1 720.845	<0.001	1 358.805	<0.001	365.833	<0.001
球囊菌门	1 323.625	<0.001	1 598.087	<0.001	1 468.780	<0.001
接合菌门	206.626	<0.001	24.751	<0.001	40.062	<0.001
壶菌门	360.756	<0.001	200.637	<0.001	175.926	<0.001

7.6.2.2 土壤真菌优势纲的相对丰度变化

选取2个土层相对丰度均大于1%的6个纲进行方差分析（图7.27和图7.28）。0～10 cm土层，粪壳菌纲Sordariomycetes（相对丰度10.27%～20.02%），伞菌纲Agariomycetes（相对丰度5.56%～15.78%），谷菌根菌纲Archaeorhizomycetes（相对丰度3.13%～11.44%），散囊菌纲Eurotiomycetes（相对丰度2.52%～5.29%），座囊菌纲Dothideomycetes（相对丰度1.44%～4.46%），丝足虫纲Incertae（相对丰度1.07%～2.33%）。10～20 cm土层，粪壳菌纲Sordariomycetes（相对丰度13.95%～22.64%），座囊菌纲Dothideomycetes（相对丰度8.44%～13.73%），伞菌纲Agariomycetes（相对丰度4.15%～9.01%），散囊菌纲Eurotiomycetes（相对丰度1.84%～4.25%），谷菌根菌纲Archaeorhizomycetes（相对丰度0.68%～3.60%），丝足虫纲Incertae（相对丰度0.89%～1.53%）。粪壳菌纲相对丰度在2个土层中，均以N50处理最高，显著高于其他氮添加处理。氮添加提高了10～20 cm土层座囊菌纲相对丰度，显著降低了2个土层伞菌纲相对丰度。高氮添加（N100、N150、N200和N300）处理显著降低了两个

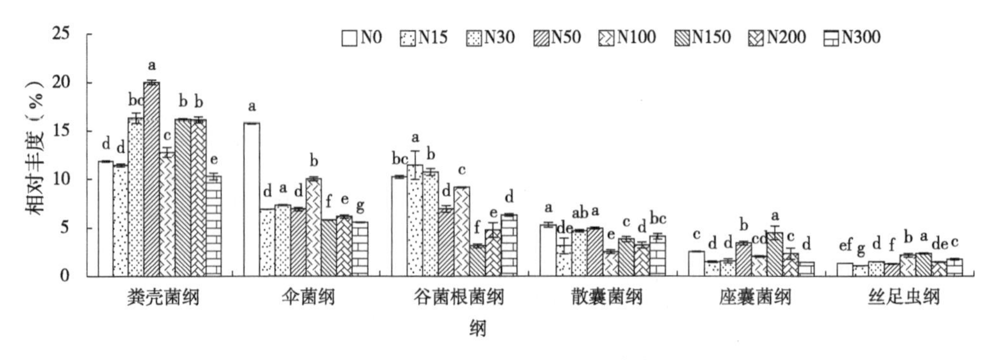

图 7.27 不同氮添加处理 0～10 cm 土层土壤真菌纲相对丰度变化

土层谷菌根菌纲相对丰度。高氮添加（N150、N200 和 N300）处理显著降低了两个土层散囊菌纲相对丰度。高氮添加（N100、N150、N200 和 N300）处理提高了 0～10 cm 土层丝足虫纲相对丰度，降低了 10～20 cm 土层丝足虫纲相对丰度。6 种真菌优势菌纲受土层、氮水平和土层和氮水平处理的显著交互作用（表 7.13）。

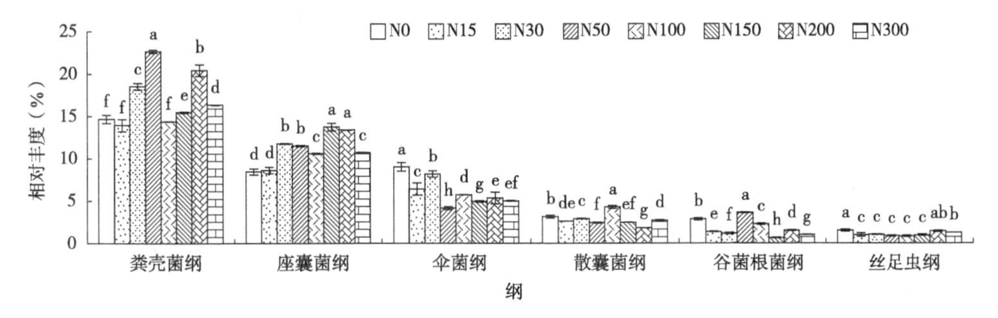

图 7.28　不同氮添加处理 10～20 cm 土层土壤真菌纲相对丰度变化

表 7.13　土壤主要真菌纲受土层和氮添加处理水平变化影响的双因素方差分析

真菌纲	土层		处理		土层 × 处理	
	F	P	F	P	F	P
粪壳菌纲	601.402	<0.001	403.928	<0.001	41.472	<0.001
伞菌纲	1 706.951	<0.001	1 255.190	<0.001	344.946	<0.001
谷菌根菌纲	2 216.417	<0.001	89.604	<0.001	64.732	<0.001
散囊菌纲	236.109	<0.001	25.794	<0.001	38.310	<0.001
座囊菌纲	10 353.451	<0.001	121.531	<0.001	47.287	<0.001
丝足虫纲	286.614	<0.001	31.216	<0.001	51.986	<0.001

7.6.2.3　土壤真菌优势属的相对丰度变化

选取 2 个土层至少有一个氮添加处理相对丰度大于 1% 的 5 个属进行方差分析（图 7.29 和图 7.30）。0～10 cm 土层，氮添加处理之间子囊菌属 Archaeorhizomyces 的相对丰度存在显著性差异，N15，N30 处理显著高于对照，而 N50、N100、N150、N200 和 N300 则低于或显著低于对照；低氮添加处理（N15、N30 和 N50）镰刀霉属 Fusarium 相对丰度与对照无显著差异，高氮添加处理（N100、N150、N200 和 N300）则显著高于对照；N50 和 N100 处理阿尼菌属 Arnium 相对丰度显著高于对照，N15、N30 与对照相比无显著差异，N150、N200 和 N300 显著低于对照；N50，N100，N150，N200 处理的拟盾壳霉属 Paramicrothyrium 相对丰度显著高于对照，N15、N30、N50、N100 和 N300 处理镰刀霉属 Fusarium 相对丰度高于或显著高于对照。10～20 cm 土层，除 N50 处理外，其他氮添加处理子囊菌属 Archaeorhizomyces 的相对丰度均显著低于对照（$P<0.05$）；N15，N30，N50 和 N200 处理的镰刀霉属 Fusarium 相对丰度与对照无显著差异，N100 和 N300 处理则显著高于对照（$P<0.05$）；N15，N30，N50，N100 和 N150 处理阿尼菌属 Arnium 相对丰度高于或显著高于对照，N200 和 N300 处理则低于或显著低于对照；7 个氮添加拟盾壳霉属 Paramicrothyrium 相对丰度均高于或显著高于对照 N0。氮添加处理显著降低了 2 个土层粉褶菌属 Entoloma 属相对丰度。5 种真菌优势菌属受土层、氮水平和土层和氮水平处理的显著交互作用（表 7.14）。

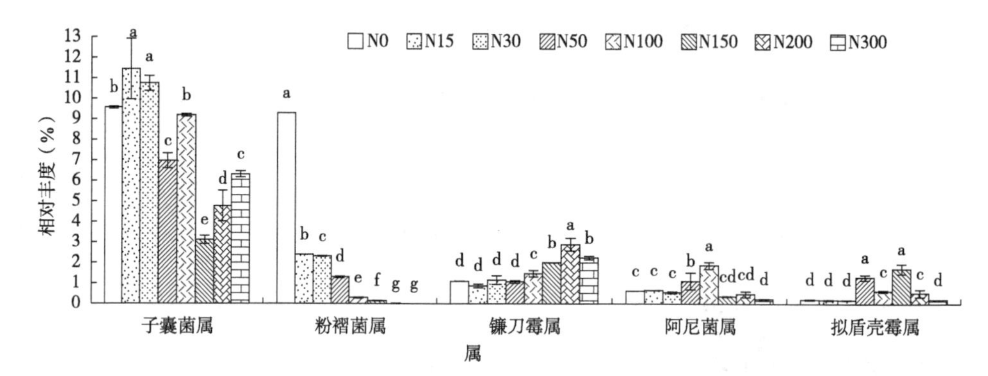

图 7.29　不同氮添加处理 0～10 cm 土层土壤真菌属相对丰度

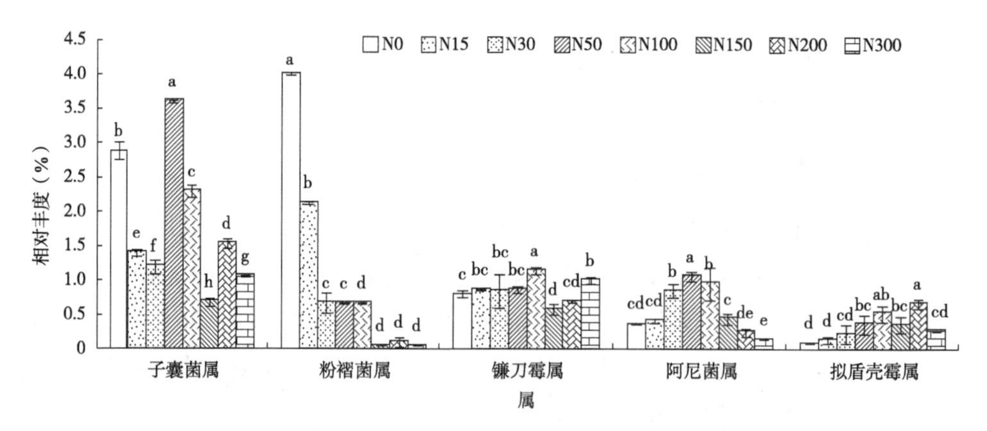

图 7.30　不同氮添加处理 10～20 cm 土层土壤真菌属相对丰度

表 7.14　土壤主要真菌属受土层和氮添加处理水平变化影响的双因素方差分析

真菌属	土层		处理		土层 × 处理	
	F	P	F	P	F	P
子囊菌属	2 166.500	<0.001	85.632	<0.001	63.758	<0.001
粉褶菌属	84.564	<0.001	59.733	<0.001	39.419	<0.001
镰刀霉属	402.995	<0.001	41.297	<0.001	53.930	<0.001
阿尼菌属	18.612	<0.001	54.470	<0.001	10.243	<0.001
拟盾壳霉属	5 655.380	<0.001	16 281.192	<0.001	2 836.131	<0.001

7.6.3　氮添加对土壤真菌多样性的影响

0～10 cm 土层，7 个氮添加处理 OTUs 丰富度和 PD-whole-tree 指数与对照相比无显著差异；N100 和 N150 处理的 Chao1、Observed-species 指数高于或显著高于对照 N0 处理，其他 5 个氮添加处理与对照无显著差异；N15、N30、N50 和 N100 处理的 Shannon 多样性指数与对照相比无显著差异，高氮添加（N150、N200 和 N300）处理的 Shannon 多样性指数显著低于对照 N0（表 7.15）。10～20 cm 土层，7 个氮添加处理 OTUs 丰富度与对照相比无显著差异；7 个氮添加处理的 Chao1、Observed-species、PD-whole-tree 和 Shannon 多样性指数均低于或显著低于对照 N0。土层和氮添加处理对土壤真菌多样性指数的方差分析结果见表 7.16，可知土层对土壤真菌 α 多样性指数均具有显著影响，氮添加水平对 Chao1、Observed-species 和 Shannon 指数具有显著影响，土层和氮添加水平的交互作用对 Chao1 和 Observed-species 指数有显著影响。土层、氮处理和土层和氮处理交互作用度 OTUs 丰富度均无显著影响。

土壤真菌丰富度和 α 多样性与土壤化学因子的相关性分析结果见表 7.17。0～10 cm 土层，OTUs 丰富度与土壤全氮、全磷和速效磷含量呈显著正相关（$P<0.05$）；Chao1 指数与氮输入量、土壤全氮、全磷和速效磷含量呈显著正相关（$P<0.05$），与土壤 pH 值呈显著负相关（$P<0.05$）；Observed-species 与土壤全氮、全磷和速效磷含量呈极显著正相关（$P<0.01$）；PD-whole-tree 与土壤全氮、全磷含量呈极显著正相关（$P<0.01$）；Shannon 指数与氮输入量、有机碳含量呈极显著负相关（$P<0.01$），与土壤 pH 值和全磷含量呈极显著正相关（$P<0.01$）。10～20 cm 土层，OTUs 丰富度与土壤全磷含量呈极显著正相关（$P<0.01$）；Chao1 指数与土壤全氮和全磷含量呈显著正相关（$P<0.05$），与土壤有机碳含量呈极显著负相关（$P<0.01$）；Observed-species 与土壤 pH 值、全磷含量呈极显著

表 7.15　不同氮添加处理土壤真菌 OTUs 和 α 多样性指数变化

土层	处理	OTUs	Chao1	Observed-species	PD-whole-tree	Shannon
0～10 cm	N0	4 992.75 ± 468.44a	6 565.15 ± 449.10c	3 864.25 ± 140.42bc	3.21 ± 0.50a	9.30 ± 0.01a
	N15	4 672.50 ± 267.05a	6 603.57 ± 339.44bc	3 824.75 ± 173.74bc	3.02 ± 0.27a	9.12 ± 0.0.08ab
	N30	4 763.50 ± 1 083.26a	6 681.57 ± 410.20bc	3 669.25 ± 275.88c	3.11 ± 0.05a	9.10 ± 0.10ab
	N50	5 128.75 ± 611.33a	6 749.31 ± 316.90bc	3 803.50 ± 251.60bc	3.02 ± 0.23a	9.09 ± 0.17ab
	N100	5 972.75 ± 673.59a	7 745.38 ± 404.19a	4 106.25 ± 184.08ab	3.07 ± 0.30a	8.83 ± 0.22ab
	N150	5 503.25 ± 886.04a	7 634.63 ± 7 634.63a	4 383.50 ± 86.10a	3.21 ± 0.31a	8.75 ± 0.23b
	N200	5 000.50 ± 1 259.04a	6 876.04 ± 305.80bc	3 811.75 ± 354.29bc	2.98 ± 0.39a	8.13 ± 0.45c
	N300	5 132.00 ± 1 399.87a	7 229.54 ± 58.94ab	3 931.00 ± 33.05bc	3.33 ± 0.29a	8.04 ± 0.52c
10～20 cm	N0	5 571.75 ± 478.81a	7 821.37 ± 221.65a	4 478.50 ± 176.90a	4.09 ± 0.48a	9.60 ± 0.15a
	N15	5 414.25 ± 163.68a	7 286.90 ± 151.72c	4 156.00 ± 176.59b	3.88 ± 0.43ab	9.05 ± 0.22bc
	N30	5 414.25 ± 524.72a	7 338.87 ± 369.30bc	4 117.75 ± 46.05bc	3.59 ± 0.35ab	8.93 ± 0.11bc
	N50	4 730.75 ± 665.63a	7 314.88 ± 141.30c	3 988.00 ± 49.50bc	3.37 ± 0.23b	8.79 ± 0.03c
	N100	5 270.25 ± 865.65a	7 796.01 ± 264.02ab	4 166.50 ± 83.16b	3.27 ± 0.28b	9.09 ± 0.18bc
	N150	5 415.50 ± 519.34a	7 657.69 ± 182.40abc	4 231.50 ± 125.06b	3.70 ± 0.28ab	9.18 ± 0.13b
	N200	5 194.75 ± 446.42a	7 189.16 ± 164.87c	4 038.50 ± 194.54bc	3.52 ± 0.26ab	9.11 ± 0.21b
	N300	5 240.00 ± 334.66a	7 231.25 ± 403.15c	3 863.50 ± 161.17c	3.31 ± 0.14b	8.42 ± 0.17d

正相关（$P<0.01$），与氮输入量、有机碳和硝态氮含量呈显著负相关（$P<0.05$）；PD-whole-tree 与土壤 pH 值、全磷含量呈极显著正相关（$P<0.01$），与氮输入量、有机碳和铵态氮含量呈显著负相关（$P<0.05$）；Shannon 指数与氮输入量、有机碳和硝态氮含量呈显著负相关（$P<0.05$），与土壤 pH 值和全磷含量呈极显著正相关（$P<0.01$）。

表 7.16 土层和氮添加对土壤真菌多样性指数的方差分析

多样性指数	土层		处理		土层 × 处理	
	F	P	F	P	F	P
OTUs	0.396	0.534	0.570	0.775	0.719	0.657
Chao1	25.826	<0.001	6.314	<0.001	3.094	0.013
Observed-species	15.917	<0.001	4.702	0.001	3.131	0.012
PD-whole-tree	26.395	<0.001	1.522	0.195	1.379	0.248
Shannon	4.344	0.045	2.501	0.036	1.498	0.203

表 7.17 土壤真菌丰富度和 α 多样性与土壤化学因子的相关性

多样性指数	N 输入量	pH 值	有机碳	全氮	全磷	硝态氮	铵态氮	速效磷
0～10 cm OTUs	0.127	-0.113	0.107	0.791**	0.515**	0.088	0.331	0.507*
Chao1	0.433*	-0.486*	0.321	0.636**	0.419*	0.363	0.295	0.796**
Observed-species	0.242	-0.25	0.217	0.662**	0.520**	0.255	0.081	0.777**
PD-whole-tree	0.168	-0.02	0.305	0.710**	0.529**	0.197	-0.066	0.383
Shannon	-0.859**	0.848**	-0.708**	0.268	0.568**	-0.835	0.158	-0.381
10～20 cm OTUs	-0.083	0.300	-0.373	0.369	0.663**	-0.020	0.011	0.232
Chao1	-0.272	0.311	-0.575**	0.506*	0.738**	-0.304	0.346	0.062
Observed-species	-0.538**	0.548**	-0.661**	0.38	0.839**	-0.444*	-0.085	0.13
PD-whole-tree	-0.414*	0.620**	-0.480*	0.24	0.818**	-0.255	-0.414*	-0.07
Shannon	-0.546**	0.538**	-0.680**	0.286	0.786**	-0.422*	-0.063	-0.121

7.6.4 不同氮添加水平下土壤真菌群落的差异分析

0～10 cm 不同氮处理之间有显著差异的真菌 OTUs 丰度的 PCA 图如图 7.31（文后彩图）所示，前两个主成分分别占真菌群落变异的 21.79% 和

12.95%。高氮添加（N100、N150、N200和N300）位于主成分1右侧，而对照N0与低氮添加（N15、N30和N50）位于主成分1左侧。说明高氮添加（N100、N150、N200和N300）有显著差异OTUs丰度组成相似，而N0、N15、N30和N50有显著差异OTUs丰度组成相似。基于各氮添加处理差异OTUs相对丰度NMDS分析结果如图7.33（文后彩图）所示，可以发现7个氮添加处理差异OTUs与对照处理差别显著，且高氮添加（N100、N150、N200和N300）处理与低氮添加（N15、N30和N50）和对照N0处理处于不同排序区。说明连续6 a高氮添加对0～10 cm土层土壤真菌菌群落产生了显著影响。

10～20 cm土层不同氮处理之间有显著差异的真菌OTUs丰度的PCA图如图7.32（文后彩图）所示，前两个主成分分别占真菌群落变异的21.2%和10.06%。高氮添加（N150、N200和N300）位于主成分1右侧，而对照N0与低氮添加（N15、N30）位于主成分1左侧，N50与N100位于主成分1零点左右。说明高氮添加（N150、N200和N300）有显著差异OTUs丰度组成相似，而N0、N15与N30有显著差异OTUs丰度组成相似，N50与N100有显著差异OTUs丰度组成相似。10～20 cm土层基于各氮添加处理差异OTUs相对丰度NMDS分析结果如图7.34（文后彩图）所示，7个氮添加处理差异OTUs与对照处理差别显著，且N50处理、高氮添加（N100、N150、N200和N300）处理与低氮添加（N15、N30和N50）和对照N0处理处于不同排序区。说明连续氮添加对10～20 cm土层土壤真菌菌群落产生了显著影响。

7.6.5 土壤真菌优势菌群与土壤化学因子的相关性

典范对应（CCA）分析主要反映样品、菌群与环境因子之间关系。分别对不同氮添加处理不同土层优势真菌门与土壤化学因子进行CCA分析。0～10 cm土层真菌群落结构CCA分析结果显示（图7.35，a），前两轴可解释群落结构变化的86.3%。土壤pH值（P=0.002）、硝态氮含量（P=0.002）、有机碳（P=0.006）、速效磷含量（P=0.004）和全磷含量（P=0.01）与土壤真菌群落组成显著相关。10～20 cm土层真菌群落结构CCA分析结果显示（图7.35，b），前两轴可解释群落结构变化的93.0%。土壤pH值（P=0.002）、有机碳（P=0.006）、硝态氮含量（P=0.008）、铵态氮含量（P=0.002）和速效磷含量（P=0.038）与土壤真菌群落组成显著相关。综合分析认为，影响土壤真菌群落结构主要因素是pH值、硝态氮、有机碳和速效磷。

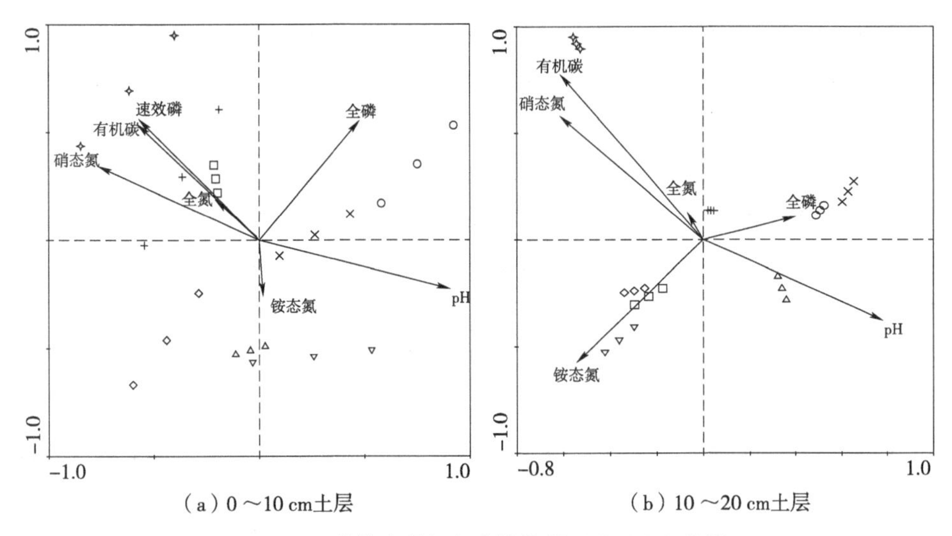

（a）0～10 cm土层　　（b）10～20 cm土层

图 7.35 优势真菌门与土壤化学因子 CCA 分析

7.6.6 讨论与结论

土壤真菌群落是草原生态系统的重要组成部分，其作为植物分解者、病原菌和菌根共生体，参与了许多生态系统功能，如土壤碳氮养分循环、植物群落组成和生产力，是土壤健康和肥力的重要指标之一。大量研究表明，氮肥降低真菌生物量（Wallenstein et al.，2006），降低真菌多样性，改变土壤真菌的组成结构（Zhou et al.，2016；Paungfoo-Lonhienne et al.，2015）。本研究通过门、纲和属三个水平的相对丰度分析可知，不同氮添加水平明显改变了贝加尔针茅草原土壤真菌群落结构和丰度，且在 0～10 cm 土层和 10～20 cm 土层表现出不同的响应模式。已有研究结果表明，土壤真菌组成与土壤剖面层次（Prober et al.，2015；Taylor et al.，2014）、施肥量有关（Yao et al.，2018）。Chen 等（2017）研究认为，子囊菌门是中国北方干旱和半干旱草原主要优势真菌。本研究中，子囊菌门是贝加尔针茅草原土壤的优势类群。这与其研究一致。klaubauf 等（2010）研究表明，氮肥能够促进优势真菌类群的生长。Wang 等（2015）研究表明，氮素过高对子囊菌门类的真菌生长有害。Edwards 等（2011）研究表明，氮沉降提高会显著降低子囊菌门相对丰度。本研究中，0～10 cm 土层，高氮添加处理（N100、N150、N200 和 N300）子囊菌门显著低于对照 N0，表明这类真菌对高氮环境较为敏感。子囊菌门类真菌的丰度的降低反过来会影响土壤中碳的降解。氮添加处理均显著降低了两个土层的担子菌门的相对丰度，尤其是伞菌纲的相对丰度。这是因为伞菌纲多数属于丛枝菌根且多为腐生菌，能分泌过氧化物酶从而促进土壤中木质素、作物残留物的分解（Luis et al.，2004）。前期研究发现，氮添加降低了土壤过氧化物酶活性。推测是由于连续氮添加降低了伞菌纲对养分和能源的竞争力，导致其生长缓慢。本研究中，0～10 cm 土层，除 N15 处理外，其他氮添加处理的接合菌门的相对丰度均高于对照。接合菌门属于腐生真菌，这类真菌在分解植物残体方面起着重要作用。氮添加引起的土壤有效养分的增加促进了该类菌的生长。座囊菌纲对细胞壁的降解有重要贡献（Freedman et al.，2015），在植物降解和全球碳循环起着重要作用。本研究中 10～20 cm 土层中所有氮添加处理中该类真菌都升高，这表明氮添加提高了 10～20 cm 土层土壤微生物对土壤中凋落物分解的贡献。Ochoa-Hueso 等（2014）研究发现，氮沉降改变了土壤碳氮的存储能力、净氮矿化能力。氮肥过量施用提高了具有病原菌特性的真菌比例，对土壤碳循环具有潜在的负面影响（Paungfoo-Lonhienne et al.，2015）。本研究表明，高氮添加显著改变了土壤真菌群落结构。这一结果与以往关于半干旱草原生态系统（Kim et al.，2015）和热带森林（Corrales et al.，2017）的氮添加改变土壤真菌组成一致。基于有差异 OTUs 主成分分析和非线性多维标度结果表明，氮添加水平是引起土壤真菌群落结构重要因素，且高氮添加高于低氮添加的影响。LEfSe 分析以不同真菌门类的相对丰度为数据基础，可以找出不同处理间有显著差异的门类，可指示不同处理间显著差异的变化指示种。在 LDA 得分 4.5 的极显著差异水平下，子囊菌门和担子菌门可作为土壤真菌结构变化的指示类群。

土壤参数被认为是影响真菌群落的重要决定因素，土壤真菌组成随着土壤 pH 值（Hu et al.，2017）和土壤元素组成变化而变化（Li et al.，2017）。氮添加增加了土壤中氮的可利用率，缓解养分资源的限制可直接影响土壤真菌群落（Muller et al.，2014），或者通过改变不同养分获取能力的类群之间的竞争模式（Cline et al.，2018）。氮素的增加也可通过改变植被生产力和植物群落组成和多样性从而间接影响土壤真菌群落（Hiiesalu et al.，2014）。一些研究表明，氮添加引起的土壤养分的改变相对土壤 pH 值变化对土壤真菌群落产生更大影响（He et al.，2016）。Francioli 等（2016）研究表明，长期施肥制度下真菌群落受土壤硝酸盐含量和土壤 pH 值的影响最为显著。真菌主要优势菌群与土壤化学因子的相关分析表明，影响土壤真菌群落结构主要因素是土壤 pH 值、硝态氮、有机碳和速效磷。与已有研究结果一致（Francioli et al.，2016；Högberg et al.，2014）。本研究中高氮添加提高了土壤有机碳含量，这可能是氮的富集降低了凋落物的分解速率，提高了木质素化合物的氧化稳定性，促进了有机质的积累（Entwistle et al.，

2013）。土壤真菌以土壤有机质为养分和能量，土壤有机碳的变化对土壤真菌有很大的影响。这表明在未来氮沉降增加的情况下将导致具有某些碳循环和氮循环功能的真菌受到影响，对碳氮循环造成负面效应。

较高的生物多样性可以维持草地生态系统的持续稳定，增强土壤微生物的功能和过程。已有研究表明，长期施加化肥会降低真菌生物多样性，且化肥施用量的增加会进一步加剧真菌多样性的降低（Chen et al.，2018；Zhou et al.，2016），影响生态系统功能和稳定性（Yang et al.，2011；Mattingly et al.，2014）。本研究表明氮添加降低了 0～10 cm 土层和 10～20 cm 土层真菌的 Shannon 多样性指数，高氮添加更是显著降低了两个土层真菌 Shannon 多样性指数。0～10 cm 土层，Chao1 与 Observed-species 丰富度指数随着氮添加水平的增加，呈现先升高后降低趋势。10～20 cm 土层，氮添加降低了土壤真菌 Chao1、Observed-species 和 PD-whole-tree 丰富度指数。这反映出高氮添加带来的负面影响，这与前人的研究一致。Paungfoo-Lonhienne 等（2015）研究表明，氮肥的施用虽显著改变了甘蔗地土壤和根际的真菌组成但对土壤真菌的物种丰富度无显著影响，过量氮添加会对土壤碳循环产生负面影响，促进病原真菌生长。在连续 6 a 氮添加情况下，真菌 OTUs 丰富度指数与对照相比无显著性变化。本研究中，高氮添加引起的真菌 Shannon 多样性降低可能会引起草原生态系统的不稳定。相关性分析表明，Shannon 多样性指数与土壤 pH 值、有机碳和全磷含量呈显著相关性。这与 Zhou 等（2016）对黑土长期氮添加研究结果一致。

连续 6 a 氮添加条件下，土壤真菌优势菌相对丰度发生改变，这种改变在真菌门、纲和属分类水平上均有体现，且受土层梯度、氮添加水平和土层和氮添加水平的交互效应显著影响。真菌群落结构发生改变，且高氮添加水平处理的真菌群落变化比低氮添加水平的变化大。子囊菌门和担子菌门是研究区主要优势类群，土壤真菌群落结构的变化主要与子囊菌门和担子菌门变化有关。典范对应分析表明土壤 pH 值、有机碳、硝态氮和速效磷含量是引起土壤真菌群落组成发生变化的主要土壤环境因子。连续 6 a 氮添加条件下，0～10 cm 土层与 10～20 cm 土层，真菌 OTUs 丰富度无显著性变化，氮添加降低了真菌的 shannon 多样性指数；氮添加降低了 10～20 cm 土层 Chao1、Observed-species 和 PD-whole-tree 丰富度指数。土壤全氮、全磷、速效磷含量是引起土壤真菌 OTUs 丰富度的主要环境因子。土壤 pH 值、有机碳、全氮和全磷含量是引起真菌 α 丰富度指数的主要环境因子。

7.7 氮添加对土壤氮转化功能微生物丰度的影响

7.7.1 样品采集与处理

土壤样品采集见7.1.1。样品为2015年8月采集土壤样品。分析测定0～10 cm土壤样品。

土壤总DNA提取与质量检测见2.3.6。标准品配置：用目的基因引物进行PCR扩增。PCR反应体系为50 μL，包括上下游引物各1 μL，模板1 μL，2 × Taq MasterMix 25 μL，灭菌超纯水22 μL。扩增条件为94℃ 5 min预变性后；94℃ 30 s，55℃ 30 s，72℃ 30s共30个循环；最后1轮循环完成后再72℃延伸10 min。将回收PCR产物连接至pMD18-T载体，转化至大肠杆菌DH5 α 感受态细胞中，经Amp+、IPTG和X-gal的LB平板筛选阳性克隆，送去生工进行测序分析。

标准曲线制作：通过做预实验，将4种提取测序正确的质粒标准品进行依次稀释到105，每个梯度取2 μL做模板建立标准曲线。

定量PCR检测：土壤固氮基因*nifH*、氨氧化细菌AOB、氨氧化古菌AOA和反硝化细菌定量扩增引物见表7.18。扩增反应体系总体积为20 μL，包括2 × GoTaq®qPCR Master Mix 10μL，10 μmol/L的上下游引物各0.5 μL，DNA模板2 μL（1～10 ng），灭菌超纯水7 μL。将加好样的PCR板至于荧光定量PCR仪进行扩增反应，每个样品3个重复。扩增反应条件为95℃预变性30 s；（95℃ 变性5 s，60℃退火40 s，72℃延伸30 s，40个循环。

表7.18 荧光定量PCR扩增引物

基因名称	引物名称	引物序列（5′-3′）	片段长度	参考文献
固氮基因 *nifH*	*nifH* 上游引物	AAAGGYGGWATCGGYAARTCCACCAC	432	（Rösch et al., 2002）
	nifH 下游引物	TTGTTSGCSGCRTACATSGCCATCAT		
氨氧化细菌 AOB-*amoA*	*amoA*-AOB 上游引物	GGGGTTTCTACTGGTGGT	491	（Rotthauwe et al., 1997）
	amoA-AOB 下游引物	CCCCTCKGSAAAGCCTTCTTC		
氨氧化古菌 AOA-*amoA*	*amoA*-AOA 上游引物	STAATGGTCTGGCTTAGACG	635	（梁龙等，2014）
	amoA-AOA 下游引物	CACCGTTTACTGCCAGGACT		
反硝化细菌 *nirK*	*nirK* 上游引物	GGMATGGTKCCSTGGCA	514	（Bremer et al., 2007）
	nirK 下游引物	GCCTCGATCAGRTTRTGG		

7.7.2　土壤固氮功能基因丰度对氮添加的响应

不同氮添加水平处理下土壤中固氮功能基因 *nifH* 丰度变化见图 7.36。固氮微生物功能基因 *nifH* 丰度在各氮添加处理中的变化范围在 $5.26 \times 10^5 \sim 1.43 \times 10^6$ copies/g soil 之间。随着氮添加水平的升高，*nifH* 丰度表现为先升高后降低的趋势，其中 N50 处理最高，是对照 N0 的 2.39 倍。N15、N30、N50、N100、N150 和 N200 处理 *nifH* 丰度高于或显著高于对照 N0，N300 处理 *nifH* 丰度低于对照 N0，但无显著差异。

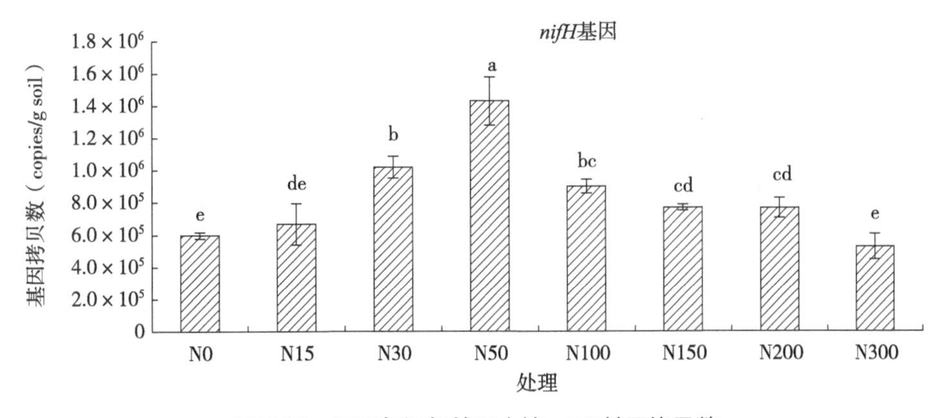

图 7.36　不同氮添加处理土壤 ***nifH*** 基因拷贝数

7.7.3　土壤氨氧化功能基因丰度对氮添加的响应

氨氧化细菌 AOB-*amoA* 基因丰度在各氮添加处理中的变化范围在（1.33×10^7）～（2.48×10^7）copies/g soil（图 7.37）。N15、N30 和 N50 处理 AOB-*amoA* 基因丰度与对照相比无显著差异，高氮添加（N100、N150、N200 和 N300）AOB-*amoA* 基因丰度均显著高于对照 N0。表明氮添加增加使 AOB-*amoA* 基因丰度提高。氨氧化古菌 AOA-*amoA* 基因丰度在各氮添加处理中的变化范围在（2.56×10^6）～（3.97×10^6）copies/g soil（图 7.38）。N30 处理 AOA-*amoA* 基因丰度与对照相比无显著差异，其他 6 个氮添加处理均低于或显著低于对照 N0。表明氮添加量增大会降低 AOA-*amoA* 基因丰度。土壤中 AOB 的基因拷贝数远高于 AOA 基因拷贝数（图 7.37 和图 7.38）。低氮添加 AOB/AOA 比值与对照相比无显著差异，高氮添加显著提高了 AOB/AOA 比值（图 7.39）。

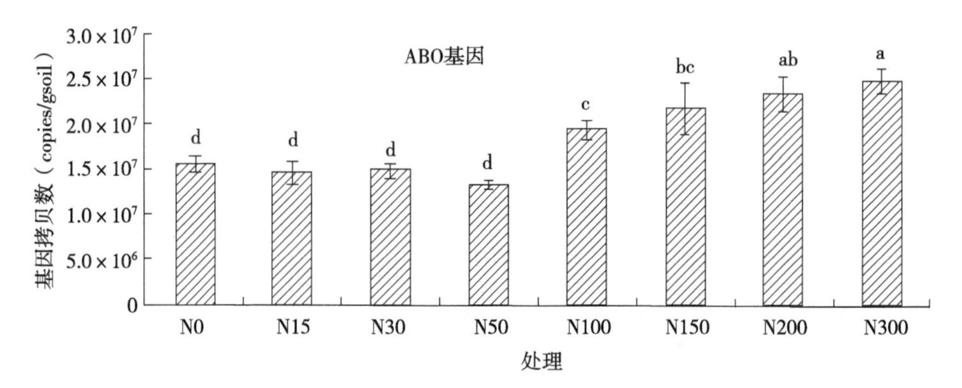

图 7.37　不同氮添加处理土壤 AOB 基因拷贝数

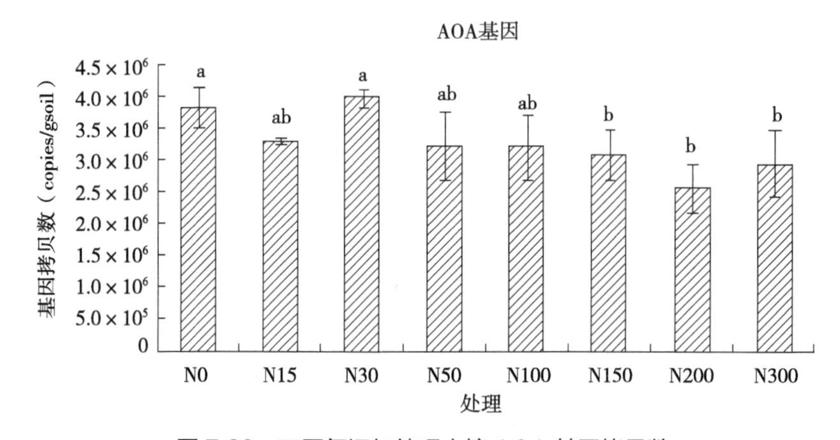

图 7.38　不同氮添加处理土壤 AOA 基因拷贝数

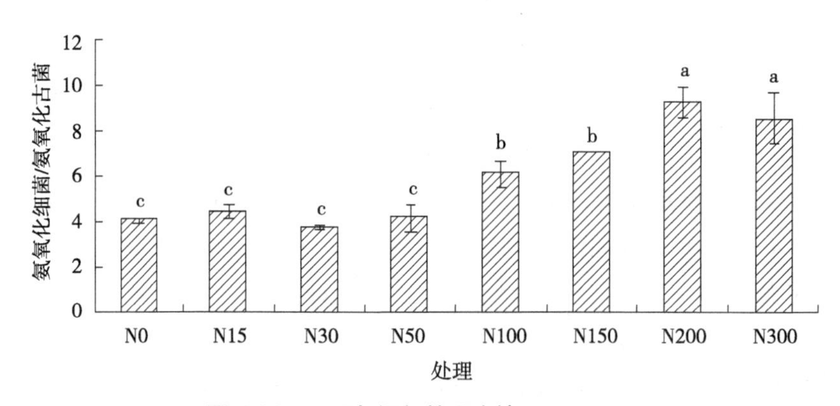

图 7.39　不同氮添加处理土壤 AOB/AOA

7.7.4　土壤反硝化功能基因丰度对氮添加的响应

土壤反硝化功能基因 *nirK* 丰度在不同氮添加处理中的变化范围在 2.88×10^7～

7.53×10^{7} copies/g soil（图 7.40）。N15 处理 *nirK* 基因丰度与对照相比无显著差异；N30、N50 和 N100 处理 *nirK* 基因丰度均显著高于对照 N0；高氮添加处理（N150、N200 和 N300）*nirK* 基因丰度显著低于对照 N0，显著提高了氨氧化 / 反硝化丰度比值（图 7.41）。

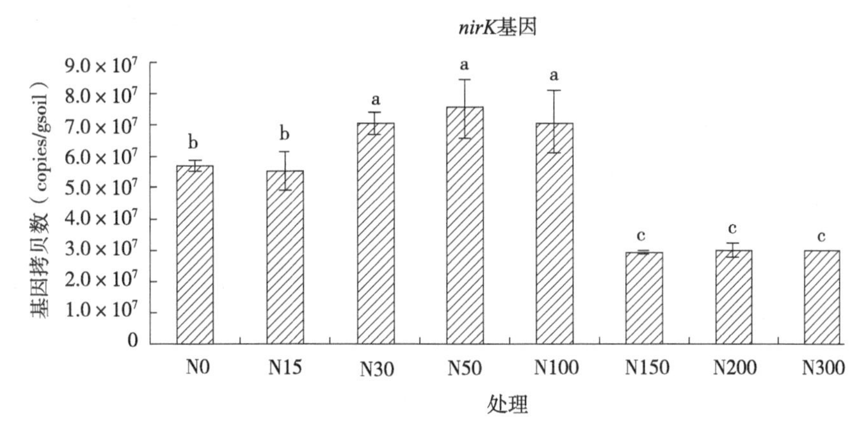

图 7.40　不同氮添加处理土壤 *nirK* 基因拷贝数

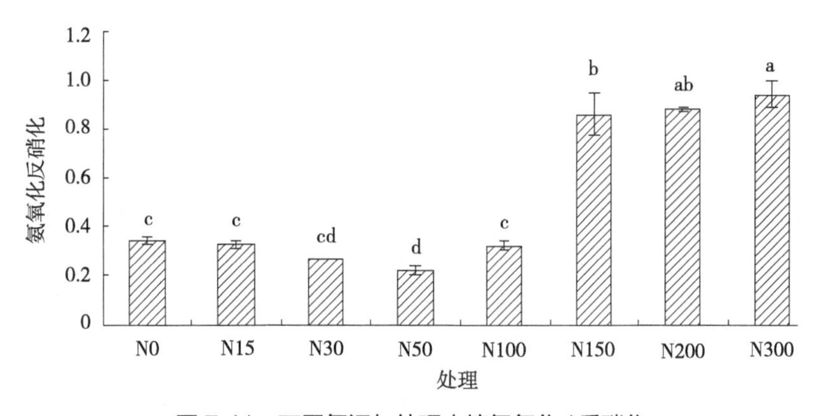

图 7.41　不同氮添加处理土壤氨氧化 / 反硝化

7.7.5　土壤氮素转化功能基因丰度与土壤化学因子的相关性

土壤氮转化功能基因拷贝数与土壤因子相关性分析见表 7.19。土壤 *nifH* 基因拷贝数与总有机碳、硝态氮和微生物量氮含量呈显著负相关（$P<0.05$），与土壤铵态氮含量呈极显著正相关（$P<0.01$）。土壤 AOB-*amoA* 基因拷贝数与有机碳、硝态氮和微生物量氮含量呈极显著正相关（$P<0.01$），与土壤 pH 值呈极显著负相关（$P<0.01$）。土壤 AOA-*amoA* 基因拷贝数与土壤 pH 值呈极显著正相关（$P<0.01$），与土壤有机碳、硝态氮和微生物量氮含量呈显著负相关

（P<0.05）。土壤 *nirK* 基因拷贝数与土壤pH值和铵态氮含量呈极显著正相关关系（P<0.01），与土壤有机碳、硝态氮和微生物量氮含量呈极显著负相关（P<0.01）。AOB/AOA 与土壤有机碳、硝态氮和微生物量氮呈极显著正相关（P<0.01），与 pH 值呈极显著负相关（P<0.01）。氨氧化 / 反硝化比值与土壤有机碳、硝态氮和微生物量氮呈极显著正相关（P<0.01），与 pH 值和铵态氮含量呈显著负相关（P<0.05）。

表 7.19　功能基因拷贝数与土壤化学因子的相关性分析

功能基因	土壤化学性质					
	pH 值	总有机碳	全氮	硝态氮	铵态氮	微生物量氮
固氮基因 *nifH*	0.227	−0.459*	0.042	−0.444*	0.750**	−0.465*
氨氧化细菌 AOB	−0.833**	0.770**	0.351	0.911**	−0.222	0.915**
氨氧化古菌 AOA	0.661**	−0.417*	0.347	−0.569**	−0.000	−0.519**
反硝化细菌 *nirK*	0.662**	−0.672**	0.010	−0.847**	0.618**	−0.766**
氨氧化细菌 / 氨氧化古菌	−0.880**	0.716**	−0.004	0.905**	−0.189	0.874**
氨氧化 / 反硝化	−0.812**	0.785**	0.173	0.957**	−0.428*	0.899**

7.7.6　讨论与结论

草地生态系统中，氮的生物地球化学循环途径在大气、植物、土壤、微生物、动物等之间进行。草地生态系统内循环过程是指氮素化学形态的转变和在系统中不同库间的转移过程，主要包括植物对氮素的吸收利用、土壤氮素矿化、硝化和反硝化以及铵离子的吸附和释放等转化过程。草地土壤是温室气体重要的源和汇，认识草地生态系统氮转化过程有助于预测氮循环对未来氮沉降增加的响应与反馈机制。高氮沉降导致土壤氮转化过程发生变化（杨涵越等，2016），土壤可利用性氮含量增加（Zhang，2012），氮循环微生物数量及组成发生变化（Jorquera et al.，2014），进而对生态系统产生影响。近年来的研究表明，施氮肥显著影响固氮菌、硝化菌和反硝化菌群落结构和丰度（Jorquera et al.，2014）。适量氮肥添加提高固氮菌丰度，促进土壤微生物的固氮功能（Orr et al.，2012）；高浓度无机氮添加抑制固氮菌生长（Zhang et al.，2013），从而抑制固氮微生物生长。Ning 等（2015）研究发现氮相关功能基因对氮添加水平表现出不同的敏感性，氨氧化细菌 AOB-*amoA* 基因比氨氧化古菌 AOA-*amoA* 基因对添加更加敏感。土壤氨氧化细菌丰度随氮添加量增加而增加，而氨氧化古菌丰度则无明显变化（Shen，2011）。氮肥种类和氮肥施用量会影响土壤氨氧化微生物组成和丰度（Zhou et al.，2015）。在受氮素限制黄土高原的盐碱草地，施氮后显著地提高了微生物氮素转化速率（Wang et al.，2014）。在亚热带森林、温带森林研究发现，N_2O 排放、CH_4 吸收与 AOA，AOB 群落丰度分别呈现正、负相关关系，氨氧化菌群落动态能够解释土壤 CH_4 吸收和 N_2O 排放之间的消长作用（Wang et al.，2015）。

土壤固氮微生物是一类重要的氮转化功能微生物，能够将空气中氮还原成氨供给植物吸收利用。固氮微生物数量与输入土壤的外源氮素密切相关，施氮量过高会降低固氮菌的丰度并抑制固氮酶的活性，并对固氮菌群落组成产生显著影响（Reardon et al.，2014）。本研究中，随着氮添加水平的升高，*nifH* 丰度表现为先升高后降低趋势，N300 处理降低了 *nifH* 基因相对丰度，其他 6 个氮添加处理均高于或显著高于对照 N0。低于 200 kg N/（$hm^2 \cdot a$）时更有利于固氮菌的生长，而高于 300 kg N/（$hm^2 \cdot a$）时反而抑制其生长。这与刘彩霞等（2015）得出的氮沉降（铵态氮）高于 60 kg N/（$hm^2 \cdot a$）抑制杉木林固氮功能微生物生长结论变化趋势一致。Zhang 等（2013）研究也表明，高浓度无机氮添加抑制固氮菌生长。

土壤固氮菌丰度与土壤有机碳含量、pH 值、有效磷含量等其他化学因子密切相关。相关分析表明，*nifH* 基因丰度与土壤有机碳含量呈显著负相关性。由于生物固氮过程需要消耗大量能量，而该过程在很大程度上依赖于土壤中的有机碳含量。低氮添加提高了土壤中有机碳含量，从而提高了固氮菌的丰度；高氮添加虽然也提高了土壤有机碳含量，但高氮添加导致高的速效氮含量反而会抑制土壤的生物固氮过程。相关性分析表明，*nifH* 基因丰度与铵态氮含量呈极显著正相关，与土壤硝态氮含量呈显著负相关。表明氮沉降增加引起土壤可利用性氮含量变化是引起固氮功能基因丰度发生变化的重要驱动因素。Wang 等（2016）研究表明，长期施肥引起小麦生长季土壤铵态氮含量改变显著影响固氮菌丰度。本研究中，适量氮添加能通过提高土壤有机碳含量促进土壤的生物固氮过程，但过高氮添加反而会抑制土壤的生物固氮过程。表明未来连续高氮沉降可能不利于贝加尔针茅草原土壤微生物的固氮功能。

硝化作用是氮素转化的关键过程，由含氨单加氧酶基因（*amoA*）氨氧化细菌（AOB）和氨氧化古菌（AOA）共同驱动氨氧化过程是硝化作用的限速步骤，其数量和结构组成变化可反应土壤氮素变化（Li et al.，2018）。本研究，低氮添加（N15、N30 和 N50）对氨氧化细菌 AOB 相对丰度无显著影响，而高氮添加显著提高了 AOB 丰度。说明连续 6 a 高氮添加，促进了 AOB 的生长繁殖。这与

li 等（2011）对内蒙古草原 10 a 氮添加实验 AOB 基因丰度变化结果一致。Ai 等（2013）在对小麦玉米轮作潮土研究表明，氮肥添加可显著提高 AOB 的数量。其可能原因是土壤中存在对 NH_4^+ 有较高亲和力的未知的 AOB（Yao et al.，2013）或者是某些 AOB 的生长不以 NH_4^+ 作为唯一底物（Tago et al.，2015）。与 AOB 丰度变化情况不同，除 N30 处理与对照相比无显著差异外，其余 6 个氮添加处理均降低了土壤氨氧化古菌基因丰度，说明长期氮沉降增加会导致土壤氨氧化古菌丰度降低。长期施氮肥导致南方红壤中氨氧化古菌丰度降低（张苗苗等，2015）。这表明连续氮添加对草原暗栗钙土和长期施用化学氮肥对红壤土壤中氨氧化古菌的影响存在一致性。在本研究中，各氮添加处理土壤 AOB-*amoA* 基因拷贝数高于 AOB-*amoA* 基因拷贝数高一个数量级，可见本实验环境更有利于 AOB 生长。前人研究表明，AOB 和 AOA 生长土壤含氮量不同，AOB 对高氮环境较为适应，而 AOA 倾向于低氮环境（Di et al.，2010）。本实验中高氮添加处理土壤硝态氮含量显著高于低氮添加和对照处理，促进了 AOB 生长。但对于这一原因的推测的合理性还需要进一步深入研究。

大量研究表明，氨氧化微生物的群落组成和数量受多种土壤环境因子影响。本研究氨氧化细菌和氨氧化古菌与土壤理化因子的相关分析表明，影响氨氧化功能基因相对丰度的土壤理化因子为 pH 值、有机碳和硝态氮含量。这与 Hayden 等（2010）对澳大利亚农业与草地氮转化功能基因驱动因子研究结果一致。相关分析表明，AOB 基因拷贝数与土壤有机碳含量呈极显著正相关，说明连续 6 a 氮添加提高了贝加尔针茅草原土壤有机碳含量是促进氨氧化细菌生长繁殖的重要因素。一些研究表明，氨氧化细菌适合在氮素含量丰富的土壤中生存，且其数量与土壤 pH 值呈显著负相关（Wang et al.，2014；杨亚东等，2017）。本研究中，氨氧化细菌基因拷贝数与土壤 pH 值呈极显著负相关。这与其研究结果一致。原因可能是，随着氮添加水平的增加，土壤 pH 值降低，使得土壤中耐酸性 AOB 数量增多。氨氧化古菌与土壤化学因子的相关性分析表明，氨氧化古菌基因拷贝数与土壤 pH 值呈极显著正相关，说明贝加尔针茅草原土壤中 AOA 基因丰度随着 pH 值降低而降低。高氮添加增加了土壤中硝态氮含量，相应的 AOB 基因拷贝数增加，而 AOA 基因拷贝数则减少，AOB/AOA 比值提高，且随着氮添加水平的增加，提高的幅度明显增加。表明连续 6 a 高氮添加，改变了氨氧化微生物相对丰度，氨氧化微生物对氨氧化的相对贡献也可能发生改变。但氨氧化微生物对氨氧化作用的相对贡献率是否发生改变，还需采用同位素示踪技术进一步研究。相关分析表明，AOA 基因拷贝数与土壤硝态氮含量呈极显著负相关关系。本研究中长期连续氮添加导致的土壤化学性质变化，尤其是土壤 pH 值降低导致土壤中

AOA 丰度明显降低，可能降低土壤中 AOA 的氨氧化功能，进一步可能影响贝加尔针茅草原土壤的硝化作用。

反硝化作用是将硝酸根还原为 N_2O 或 N_2 的过程，是由许多厌氧或兼性厌氧微生物参与的一系列酶催化过程。这些酶主要由功能基因硝酸还原酶 *narG/napA*、亚硝酸还原酶 *nirK/nirS*、一氧化氮还原酶 *norB* 和氧化亚氮还原酶 *nosZ* 编码。不同反硝化功能基因型对环境因子的影响存在较大差异。其中，亚硝酸还原酶 *nirK/nirS* 催化亚硝酸盐还原成 NO 是微生物驱动反硝化作用关键步骤。已有研究表明，*nirK* 型反硝化细菌对施肥种类和施肥量都十分敏感（Yin et al., 2014）。土壤含水量、pH 值、质地等土壤理化性质变化均可影响反硝化微生物，进而导致反硝化速率变化。连续 6 a 氮添加显著影响了 *nirK* 相对丰度，N30、N50 和 N100 处理显著提高了 *nirk* 相对丰度，N150、N200 和 N300 处理显著降低了 *nirk* 相对丰度。说明 *nirk* 基因对低浓度氮添加响应更为敏感，而高氮添加处理（N150、N200 和 N300）对 *nirk* 丰度有明显的抑制作用。

已有研究表明，反硝化作用受多种土壤环境因子的影响。本研究相关分析表明，*nirK* 基因丰度与土壤 pH 值、有机碳、硝态氮、铵态氮和微生物量氮含量与均呈显著相关性（表 7.2）。Xie 等（2014）研究认为土壤有机碳和硝酸盐含量是驱动青藏高原草甸反硝化功能基因 *nirk* 丰度的重要土壤因子。Jahangir 等（2012）研究表明，反硝化活性的高低与提供给细菌生长的有机质的质量和数量密切相关。土壤反硝化作用最适 pH 值为 5.6～8.0，在此范围内反硝化速率随着 pH 值的上升而上升。在本研究中，高氮添加（N150、N200 和 N300）处理 pH 值显著低于对照 N0，降低了土壤 pH 值，抑制了反硝化功能基因 *nirK* 丰度，并由此可能对反硝化作用产生影响。一般情况下，土壤 AOB 基因丰度增加会提高反硝化作物的底物硝酸盐含量，进而促进反硝化微生物驱动的反硝化作用，造成氮素流失。但本研究中，高氮添加（N150、N200 和 N300）显著降低了反硝化细菌 *nirK* 基因丰度，而硝态氮含量却显著提高。说明高氮添加驱动的土壤氨氧化作用高于驱动的土壤的反硝化作用。土壤 *nirK* 基因丰度与土壤硝态氮含量呈极显著负相关验证了这一观点。

上述研究表明，贝加尔针茅草原土壤反硝化活性受土壤化学性质特别是 pH 值、有机碳、硝态氮、铵态氮和微生物量氮含量的明显影响。此外，由于不同反硝化过程所涉及酶不同，同时携带不同反硝化基因的微生物种群对环境因子差异性，因此，揭示不同氮添加水平对反硝化功能微生物基因丰度的影响，需要对不同类型的反硝化微生物开展进一步深入研究。

随着氮添加水平的增加，固氮细菌基因丰度呈现先升高后降低趋势。低于

200 kg N/（$hm^2 \cdot a$）时促进固氮菌生长。影响固氮菌 *nifH* 主要环境因子是土壤有机碳、铵态氮、硝态氮和微生物量氮含量。高氮添加（N100、N150、N200 和 N300）提高了 AOB 基因丰度，降低了 AOA 基因丰度，并显著提高了 AOB/AOA，表明氮添加增加可能使 AOB 在贝加尔针茅草原土壤硝化过程中占主导作用。影响 AOB、AOA 基因丰度的主要影响因子是土壤 pH 值、有机碳、硝态氮和微生物量氮含量。高氮添加（N150、N200 和 N300）降低了反硝化细菌 *nirK* 基因丰度。氮添加量的增加促进了 AOB 主导的氨氧化过程，而反硝化微生物 *nirK* 丰度的降低提高了氨氧化产物的积累，继而提高了土壤中的硝态氮含量。影响反硝化细菌 *nirK* 的主要环境因子是土壤 pH 值、有机碳、硝态氮、铵态氮和微生物量氮含量。

第 8 章　养分添加对贝加尔针茅草原 6 种植物叶片性状的影响

8.1　样品采集与处理

于 2015 年 8 月 10 日在养分添加实验处理采集样品。此时 6 种草地常见植物（贝加尔针茅、羊草、羽茅、扁蓿豆、线叶菊和草地麻花头）已经完成叶片形态建成，生育时期为营养生长盛期至初花期。在每个小区，每种物种剪取完整健康植株 30 株。其中 15 株用于测定叶面积，另 15 株低温保存用于测定叶绿素。同时用土壤采样器在各个小区内按照“S”形取样法选取 10 个点，去除表面植被，取 0～10 cm 土壤混匀，去除根系和土壤入侵物，采用四分法选取 1 kg 土壤，迅速装入无菌封口袋，将其分成 2 部分，一部分于 -20℃冰柜中保存，用于土壤速效养分分析，另一部分土样于室内自然风干后研磨过筛，用于土壤理化性质分析。经过 6 a 连续养分添加后土壤理化性质见表 8.1。

表 8.1　不同养分添加处理下土壤理化性质

处理	全氮（g/kg）	全磷（g/kg）	有机质（g/kg）	铵态氮（mg/kg）	硝态氮（mg/kg）	速效磷（mg/kg）	pH 值
CK	1.80 ± 0.00bc	0.34 ± 0.00d	35.92 ± 0.59bc	6.83 ± 0.12b	4.43 ± 0.25b	3.94 ± 0.26d	6.93 ± 0.03ab
N	1.84 ± 0.00b	0.33 ± 0.02d	36.76 ± 0.44b	11.61 ± 0.59a	4.09 ± 0.30bc	4.13 ± 0.29d	6.62 ± 0.05c
P	2.26 ± 0.00a	0.54 ± 0.02a	45.13 ± 0.59a	6.68 ± 0.74b	1.94 ± 0.03e	42.59 ± 2.33ab	6.69 ± 0.01bc
K	1.73 ± 0.00de	0.32 ± 0.00d	34.58 ± 0.69cde	3.95 ± 0.79de	3.47 ± 0.34cd	3.62 ± 0.18d	6.67 ± 0.05bc
NP	1.65 ± 0.00f	0.42 ± 0.02b	32.97 ± 0.47e	4.83 ± 0.20cd	3.80 ± 0.24bcd	48.77 ± 5.22a	7.04 ± 0.13a
NK	1.77 ± 0.00cd	0.32 ± 0.01d	35.36 ± 0.71bcd	7.77 ± 1.14b	5.99 ± 0.50a	5.31 ± 0.27d	6.74 ± 0.13bc
PK	1.78 ± 0.00cd	0.40 ± 0.01bc	35.66 ± 0.47bc	2.75 ± 0.07e	2.10 ± 0.23e	24.84 ± 2.65c	6.55 ± 0.05bc
NPK	1.69 ± 0.00ef	0.38 ± 0.01c	33.89 ± 0.60de	6.17 ± 0.32bc	3.04 ± 0.21d	34.82 ± 4.98b	7.13 ± 0.12a

8.2 养分添加对植物比叶面积和叶绿素含量的影响

6 种植物在连续 6 a 不同养分添加下，比叶面积都发生了显著变化（图 8.1），变化幅度从大到小依次为羽茅、扁蓿豆、羊草、草地麻花头、线叶菊、贝加尔针茅。与对照 CK 相比，含 N 素添加处理（N、NK、NP、NPK）显著提高了贝加尔针茅、羊草、羽茅、草地麻花头和扁蓿豆的比叶面积。线叶菊除在 NK 添加处理比叶面积与其对照 CK 无显著差异以外，N、NP、NPK 添加处理均显著提高了比叶面积。含 P 素添加处理（P、NP、PK、NPK）显著提高了羽茅、扁蓿豆和线叶菊的比叶面积。贝加尔针茅在 P 处理添加下，比叶面积与对照 CK 相比无显著差异，羊草和麻花头在 P 处理添加下，比叶面积显著低于对照 CK，在 NP、PK、NPK 处理下，3 种植物的比叶面积均显著高于对照 CK。含 K 素添加处理下，6 种植物的比叶面积无一致的变化。6 种植物，N 素处理比叶面积均高于或显著高于 P 素处理和 K 素处理，说明 N 素添加处理对比叶面积影响均高于 P 素添加处理和 K 素添加处理的影响。

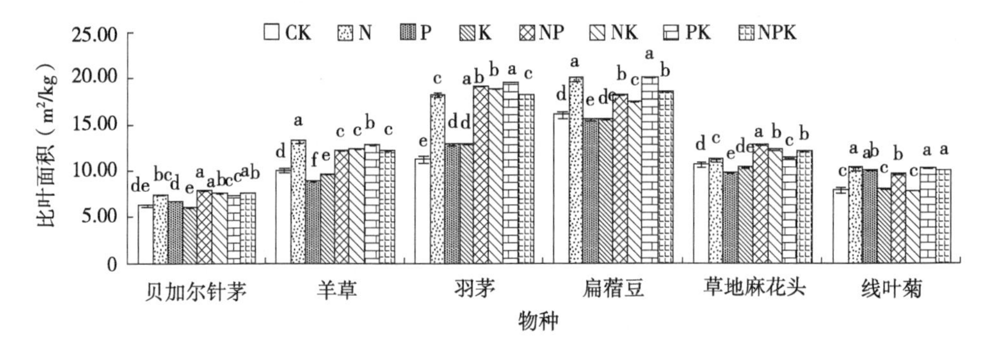

图 8.1 养分添加对 6 种植物比叶面积的影响

连续 6 a 不同养分添加下，6 种植物的叶绿素含量均呈现出对氮添加的敏感性，且禾本科牧草高于豆科和杂类草；磷素的添加，亦可增加禾本科牧草叶绿素含量，但激发效应显著小于氮的添加，对于豆科与杂类草而言，磷的添加，降低了其叶绿素含量（图 8.2）。扁蓿豆在 NP 养分添加下叶绿素含量最高，其余 5 种植物均在 N 养分添加下，叶绿素含量最高。6 种植物在 N 养分添加下的叶绿素含量均显著高于 P 养分和 K 养分添加下的叶绿素含量。在 N 养分添加下，贝加尔针茅、羊草、羽茅、扁蓿豆、草地麻花头、线叶菊的叶绿素含量与对照 CK 相比分别增加了 62.88%，139.42%，84.78%，6.01%，62.05% 和 22.02%。其中羊草增加最多，扁蓿豆叶绿素含量增加最少。在 P 养分添加下，贝加尔针茅、羊草、羽茅、草地麻花头与对照 CK 相比分别增加了 17.40%，49.52%，17.67%，

18.99%；扁蓿豆、线叶菊叶绿素含量与对照 CK 相比降低了 8.61%，39.77%。在 K 养分添加下，羊草、羽茅、草地麻花头的叶绿素含量与对照 CK 相比增加了 33.69%，20.38%，11.48%；贝加尔针茅、扁蓿豆、线叶菊叶绿素含量与对照 CK 相比，降低了 5.11%，7.28%，28.76%。除扁蓿豆和线叶菊在 P 养分、K 养分处理对叶绿素含量的变化高于 N 养分处理外，其余 4 种植物在 N 养分处理叶绿素含量变化均显著高于 P 养分和 K 养分添加处理。

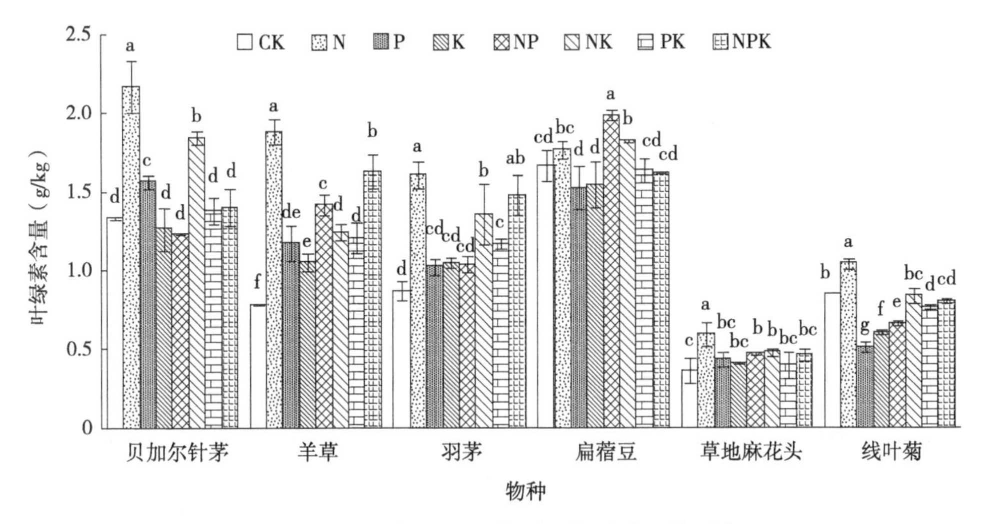

图 8.2　养分添加对 6 种植物叶绿素含量的影响

8.3　养分添加对植物叶片养分含量的影响

在不同养分添加下，叶含氮量变化范围各不相同（图 8.3）。6 种植物叶单位质量含 N 量变化从大到小依次为线叶菊、羽茅、草地麻花头、羊草、贝加尔针茅、扁蓿豆。在不同养分添加的处理间，线叶菊的叶含 N 量变化最大，达 13.96 g/kg，扁蓿豆的叶含 N 量变化最小，为 3.94 g/kg。除扁蓿豆以外，其余 5 种植物在含 N 素添加的处理（N、NK、NP、NPK）中叶含 N 量均高于各自对照 CK。贝加尔针茅、羊草、羽茅、草地麻花头和线叶菊在含 P 添加的处理（P、NP、PK、NPK）中叶含 N 量均高于各自对照 CK；扁蓿豆在 N、P 和 NPK 添加处理下叶含 N 量低于对照 CK，在 K、NP、NK、PK 下高于对照 CK。除扁蓿豆在 K 养分添加下，叶 N 含量变化高于 N 养分添加外，其余 5 种植物在 N 养分处理中叶含 N 量变化均显著高于 P 养分和 K 养分添加处理。

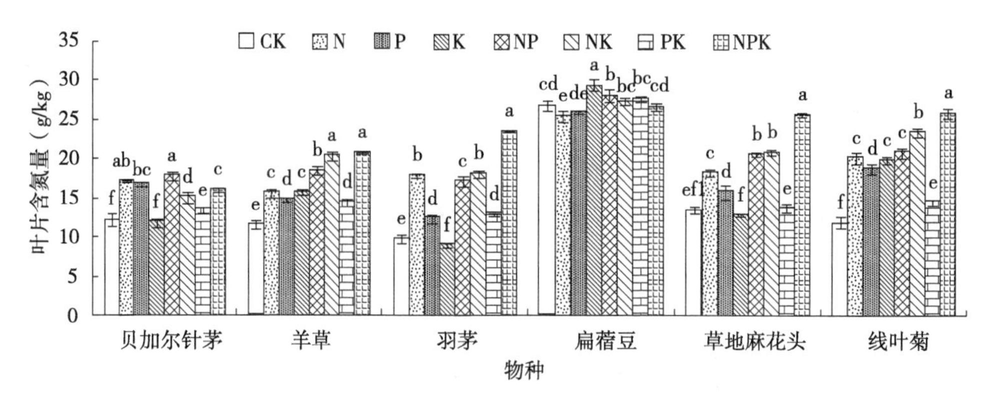

图 8.3　养分添加对 6 种植物叶片含氮量的影响

在不同养分添加下，6 种植物叶含 P 量变化范围各不相同（图 8.4）。叶含 P 量变化从大到小依次为扁蓿豆、贝加尔针茅、羽茅、羊草、线叶菊、草地麻花头。扁蓿豆的叶含 P 量变化最大，达 7.23 g/kg，草地麻花头的叶含 P 量变化最小，为 2.54 g/kg。贝加尔针茅、羊草、羽茅和线叶菊在含 P 素添加处理（P、NP、PK、NPK）叶含 P 量均高于对照 CK。扁蓿豆在 PK 添加处理叶含 P 量低于对照 CK，在 NP、PK 和 NPK 添加处理显著高于对照 CK。草地麻花头在 P、PK 添加处理叶含 P 量显著低于对照 CK，NP 添加处理与对照 CK 无显著差异，NPK 添加处理高于对照 CK。对于同一种植物叶含 P 量与 P 素添加相关，P 素添加处理的 6 种植物的叶含 P 量高于 N 素和 K 素添加处理。在连续 6 a 不同养分添加处理下，6 种植物叶含 P 量差异很大，这可能与植物系统发育变化有关。

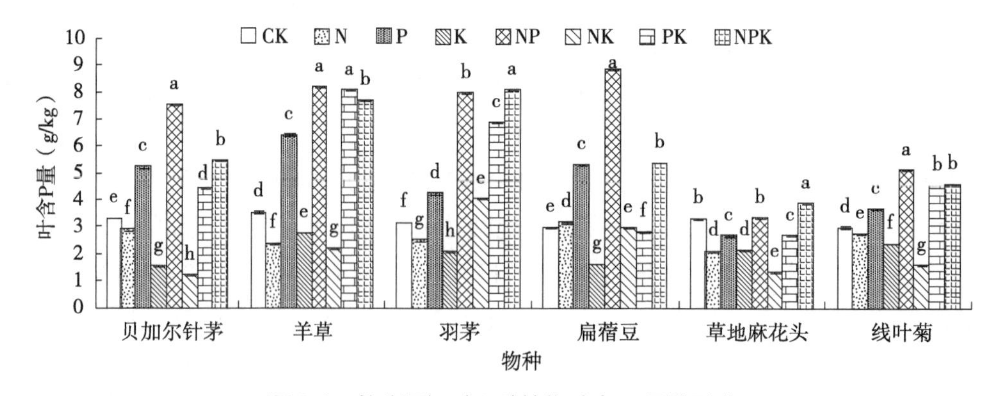

图 8.4　养分添加对 6 种植物叶含 P 量的影响

8.4　植物叶性状之间的关系

对所有不同养分添加处理 6 种植物的比叶面积与叶片养分含量的相关分析表明，植物叶片比叶面积与叶绿素含量、叶含 N 量呈极显著正相关（图 8.5a，图 8.5b，$P<0.01$），与叶含 P 量呈显著正相关（图 8.5c，$P<0.05$）。综合看来，较大的比叶面积具有较高的叶绿素含量和较高的养分含量，叶含 N 量和叶含 P 量对植物比叶面积的影响大于叶 N : P 的影响。

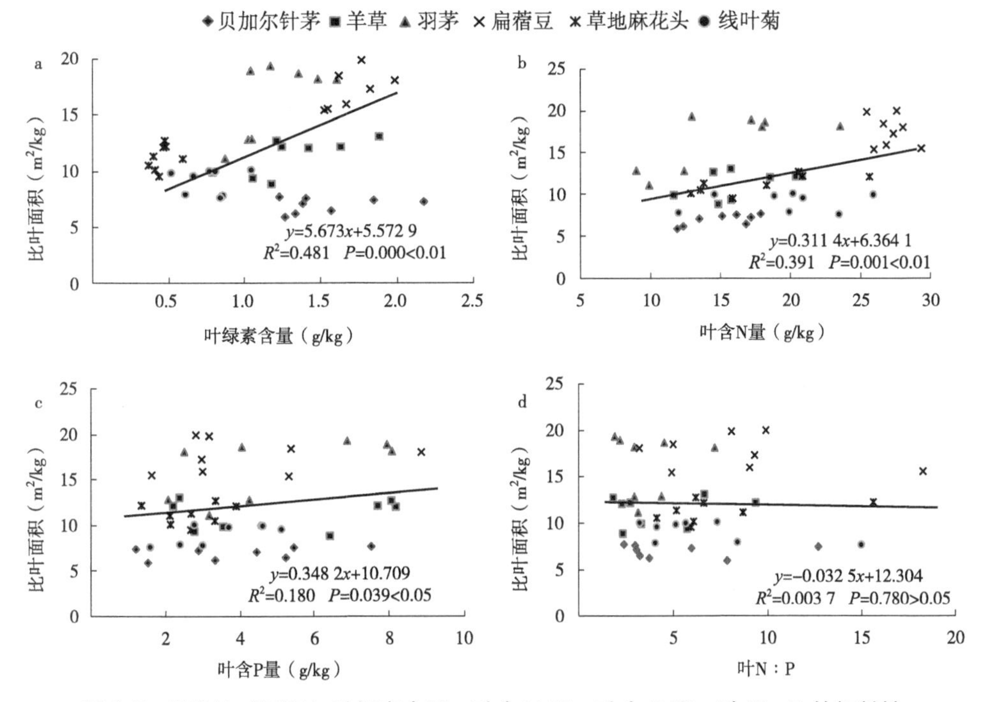

图 8.5　植物比叶面积与叶绿素含量、叶含 N 量、叶含 P 量、叶 N : P 的相关性

养分添加处理 6 种植物的叶绿素含量与叶养分含量相关分析表明，叶绿素含量与叶含 N 量呈极显著正相关（图 8.6a，$P<0.01$），与叶含 P 量无显著相关性（图 8.6b，$P>0.05$），随着叶 N : P 增大，叶绿素含量增加，但无显著相关性（图 8.6c）。随着叶含 P 量增加，叶含 N 量也增加，但无显著相关性（图 8.6d）。

8.5　植物叶性状与土壤特性的关系

植物叶性状与土壤特性的相关分析表明，6 种植物比叶面积与土壤有机质呈极显著负相关（$P<0.01$），与土壤 N 呈显著负相关（$P<0.05$）（表 8.2）。叶

绿素含量与土壤铵态氮含量呈极显著正相关（$P<0.01$）。叶含N量与土壤pH值呈显著正相关（$P<0.05$）。叶含P量与土壤磷、土壤速效磷含量和土壤pH值呈极显著正相关（$P<0.01$），与土壤有机质、土壤硝态氮呈显著负相关（$P<0.05$），与土壤N：P呈极显著负相关（$P<0.01$）。叶N：P与土壤硝态氮、土壤N：P呈极显著正相关（$P<0.01$），与土壤磷含量、速效磷含量呈极显著负相关（$P<0.01$）。

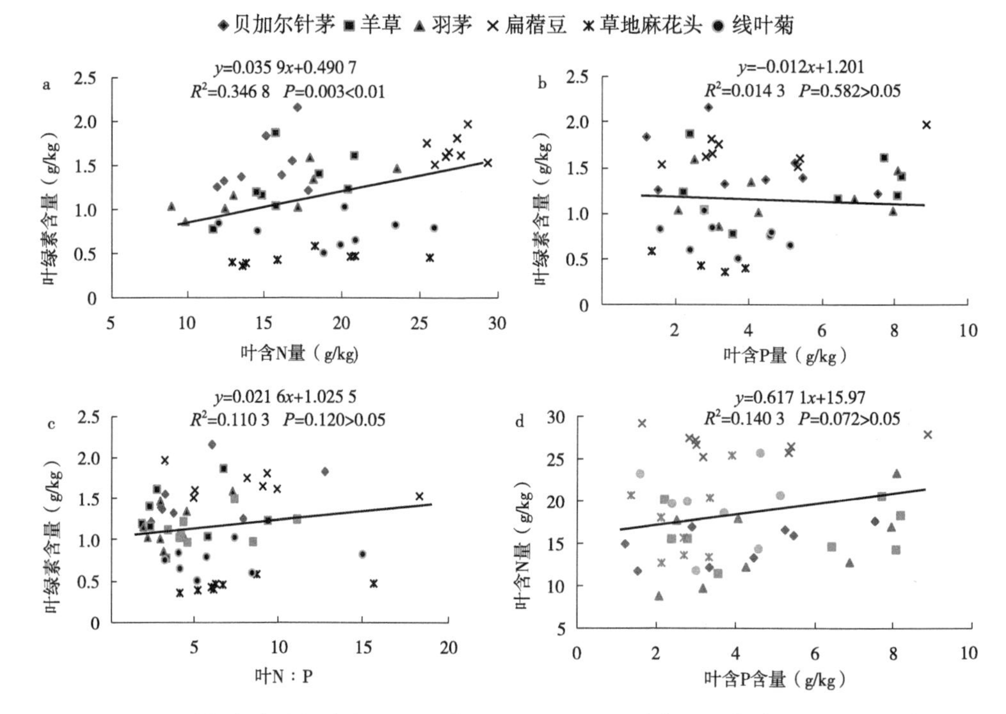

图8.6 叶绿素含量与叶含N量，含P量，N：P及叶含N量与含P量的相关性

表8.2 植物叶性状与土壤理化性状之间的关系

叶片性状	土壤全氮	土壤全磷	有机质	硝态氮	铵态氮	速效磷	土壤N：P	pH值
比叶面积	−0.445*	−0.128	−0.566**	0.055	0.111	0.252	−0.203	0.082
叶绿素含量	−0.146	−0.298	−0.051	0.329	0.738**	−0.166	−0.306	−0.085
叶含N量	−0.300	−0.023	−0.271	0.224	0.240	0.371	−0.203	0.474*
叶含P量	−0.105	0.581**	−0.447*	−0.494*	−0.385	0.912**	−0.910**	0.543**
叶N：P	−0.146	−0.627**	0.313	0.695**	0.331	−0.714**	0.780**	−0.373

8.6　讨论与结论

不同植物叶片的化学组分、形态结构和生理活性是相互联系的，这种内在的关系被称为叶片经济谱（Osnas et al.，2013；Read et al.，2014）。植物对环境的适应策略可通过各性状之间功能的权衡和协变来实现。当两个或多个重要植物性状在不同物种间具有一致的相关性时，这种性状关系可以认为是形成了一个策略维度。在长期进化的过程中，植物逐渐形成了较强的生理生化调节能力，来适应环境因子的变化（翁恩生等，2005）。土壤养分供给状况的改变，会显著影响植物的光合作用和矿质代谢等过程。通过养分添加实验研究植物群落结构、功能的变化与植物功能特性的变化之间的联系，有助于反映出植物对环境因子变化的适应性和生态对策（Brewer et al.，2003；Pennings et al.，2005）。

植物叶性状为适应不同环境而发生的改变可以反映它对生境条件变化的敏感程度（李玉霖等，2005）。N 素参与植物体内多种物质的合成代谢，直接间接参与植物的光合作用（Chown et al.，2007）。随着土壤 N 有效性提高，可供植物获取的 N 数量增多，因此植物增大叶片面积，提高叶片的光合能力。P 素在细胞膜结构、物质代谢以及植物光合作用中起着极其重要的作用（冯玉龙等，2002；Wright et al.，2001）。本研究中 6 种植物的比叶面积与叶绿素含量、叶含 N 量呈极显著正相关，与叶含 P 量呈显著正相关，这与于鸿莹等（2014）研究结果一致。本研究 6 种植物叶片的叶绿素含量与植物叶含氮量极显著正相关，在 6 种被观测的植物中，羊草的叶绿素含量增加的最多，说明氮元素的添加使羊草占据更有利的生态位，增强了其在群落中优势地位。羊草作为根茎型禾草，对氮素的响应高于贝加尔针茅、羽茅等丛生型禾草，这与张云海等（2013）、万宏伟等（2008）研究结果一致。比叶面积、叶绿素含量、叶含 N 量、叶含 P 量间的权衡和协变关系反映了植物可通过叶片形态与营养物质的调节分配，适应土壤养分环境变化的策略。上述相关关系证实了植物叶片功能性状间关系的趋同效应。

不同功能群植物在生活史、形态、生理等多个方面均不相同，因此其对生态系统功能的影响也存在差异。本研究所选 6 个物种分属 3 个功能群，禾草类的贝加尔针茅、羊草、羽茅，菊科类的草地麻花头、线叶菊，豆科类的扁蓿豆。本研究中 6 个物种叶含 N 量和含 P 量最高的是豆科的扁蓿豆，叶含 N 量最低的是连续 K 养分添加处理禾草类的羽茅，对于不同的功能群，叶含 N 量都表现为豆科大于非豆科。叶含 P 量最低的是连续 NK 养分添加下的禾草类的贝加尔针茅，除此之外，含 N 和 P 素添加处理（N、P、NP、NK、PK、NPK）叶含 P 量表现为禾草类大于菊科，说明非豆科植物比豆科植物、禾草比非禾草具有更高的养分利用效率，这与于丽等（2015）养分添加提升了贝加尔针茅和羊草为主的禾本科地位研究结果互为印证。该研究结果与宾振钧等（2014）的研究结果一致。

绿叶养分浓度反映了土壤的养分供应能力（Aerts et al.，2000），叶片摄取养分的多少受土壤养分供应能力的影响。植物叶片的 N：P 值能够反映植物在种群、群落、生态系统尺度上生长受养分限制的情况。我国草地植物叶片 N 浓度的平均值为 28.6 g/kg，叶片 P 平均值为 1.9 g/kg（Han et al.，2005）。我国草地豆科植物叶 N 浓度 30.6 g/kg，叶 P 浓度的平均值为 2.0 g/kg（He et al.，2008）。本研究中 6 种植物的叶含 N 量均低于我国平均值。在 8 种养分添加处理下，6 种植物叶含 P 量大致表现为高于我国草地植物叶 P 浓度的平均值。本研究中 6 种植物叶片养分对 N 素和 P 素添加较为敏感，对 K 素添加没有一致的结果。除扁蓿豆以外，含 N 素和 P 素添加处理显著提高了贝加尔针茅、羊草、羽茅、草地麻花头和线叶菊叶含 N 量，贝加尔针茅、羊草、羽茅和线叶菊在含 P 素添加处理叶含 P 量均高于对照 CK。大多数研究认为，豆科植物可以通过生物固能满足自身对 N 的需求。本研究中 N 处理降低了扁蓿豆的叶含 N 量，可能是由于 N 的过量施用抑制了根瘤的形成，降低了生物固氮效率。Koerselman 等（1996）研究认为，当 N：P＜14 时，N 为限制性因子；N：P＞16 时，P 为限制性因子；14＜N：P＜16 时，N、P 为共同的限制性因子。本研究中，扁蓿豆在 K 素添加处理受 P 限制，麻花头和线叶菊在 NK 添加处理受 N、P 共同限制，其余处理 6 种植物都受 N 素限制，说明研究区贝加尔针茅草原群落主要受 N 素限制。

植物叶片性状与其生存环境条件密切相关（Tsialtas et al.，2004）。叶片特性与土壤理化性质相关分析表明，6 种植物叶片比叶面积、叶绿素含量和叶片养分与土壤理化性质密切相关。本研究中叶 N：P 与土壤 N：P 呈极显著正相关（*P*＜0.01），叶绿素含量与氨态氮含量显著正相关，这与顾大形等（顾大形等，2011）研究结果一致。叶 N：P 与土壤全氮含量显著负相关，这与韦兰英等（2008）研究结果一致。在养分添加处理中，6 种植物的叶片性状因子比叶面积、叶绿素含量、叶片养分含量均发生了显著变化，但变化的范围和方向都不尽相同，说明贝加尔针茅草原共存的 6 种植物其叶片性状特征对环境异质性具有不同的响应。6 种植物叶片性状的变异机制以及同一养分添加处理下不同植物叶片性状的差异原因还需进一步深入研究。

综合以上分析，养分添加改变了 6 种植物的叶片功能特性，N 素添加处理对于叶比叶面积和叶绿素含量的影响高于 P 素和 K 素添加处理。未添加养分处理，6 个物种 N：P 在 3.11～9.01，与我国其他地区草地植物 N：P 相比较，植物叶 N：P 都比较低，说明贝加尔针茅草原群落主要受 N 素限制。叶片性状与土壤理化性质密切相关，说明土壤养分供给条件是叶片结构特性和叶片养分组成发生变化的重要原因。该研究结果对退化草地生态系统的恢复与管理具有重要的指导意义。在采用养分添加促进退化草地恢复的实践中，可以考虑通过养分添加的方法改善土壤条件，并应考虑草地生态系统自身原有的养分状况，设置适当的 N、P 肥施用量。对于植物生长受氮素限制的草地，施用氮肥是提高草地生产力的首选措施；对于氮素不是限制因素的草地，适当添加 P 肥有助于生产力的提高。

第 9 章　不同利用方式对草原土壤有机碳库的影响

9.1　样品采集与处理

于 2019 年 8 月，按照随机、等量和多点混合的原则，用直径为 5 cm 的土钻，在各个样地内按照“S”形取样法选取 20 个点，将所取 0～10 cm、10～20 cm、20～30 cm 土层土样混匀，除去石块和动植物残体等杂物，采用四分法选取 1 kg 土样装入无菌袋内，置于冰盒中运至实验室。并将其分成两部分，一部分于 -20℃冰柜中保存，用于可溶性有机碳、土壤微生物量碳的测定分析。另一部分土样于室内自然风干后研磨过筛，用于土壤总有机碳、易氧化有机碳和其他理化性状的测定分析。

9.2　不同利用方式下土壤理化因子变化

不同利用方式下，贝加尔针茅草原全氮全磷含量的变化幅度相对较小（表 9.1），土壤 pH 值表现为刈割＞放牧＞围封，刈割区的土壤 pH 值显著大于围封区和放牧区（$P<0.05$）。土壤有机碳表现为围封＞刈割＞放牧，围封区和刈割区土壤有机碳含量显著大于放牧区，土壤铵态氮和土壤硝态氮均表现为放牧＞刈割＞围封，其中放牧区和刈割区的土壤铵态氮显著高于围封区，放牧区的土壤硝态氮显著高于刈割区和围封区。

表 9.1　不同利用方式下贝加尔针茅草原土壤理化因子

利用方式	pH 值	土壤有机碳（g/kg）	全氮（g/kg）	全磷（g/kg）	铵态氮（mg/kg）	硝态氮（mg/kg）
围封	6.72 ± 0.05b	13.54 ± 0.03a	2.46 ± 0.10a	0.41 ± 0.00a	4.52 ± 0.05b	1.19 ± 0.04b
放牧	6.74 ± 0.03b	13.01 ± 0.07b	2.46 ± 0.10a	0.42 ± 0.00a	5.15 ± 0.23a	1.56 ± 0.04a
刈割	7.26 ± 0.11a	13.30 ± 0.11a	2.61 ± 0.03a	0.41 ± 0.01a	4.74 ± 0.05ab	1.23 ± 0.04b

9.3 不同利用方式下土壤活性有机碳含量变化

不同利用方式不同土层间土壤可溶性有机碳含量呈现出较大差异（图 9.1）。围封区 10～20 cm 层土壤可溶性有机碳含量最高，其次为 20～30 cm 层，最低的为 0～10 cm 层。放牧区 20～30 cm 层可溶性有机碳含量最高，其次为 10～20 cm 层，最低的为 0～10 cm 层。其中围封区和放牧区深层土（10～20 cm 和 20～30 cm）显著大于表层土（0～10 cm）（$P<0.05$）。刈割区下各土层间呈显著差异其中 10～20 cm 层含量最高，其次为 0～10 cm 层，最低的为 20～30 cm 层。土壤可溶性有机碳最大值出现在放牧区 20～30 cm 土层，为 102.11 mg/kg。最小值出现在刈割区的 20～30 cm 土层仅为 51.10 mg/kg。在相同土层中 0～10 cm 和 10～20 cm 土层土壤可溶性有机碳含量没有显著差异，而在 20～30 cm 土壤可溶性有机碳含量顺序为放牧＞围封＞刈割而且具有显著差异。不同利用方式下贝加尔针茅草原可溶性有机碳平均土层含量表现为放牧＞围封＞刈割，放牧区下可溶性有机碳含量最高为 90.70 mg/kg，显著高于其他处理。同时围封区显著高于刈割区。

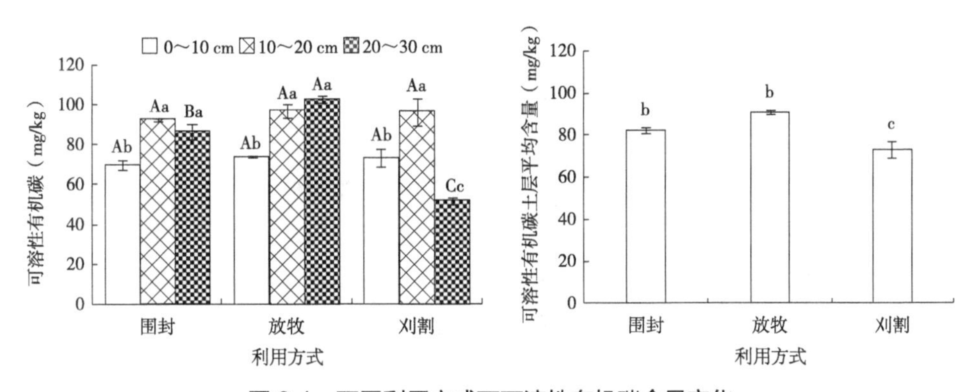

图 9.1 不同利用方式下可溶性有机碳含量变化

不同土层间土壤易氧化有机碳含量变化呈现较大差异（图 9.2）。在围封区、放牧区、刈割区下，在 3 个土层中表层土（0～10 cm）土壤易氧化有机碳含量最高，其中围封区和刈割区每一个土层之间差异显著（$P<0.05$）。放牧区中表层土显著大于 10～20 cm 土层和 20～30 cm 土层，其中 10～20 cm 土层和 20～30 cm 土层无显著差异（$P>0.05$），放牧区下土壤易氧化有机碳更集中在表层，深层土更加均匀。土壤易氧化有机碳最大值出现在刈割区处理的 0～10 cm 土层为 11.63 g/kg。最小值出现在刈割区的 20～30 cm 土层仅为 4.21 g/kg。0～10 cm 和 10～20 cm 土层，土壤易氧化有机碳含量顺序为：刈割＞围封＞放牧，20～

30 cm 土层，土壤易氧化有机碳含量顺序为：围封＞放牧＞刈割。不同处理间土壤易氧化有机碳含量表现为围封区＞刈割区＞放牧区，其中围封区与刈割区无显著差异（$P>0.05$），放牧区土壤易氧化有机碳含量与围封区和刈割区土壤易氧化有机碳含量显著降低（$P<0.05$），围封区土壤易氧化有机碳含量比放牧区土壤易氧化有机碳含量多 16%。

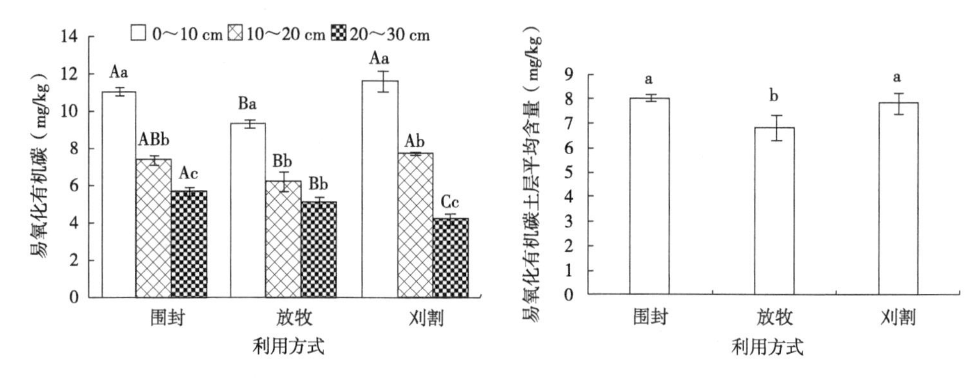

图 9.2　不同利用方式下易氧化有机碳含量变化

不同深度土壤微生物量碳含量有一定差异（图 9.3）。放牧区、围封区和刈割区下，均表现为表层土（0～10 cm）微生物量碳含量最高。刈割区表层微生物量碳含量为 1 068.29 mg/kg 占总量的 57%，中层和下层分别占总量的 23% 和 20%；放牧区表层微生物量碳含量为 704.21 mg/kg 占总量的 51%，中层和下层分别占 32% 和 17%；围封区表层微生物量碳含量为 958.08 mg/kg 占总量的 49%，中层和下层分别占 33% 和 18%。0～10 cm 土层，土壤微生物量碳含量大小顺序为：刈割＞围封＞放牧；10～20 cm 和 20～30 cm 土层，土壤微生物量碳含量顺序为：围封＞刈割＞放牧。3 种处理土壤微生物量碳平均含量顺序为：围封区＞

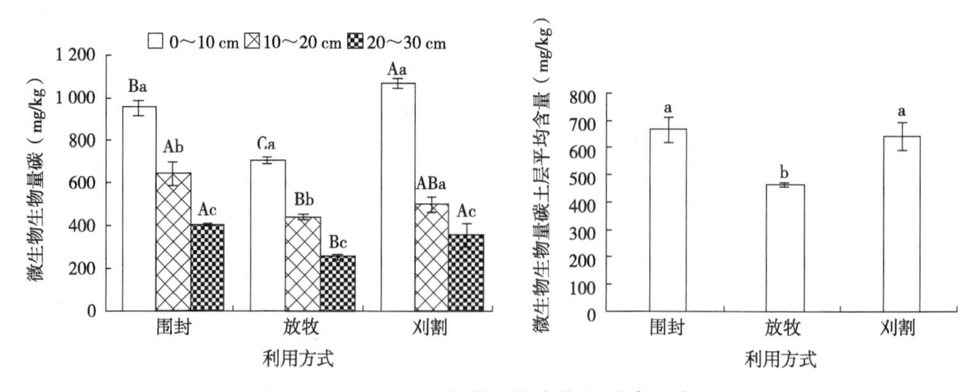

图 9.3　不同利用方式下微生物量碳含量变化

刈割区＞放牧区，围封与刈割差异不显著，围封比放牧高 42.8%。土壤微生物量碳含量在重度放牧措施下损失的比较多，刈割区与围封区之间土壤微生物量碳含量无显著差异，表明刈割处理对土壤微生物量碳影响较小。

9.4　不同利用方式对土壤活性有机碳组分比例的影响

不同利用方式土壤活性有机碳组分比例存在差异（表 9.2）。3 种利用方式中土壤可溶性碳含量占土壤有机碳含量的比例范围为 0.55%～0.70%，表现为放牧＞围封＞刈割，且放牧区显著大于放牧和刈割。三种土地利用方式中土壤易氧化有机碳含量占土壤有机碳含量比例范围为 52.75%～59.15%，表现为围封＞刈割＞放牧，其中刈割区和围封区的易氧化有机碳比例显著高于放牧区（$P<0.05$）。三种土地利用方式中土壤微生物量碳含量占土壤有机碳含量的比例范围为 3.59%～4.92%，表现为围封＞刈割＞放牧，同时刈割区和围封区的比例微生物量碳比例显著大于放牧区，且刈割与围封之间无显著差异（$P>0.05$）。

表 9.2　不同利用方式下土壤活性有机碳的分配比例

利用方式	可溶性有机碳比例（%）	易氧化有机碳比例（%）	微生物量碳比例（%）
围封	0.61 ± 0.01b	59.15 ± 0.51a	4.92 ± 0.19a
放牧	0.70 ± 0.01a	52.75 ± 2.38b	3.59 ± 0.05b
刈割	0.55 ± 0.05b	58.93 ± 1.44a	4.83 ± 0.25a

9.5　土壤活性有机碳与土壤理化性质的关系

土壤活性有机碳与土壤理化性质之间相关性分析表明（表 9.3），土壤易氧化有机碳和土壤微生物量碳与土壤有机碳、全氮、全磷均呈极显著正相关（$P<0.01$），土壤微生物量碳含量与土壤易氧化有机碳呈极显著正相关（$P<0.01$）。土壤可溶性有机碳与其他理化指标之间不存在显著相关性（$P>0.05$）。

表 9.3　土壤活性有机碳含量与土壤理化性质之间相关性分析

指标	pH 值	土壤有机碳	全氮	全磷	微生物量碳	易氧化有机碳	可溶性有机碳
可溶性有机碳	−0.30	−0.25	−0.24	−0.08	−0.32	−0.20	1.00
易氧化有机碳	−0.24	0.95**	0.95**	0.58**	0.92**	1.00	—
微生物量碳	−0.08	0.90**	0.89**	0.51**	1.00	—	—

9.6 讨论与结论

围封、放牧和刈割是天然草原的主要利用方式，不同利用方式改变了草原土壤有机碳的固存状况与稳定性。本研究表明，与围封和刈割相比，放牧使0～30 cm土层土壤有机碳含量显著下降。这与纪翔（2019）、张静妮等（2010）对贝加尔针茅草原的研究结果一致。邱璇等（2016）和张林等（2009）研究也表明过度放牧降低了草原土壤有机碳含量。原因可能是过度放牧大量减少了草原植物群落地上和地下生物量，破坏了土壤和结构和生物群落，进而影响土壤有机碳的固持和稳定性使土壤有机碳的分解加快（王合云等，2015；兰瑞君等，2017；安慧等，2013）。围栏封育作为改善草地生态主要措施之一。相关研究发现，围栏封育可使土壤碳储量提高约25%，并且改善了土壤结构（Feyisa et al.，2017）。本研究表明，围封区土壤有机碳含量高于放牧区，这与管光玉等（2014）对山地草甸草原土壤有机碳的研究结果相似。郝广等（2018）发现随刈割频次增加土壤有机碳含量呈下降趋势。本研究表明，围封和刈割的土壤有机碳含量差异不显著，且围封区和刈割区土壤有机碳含量均显著大于放牧土壤有机碳含量。围封与刈割有利于土壤有机碳含量的增加。

土壤活性有机碳是易氧化分解、易被微生物转化和生物直接利用的有机碳组分，其与土壤有机碳有密切关系，可以作为反映土壤质量变化的重要指标（Belay-Tedla et al.，2009）。前人研究表明不同土地利用方式显著改变土壤可溶性有机碳的含量。邱璇等（2016）研究发现，放牧降低了小针茅荒漠草原中土壤可溶性有机碳含量。本研究中土壤可溶性碳平均含量放牧＞围封＞刈割。前人研究表明，草地生态在放牧条件下有一定的恢复能力（Milchunas et al.，1993），在放牧条件下，牲畜的采食、践踏提高了粪便和凋落物的分解速率并进入土层，增加了土壤可溶性碳的累积（Prieto et al.，2011）。土壤易氧化有机碳是对植物养分供应有直接作用的那部分有机碳，其特点是在土壤中有效性较高、易被土壤微生物分解利用（王春燕等，2014）。张文敏等（2014）研究表明，长期围封显著提高易氧化有机碳含量，且是放牧草地土壤的4.53倍。在本研究中，围封区和刈割区的土壤易氧化有机碳含量显著大于放牧区，围封区比放牧区土壤易氧化有机碳含量高16%，围封区与刈割区之间无显著差异。土壤易氧化有机碳与土壤有机碳的比例与土壤有机碳的稳定性呈正相关（Wang et al.，2010），围封和刈割在增加易氧化有机碳的同时还能够提升土壤有机碳的含量。王国兵等（2013）研究表明，不同土地利用类型下土壤易氧化有机碳含量在剖面的分布规律不同。本研究表明，3种不同利用方式下土壤易氧化有机碳含量在不同的土层中含量由高到低，且与土壤有机碳和土壤微生物量碳呈显著正相关。这与大多数研究一致（谢正苗等，2003；刘学东，2017）。本研究中，土壤微生物量碳与土壤易氧化有机碳变化相似，均是围封区与刈割区之间无显著差异，均与放牧有显著差异；放牧区土壤微生物量碳的降低最明显，与围封区相比土壤微生物量碳含量下降42.8%。这与 Hu 等（2017）研究结论一致。土壤微生物量碳与土壤有机碳的比值即微生物熵可以敏感反应土壤有机碳的变化，微生物熵增大说明土壤碳库正在积累（刘学东等，2016）。本研究表明，围封区和刈割区的微生物熵显著大于放牧区，可能是在放牧利用中会损失土壤微生物量碳的含量（邱璇等，2016），围封与刈割的微生物量碳，微生物熵较高，表明放牧与刈割的微生物量碳有利于土壤有机碳的转化。

不同利用方式显著改变了贝加尔针茅草原土壤有机碳和土壤活性有机碳含量。贝加尔针茅草原中土壤有机碳、土壤易氧化有机碳、土壤微生物量碳、易氧化有机碳比例和土壤微生物量碳比例均表现为围封＞刈割＞放牧，围封区与刈割区无显著差异，同时都显著大于放牧区。围封和刈割有利于土壤有机碳、土壤微生物量碳和土壤易氧化有机碳的积累。贝加尔针茅草原土壤有机碳、易氧化有机碳、微生物量碳含量、土壤全氮和土壤全磷相互之间呈极显著正相关关系。

第 10 章　不同利用方式对草原主要植物和土壤化学计量特征的影响

10.1　样品采集与处理

于 2019 年 8 月初在围封，放牧，刈割 3 种样地内进行了植物和土壤样品采集。此时贝加尔针茅、羊草、羽茅、扁蓿豆，4 种植物已经完成叶片形态建成，生育时期为营养生长盛期至初花期。在每个样地内各随机挑选贝加尔针茅、羊草、羽茅、扁蓿豆，4 种主要植物，尽可能从样地区域内广泛的随机收集。避免衰老或损坏的叶片，挑选生长无隐蔽生境的，生长良好的植株，每个物种收集 30 株，植物装入样品保温箱带回实验室，其中 15 株低温保存用于测定叶绿素含量和叶 N、P 含量，另 15 株用于测定比叶面积。同期每个样地内按照“S”形取样法选取 20 个点，用直径为 5 cm 的土钻分别取 0～10 cm、10～20 cm、20～30 cm 土层土壤样品，采用“四分法”选取 1 kg 土样，去除杂物装入无菌自封袋中带回实验室，在室内自然风干后研磨过筛，用于土壤有机碳、全氮、全磷含量的测定和分析。经过 9 a 不同利用方式管理后 0～10 cm 土层土壤理化性质见表 10.1。

表 10.1　不同利用方式下土壤理化性质

利用方式	有机碳（g/kg）	土壤全氮（g/kg）	土壤全磷（g/kg）	硝态氮（mg/kg）	铵态氮（mg/kg）	pH 值
围封	18.47 ± 0.98a	3.39 ± 0.13a	0.42 ± 0.03a	1.13 ± 0.06b	4.31 ± 0.04b	6.63 ± 0.08b
放牧	17.70 ± 0.12b	3.42 ± 0.11a	0.43 ± 0.03a	2.06 ± 0.03a	5.07 ± 0.26a	6.45 ± 0.08ab
刈割	17.74 ± 0.08b	3.66 ± 0.06a	0.48 ± 0.00a	1.12 ± 0.04b	4.75 ± 0.15ab	6.80 ± 0.05a

10.2　不同利用方式对草原 4 种主要植物叶片功能性状的影响

10.2.1　不同利用方式下 4 种主要植物比叶面积和叶绿素含量特征

围封、放牧、刈割不同利用方式下贝加尔针茅、羊草、羽茅、扁蓿豆，4 种植物比叶面积有明显的显著变化（图 10.1），贝加尔针茅比叶面积表现为放牧>

刈割＞围封，放牧处理显著高于刈割和围封（$P<0.05$），刈割与围封之间无显著差异（$P>0.05$）。羊草和羽茅比叶面积表现为放牧＞围封＞刈割，其中羊草比叶面积，放牧与围封和刈割差异显著（$P<0.05$），围封与刈割差异不显著；羽茅比叶面积，放牧和围封与刈割差异显著（$P<0.05$），围封与放牧之间无显著差异（$P>0.05$）。扁蓿豆比叶面积表现为刈割＞放牧＞围封，3 个处理之间均无显著差异（$P>0.05$）。不同利用方式下 4 种植物叶绿素含量有相似的变化特征（图 10.2），贝加尔针茅和羊草叶绿素含量变化为放牧＞刈割＞围封，其中放牧与刈割和围封之间差异显著（$P<0.05$），刈割和围封无显著差异（$P>0.05$）。羽茅和扁蓿豆叶绿素含量变化表现为放牧＞围封＞刈割，其中放牧与围封和刈割差异显著（$P<0.05$），围封和刈割无显著差异（$P>0.05$）。

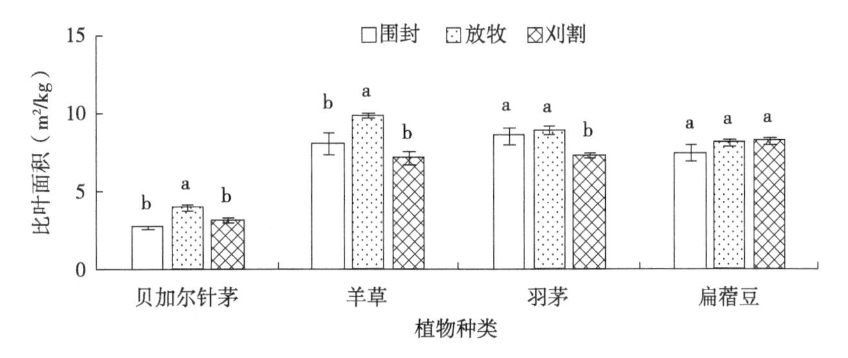

图 10.1　不同利用方式下 4 种植物比叶面积变化

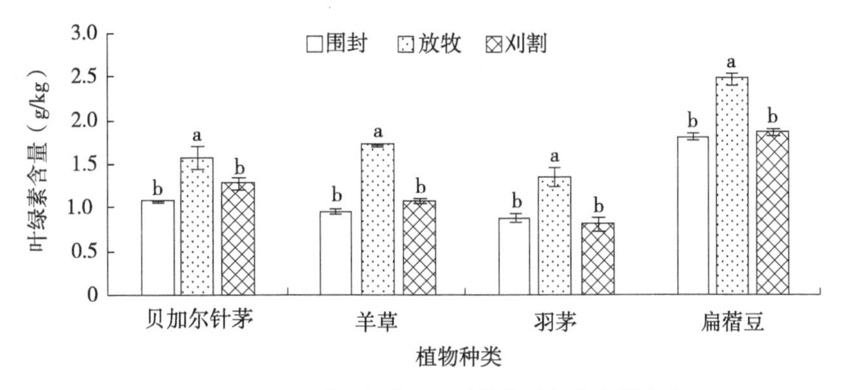

图 10.2　不同利用方式下 4 种植物叶绿素含量变化

10.2.2　不同利用方式下 4 种主要植物叶性状之间的相关关系

围封、放牧和刈割 3 种不同利用方式下，贝加尔针茅、羊草、羽茅、扁蓿豆，4 种植物比叶面积与叶片叶绿素含量、N、P、N : P 相关性分析见表 10.2。

贝加尔针茅比叶面积与叶绿素含量、叶 N 含量呈极显著正相关关系（$P<0.01$），与叶 N : P 呈显著正相关关系（$P<0.05$）。羊草比叶面积与叶绿素含量、叶 N 含量、叶 P 含量和叶 N : P 均呈极显著正相关关系（$P<0.01$）。羽茅比叶面积与叶绿素含量呈极显著正相关关系（$P<0.01$），与叶 N 含量呈极显著负相关关系（$P<0.01$）。扁蓿豆叶片比叶面积与叶绿素含量、叶 N 含量、叶 P 含量和叶 N : P 均无显著相关性（$P>0.05$）。贝加尔针茅和羽茅叶绿素含量与叶片 N、N : P 呈显著正相关关系（$P<0.05$）。

贝加尔针茅、羊草、羽茅和扁蓿豆的叶绿素含量与叶 N : P 呈显著正相关（$P<0.05$）或极显著正相关（$P<0.01$）。贝加尔针茅和扁蓿豆的叶绿素含量与叶 N 含量呈极显著正相关（$P<0.01$），羊草的叶绿素含量与叶 N 含量呈显著正相关（$P<0.05$），羽茅的叶绿素含量与叶 N 含量呈显著负相关（$P<0.05$）。羊草的叶绿素含量与叶 P 含量呈极显著正相关（$P<0.01$），扁蓿豆的叶绿素含量与叶 P 含量呈极显著负相关关系（$P<0.01$）。羊草叶 N 含量与叶 P 含量呈显著正相关（$P<0.05$），扁蓿豆叶 N 含量与叶 P 含量呈极显著负相关（$P<0.01$）。

表 10.2 植物叶性状之间的相关性

植物物种	植物叶性状	叶绿素含量	叶 N 含量	叶 P 含量	叶 N : P
贝加尔针茅	比叶面积	0.985**	0.832**	0.286	0.755*
	叶 N : P	0.764*	0.992**	−0.406	1
	叶 P 含量	0.240	−0.288	1	—
	叶 N 含量	0.835**	1	—	—
羊草	比叶面积	0.888**	0.919**	0.841**	0.865**
	叶 N : P	0.690*	0.988**	0.556	1
	叶 P 含量	0.966**	0.675*	1	—
	叶 N 含量	0.789*	1	—	—
羽茅	比叶面积	0.816**	−0.914**	0.036	0.427
	叶 N : P	0.847**	−0.370	0.897**	1
	叶 P 含量	0.571	−0.020	1	—
	叶 N 含量	−0.797*	1		—
扁蓿豆	比叶面积	0.309	0.380	−0.022	0.350
	叶 N : P	0.980**	0.999**	−0.923**	1
	叶 P 含量	−0.917**	−0.907**	1	—
	叶 N 含量	0.979**	1	—	—

10.2.3 植物叶性状与土壤理化性质的相关关系

贝加尔针茅、羊草、羽茅、扁蓿豆叶性状与土壤因子相关性见表 10.3。贝加尔针茅的比叶面积和叶绿素含量均与土壤硝态氮和铵态氮呈极显著正相关关系（$P<0.01$）。羊草比面积与硝态氮呈极显著正向关系（$P<0.01$）；叶绿素含量与土壤硝态氮呈极显著正相关关系（$P<0.01$），与铵态氮呈显著正相关（$P<0.05$）。羽茅叶绿素与土壤硝态氮呈极显著正向关系（$P<0.01$），与铵态氮呈显著正相关（$P<0.05$）。扁蓿豆比叶面积与土壤全氮、全磷和铵态氮呈显著正相关（$P<0.05$），与土壤 N：P 呈极显著正相关（$P<0.01$）；叶绿素含量与硝态氮呈极显著正相关关系（$P<0.01$），与铵态氮呈显著正相关（$P<0.05$）。

表 10.3 植物叶性状与土壤理化性质的相关性

植物	叶片性状	土壤全氮	土壤全磷	硝态氮	铵态氮	土壤 N ：P
贝加尔针茅	比叶面积	0.056	0.094	0.921**	0.949**	0.422
	叶绿素含量	0.061	0.094	0.904**	0.956**	0.434
羊草	比叶面积	−0.355	−0.332	0.921**	0.577	0.110
	叶绿素含量	−0.257	−0.215	0.996**	0.792*	0.155
羽茅	比叶面积	−0.499	−0.468	0.648	0.197	−0.092
	叶绿素含量	−0.343	−0.307	0.953**	0.682*	0.108
扁蓿豆	比叶面积	0.783*	0.778*	0.330	0.727*	0.954**
	叶绿素含量	−0.300	−0.255	0.993**	0.754*	0.139

10.2.4 讨论与结论

草地利用方式对植物的生态功能和进化有重要的影响，而植物对利用方式的干扰有足够的抵抗性和适应性，植物对环境干扰的适应能力，在生理和形态特征方面表现最为明显。比叶面积作为重要的结构型性状，可以表征植物的资源获取能力（王娅琳等，2020）。本研究发现，放牧处理下贝加尔针茅和羊草比叶面积均显著高于围封和刈割处理。贝加尔针茅比叶面积，放牧处理与围封和刈割相比增加了 1.47 倍、1.26 倍，羊草比面积增加了 1.23 倍、1.38 倍。放牧处理下羽茅和扁蓿豆的比叶面积高于围封和刈割，但没有达到显著水平，可以说明放牧处理增加植物比叶面积，这与 Pablo 等（2010）在连续 15 a 在巴西西南部草原放牧条件下，植物比叶面积显著大于围封结果相似，并表明长期放牧干扰下植物通过提高比叶面积获取更多的光合资源。齐丽雪（2019）也研究发现，放牧地植物比叶面积大于潜耕翻、切根、围封 3 种恢复措施下的植物比叶面积，说明在放牧干扰下 4 种植物的资源获取能力有所增加，表现出快速资源获得型策略（王娅琳等，

2020）。

光合作用是植物的生长发育最基本保障，其叶绿素含量的大小直接反映植物对环境变化的适应潜力（万宏伟等，2008）。本研究发现放牧显著增加了4种植物叶绿素含量，放牧处理与围封和刈割处理相比贝加尔针茅叶绿素含量增加了1.37、1.23倍，羊草叶绿素含量增加了1.71倍、1.62倍，羽茅叶绿素含量增加了1.44、1.70倍，扁蓿豆叶绿素含量增加了1.34倍、1.32倍，表明4种植物叶绿素含量对放牧处理的响应，均呈现相同的显著增加趋势，此结果与张子荷等（2018）研究结果相似，主要原因是放牧过程中被采食或践踏的植物为了尽快恢复正常生长，提高现有的和再生叶子的光合能力，对自身生长提供充分的营养物质（赵威，2006）。另一方面牲畜的采食去除了失去光合能力的病老叶子，对新生叶子提供了光合作用的条件。项目组前期研究也表明植物比叶面积和叶绿素含量存在正相关关系，随比叶面积的增加，叶绿素含量增加。与围封相比刈割处理，除羽茅比叶面积显著降低以外，贝加尔针茅、羊草、扁蓿豆的比叶面积、叶绿素含量均没有显著变化，这与张璐等（2018）研究结果相似，刈割对植物性状的影响弱于放牧。植物光合过程中N元素是合成蛋白质和叶绿素的必需元素，赵威（2006）研究发现，刈割对净光合速率影响较弱，只持续24～48 h，因此刈割处理下植物叶绿素含量比较稳定。叶片的大约75%的有机氮存在于叶绿体中（史作民等，2015），叶N含量与叶绿素含量存在很强的正相关关系，氮利用效率越大，植物光合速率越强，而比叶面积越大植物的净光合速率和叶含N量越高（张林等，2004），本研究发现，植物比叶面积、叶绿素含量、叶N含量、叶N：P之间存在显著相关关系，但物种之间存在差异。这与前人的研究相似，草本植物物种之间氮利用效率存在差异（John，1989），因此这有可能是导致物种之间叶片N含量与叶绿素含量、比叶面积相关性存在差异的主要原因。

土地利用方式会引起植物形态变化，植物性状在放牧处理的响应很大程度上受土壤养分等可利用性资源的影响，而这些植物的变化反过来影响土壤因子（Mark et al.，1998）。本研究发现植物比叶面积、叶绿素含量与土壤因子有一定程度的相关性，尤其是贝加尔针茅、羊草、羽茅、扁蓿豆叶绿素含量与土壤硝态氮呈极显著相关关系，贝加尔针茅、羊草比叶面积与土壤硝态氮呈极显著正相关关系。土壤硝酸盐和氨酸盐是植物从土壤中吸收无机氮的主要来源，当植物根系吸收大量的硝酸根时，大部分分配到叶组织中还原，硝酸根对植物叶片大小，营养物质的调控起着重要作用（潘潇等，2015），因此植物比叶面积、叶绿素含量与土壤硝态氮密切相关。植物与土壤养分循环是一种复杂的过程，植物比叶面积和叶绿素含量与土壤因子之间的相关关系需要进一步的研究。

围封、放牧和刈割 3 种不同利用方式显著改变了贝加尔针茅、羊草、羽茅和扁蓿豆 4 种植物叶片功能性状。放牧提高了 4 种植物比叶面积和叶绿素含量，表明放牧干扰下贝加尔针茅、羊草、羽茅、扁蓿豆，4 种植物调整自身的叶片性状来主动适应放牧干扰，与放牧环境相互适应，协同进化。刈割对植物比叶面积、叶绿素含量的影响较弱。4 种植物比叶面积和叶绿素含量与叶片 N、N∶P 和土壤硝态氮密切相关，但不同物种之间相关性存在差异。

10.3　不同利用方式对草原 4 种植物和土壤的生态化学计量特征的影响

10.3.1　不同利用方式下 4 种植物叶 C、N、P 含量和化学计量比特征变化

通过不同利用方式下，贝加尔针茅、羊草、羽茅和扁蓿豆 4 种主要植物叶片化学计量比特征的研究发现，不同利用方式对 4 种植物叶 C、N、P 含量和化学计量比特征影响并不一致（图 10.3～图 10.7）。贝加尔针茅和羊草叶 C、N 含量表现出较为一致的相应趋势。贝加尔针茅和羊草叶 C 含量表现为刈割＞放牧＞围封，均差异显著（$P<0.05$）。贝加尔针茅和羊草叶 N 含量表现为放牧＞围封＞刈割，均差异显著（$P<0.05$）。贝加尔针茅叶 P 含量表现为刈割＞放牧＞围封，均差异显著（$P<0.05$），羊草叶 P 含量表现为放牧＞刈割＞围封，均差异显著（$P<0.05$）。扁蓿豆叶 C、P 含量表现为刈割＞围封＞放牧，其中叶 C 含量均差异显著（$P<0.05$），叶 P 含量，刈割、围封与放牧处理差异显著（$P<0.05$），刈割与围封处理差异不显著（$P>0.05$）。羽茅叶 N 含量和叶 P 含量表现为放牧＞刈割＞围封。扁蓿豆叶 N 含量表现为放牧＞刈割＞围封，其中放牧与刈割、围封处理差异显著（$P<0.05$），刈割与围封处理差异不显著（$P>0.05$）。

植物叶 C、N、P 含量的变化，导致了植物叶 C、N、P 化学计量特征的差异。贝加尔针茅和羊草叶 C∶N 表现为刈割＞围封＞放牧，其中贝加尔针茅叶 C∶N 均差异显著（$P<0.05$），羊草叶 C∶N，刈割与围封、放牧处理差异显著（$P<0.05$），围封与放牧处理差异不显著（$P>0.05$）。贝加尔针茅和羊草叶 N∶P 表现为放牧＞围封＞刈割，其中贝加尔针茅叶 N∶P 均差异显著（$P<0.05$），羊草叶 N∶P，放牧、围封与刈割处理差异显著（$P<0.05$），放牧与围封处理差异不显著（$P>0.05$）。羽茅叶 N∶P 表现为放牧＞刈割＞围封，羽茅叶 N∶P 均差异显著（$P<0.05$）。扁蓿豆叶 N∶P 表现为放牧＞刈割＞围封，其中放牧与刈割、围封处理差异显著（$P<0.05$），刈割与围封处理差异不显著（$P>0.05$）。贝

加尔针茅叶 C∶P 无明显变化，羊草叶 C∶P 表现为刈割>围封>放牧，均差异显著（$P<0.05$）。扁蓿豆叶 C∶P 表现为放牧>围封>刈割，其中放牧与围封、刈割处理差异显著（$P<0.05$），围封与刈割处理差异不显著（$P>0.05$）。

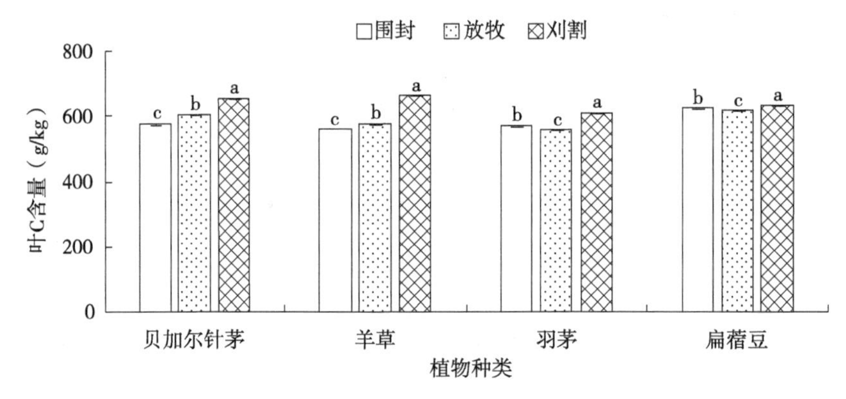

图 10.3　不同利用方式下 4 种植物叶 C 含量变化

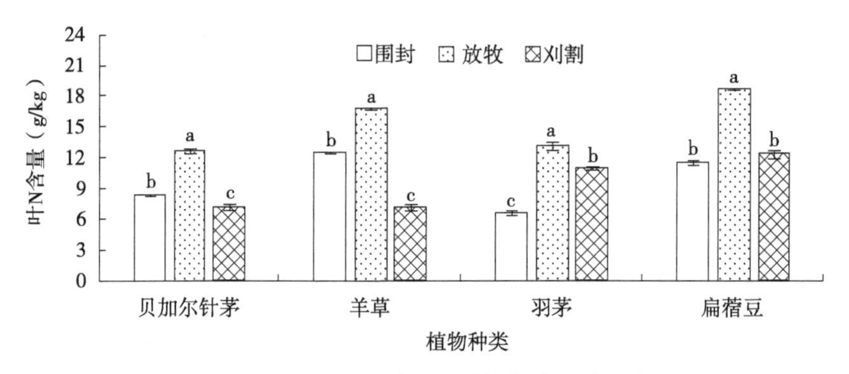

图 10.4　不同利用方式下 4 种植物叶 N 含量变化

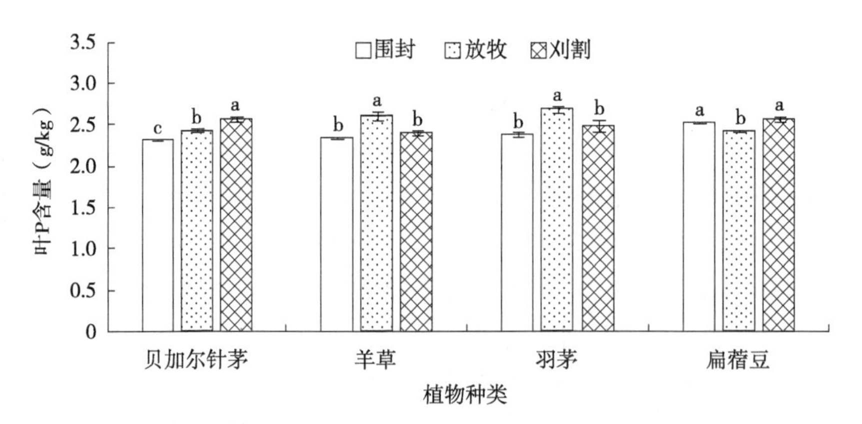

图 10.5　不同利用方式下 4 种植物叶 P 含量变化

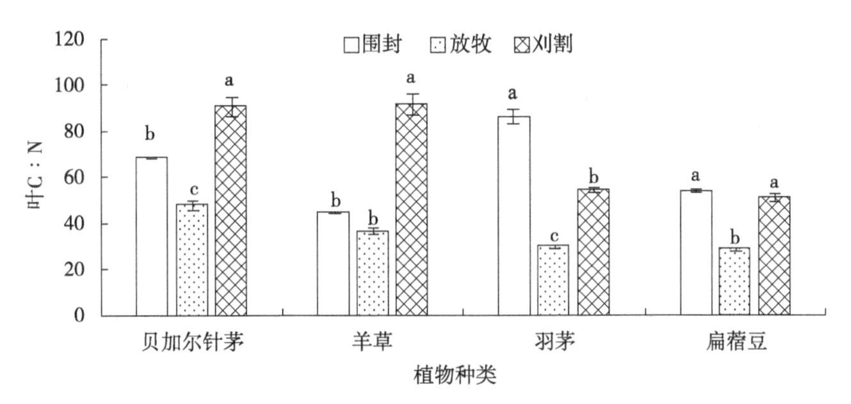

图 10.6 不同利用方式下4种植物叶 C : N 变化

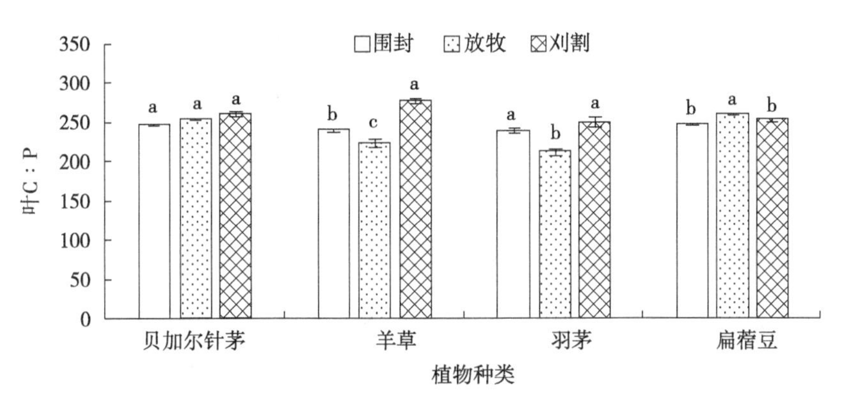

图 10.7 不同利用方式下4种植物叶 C : P 变化

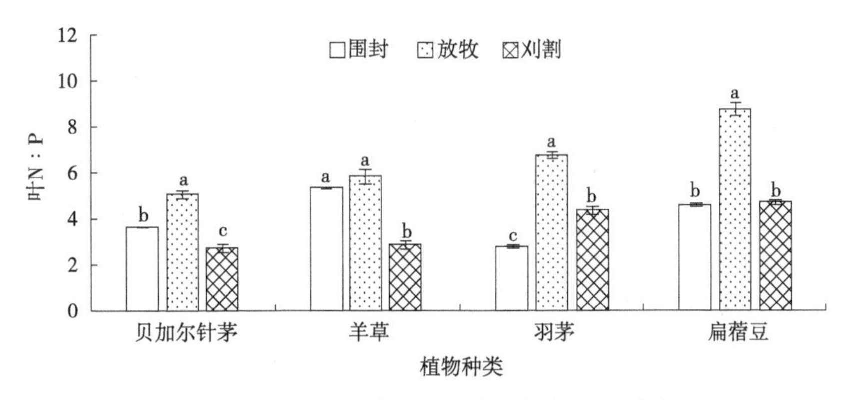

图 10.8 不同利用方式下4种植物叶 N : P 变化

10.3.2 不同利用方式下土壤 C、N、P 生态化学计量比特征

围封、放牧和刈割不同利用方式对草原土壤 C、N、P 化学计量比特征的影

响不同（表 10.4），0～10 cm 土层土壤有机碳含量表现为围封＞刈割＞放牧，其中围封与刈割、放牧处理差异显著（P<0.05），刈割和放牧处理差异不显著，围封是刈割和放牧处理的 1.04 倍。10～20 cm 土层土壤有机碳含量表现为刈割＞围封＞放牧，其中刈割、围封与放牧处理差异显著（P<0.05），刈割与围封处理差异不显著，刈割和围封分别是放牧处理的 1.09 倍和 1.10 倍。不同利用方式对 0～10 cm、10～20 cm、20～30 cm 土层土壤全氮、全磷含量影响均不显著，但不同利用方式对土壤 C∶N、C∶P 存在显著影响，对土壤 N∶P 影响不显著。0～10 cm 土层土壤 C∶N、C∶P 均表现为围封＞放牧＞刈割，其中围封与刈割处理差异显著（P<0.05），围封与放牧、放牧与刈割处理差异不显著。围封 0～10 cm 土层土壤 C∶N、C∶P 分别刈割处理的 1.13 倍、1.02 倍。10～20 cm 土层土壤 C∶N 差异不显著，土壤 C∶P 表现为围封＞刈割＞放牧，其中围封与放牧处理差异显著（P<0.05），围封与刈割、刈割与放牧处理差异不显著。围封 10～20 cm 土层土壤 C∶P 是放牧处理的 1.14 倍。20～30 cm 土层土壤 C∶N、C∶P 均差异不显著。

10.3.3 植物与土壤生态化学计量特征相关关系

贝加尔针茅、羊草、羽茅和扁蓿豆 4 种主要植物与 0～10cm 土层土壤 C、N、P 生态化学计量比相关性分析见表 10.5。贝加尔针茅叶 C 含量与土壤全氮和土壤全磷含量呈显著正相关（P<0.05），与土壤 C∶N、C∶P 呈极显著负相关（P<0.01）；叶 P 含量与土壤全氮、全磷呈极显著正相关（P<0.01），与土壤 C∶N、C∶P 呈极显著负相关（P<0.01），与土壤 N∶P 呈显著正相关（P<0.05）。羊草叶 C 含量与土壤全氮呈极显著正相关（P<0.01），与土壤全磷呈显著正相关（P<0.05），与土壤 C∶N、C∶P 呈极显著负相关（P<0.01）；叶 N 含量与土壤全氮呈显著负相关（P<0.05），与土壤 C∶P 呈显著正相关（P<0.05）；羊草叶片 C∶N 与土壤全氮和全磷呈显著正相关（P<0.05），与土壤 C∶N 呈显著负相（P<0.05），与土壤 C∶P 极显著负相关（P<0.01）；叶 N∶P 与土壤 N、P 呈显著负相关（P<0.05），与土壤 C∶P 呈显著正相关（P<0.05）；叶 C∶P 与土壤全氮呈显著正相关（P<0.05），与土壤 C∶P 呈显著负相关（P<0.05）。羽茅叶 C 含量与土壤全氮、全磷呈显著正相关（P<0.05），与土壤 C∶N 和 C∶P 呈显著负相关（P<0.05）。扁蓿豆叶 C 含量与土壤全氮、全磷呈显著正相关（P<0.05），与土壤 C∶P 呈显著负相关（P<0.05）。

表 10.4　不同利用方式下土壤 C、N、P 含量及化学计量比特征

土层（cm）	利用方式	有机碳	土壤全氮	土壤全磷
0～10	围封	18.47 ± 0.98a	3.39 ± 0.13a	0.42 ± 0.03a
	放牧	17.70 ± 0.12b	3.42 ± 0.11a	0.43 ± 0.03a
	刈割	17.74 ± 0.08b	3.66 ± 0.06a	0.48 ± 0.00a
10～20	围封	12.73 ± 0.04a	2.53 ± 0.05a	0.37 ± 0.02a
	放牧	11.73 ± 0.10b	2.20 ± 0.18a	0.41 ± 0.02a
	刈割	12.92 ± 0.08a	2.51 ± 0.03a	0.40 ± 0.01a
20～30	围封	9.44 ± 0.21a	1.64 ± 0.15a	0.41 ± 0.03a
	放牧	9.61 ± 0.35a	1.73 ± 0.02a	0.42 ± 0.03a
	刈割	9.23 ± 0.77a	1.65 ± 0.06a	0.36 ± 0.01a
土层（cm）	利用方式	土壤 C ： N	土壤 C ： P	土壤 N ： P
0～10	围封	5.47 ± 0.20a	39.73 ± 0.79a	7.29 ± 0.35a
	放牧	5.19 ± 0.17ab	39.12 ± 0.03ab	7.55 ± 0.25a
	刈割	4.85 ± 0.08b	37.43 ± 0.32b	7.72 ± 0.14a
10～20	围封	5.42 ± 0.12a	34.81 ± 1.51a	6.44 ± 0.42a
	放牧	5.49 ± 0.41a	30.54 ± 0.57b	5.65 ± 0.57a
	刈割	5.14 ± 0.05a	32.16 ± 0.60ab	6.26 ± 0.14a
20～30	围封	5.87 ± 0.57a	23.47 ± 2.27a	4.01 ± 0.20a
	放牧	5.47 ± 0.12a	23.12 ± 2.35a	4.22 ± 0.36a
	刈割	5.60 ± 0.18a	25.48 ± 1.14a	4.55 ± 0.15a

表 10.5　植物叶片和土壤 C、N、P 化学计量特征之间的关系

植物种类	叶性状	土壤有机碳	土壤全氮	土壤全磷	土壤 C：N	土壤 C：P	土壤 N：P
贝加尔针茅	叶 C 含量	−0.442	0.794*	0.784*	−0.880**	−0.910**	0.629
	叶 N 含量	−0.192	−0.453	−0.413	0.264	0.440	−0.020
	叶 P 量	−0.412	0.842**	0.815**	−0.815**	−0.859**	0.716*
	叶 C：N	−0.005	0.640	0.617	−0.530	−0.689*	0.226
	叶 C：P	−0.463	0.523	0.561	−0.917**	−0.900**	0.283
	叶 N：P	−0.131	−0.545	−0.505	0.356	0.532	−0.116

（续）

植物种类	叶性状	土壤有机碳	土壤全氮	土壤全磷	土壤C：N	土壤C：P	土壤N：P
羊草	叶C含量	−0.321	0.823**	0.798*	−0.824**	−0.908**	0.551
	叶N含量	0.027	−0.679*	−0.644	0.550	0.709*	−0.271
	叶P量	−0.320	−0.032	0.000	−0.033	0.099	0.369
	叶C：N	−0.192	0.767*	0.748*	−0.726*	−0.851**	0.414
	叶C：P	−0.112	0.671*	0.639	−0.643	−0.773*	0.269
	叶N：P	0.101	−0.755*	−0.725*	0.631	0.783*	−0.377
羽茅	叶C含量	−0.145	0.786*	0.749*	−0.680*	−0.815*	0.428
	叶N含量	−0.534	0.290	0.324	−0.508	−0.384	0.539
	叶P量	−0.331	0.087	0.097	−0.112	0.016	0.464
	叶C：N	0.512	−0.321	−0.353	0.533	0.403	−0.560
	叶C：P	0.155	0.321	0.300	−0.255	−0.416	−0.123
	叶N：P	−0.563	0.353	0.391	−0.610	−0.492	0.552
扁蓿豆	叶C含量	0.026	0.727*	0.675*	−0.499	−0.669*	0.335
	叶N含量	−0.342	−0.234	−0.194	−0.011	0.176	0.174
	叶P量	0.290	0.566	0.482	−0.146	−0.344	0.184
	叶C：N	0.333	0.217	0.181	0.016	−0.173	−0.191
	叶C：P	−0.469	−0.355	−0.261	−0.159	0.041	−0.023
	叶N：P	−0.340	−0.266	−0.222	0.001	0.192	0.142

10.3.4 讨论与结论

碳、氮和磷元素在植物生长发育过程中发挥着重要作用，近年来，植物C、N、P生态化学计量学特征以及对外界干扰的响应研究取得了快速的进展，但也存在很多不确定性。本研究发现与围封相比，放牧和刈割处理均显著增加了贝加尔针茅和羊草羽茅叶C、P含量。扁蓿豆叶C、P含量，表现为放牧显著低于围封和刈割。这主要是因为放牧和刈割通过利用植物地上部分，改变植物碳同化和积累，另一方面，不同物种对环境变化的适应策略不同，养分元素的吸收和利用取决于物种本身的特性，导致植物化学计量学特征对草地利用方式有不同的响应（朱湾湾等，2020）。放牧处理下贝加尔针茅、羊草、羽茅和扁蓿豆的叶N含量均显著高于围封和刈割处理，这与丁小慧等研究（2012）结果相似。这是因为放牧可能促进植物再生生长，进而增加植物叶N含量，放牧也可能刺激植物根系，加快对氮元素吸收和植物体内的转换，从而促进了植物氮元素的吸收。一般情况下，植物叶N含量越高，植物光合作用越强，养分利用和转化效率越快，植物生长越快，说明放牧可增强植物对养分的竞争能力（李香真等，1998）。在放牧条件下除了贝加尔针茅叶C：P无显著变化以外，贝加尔针茅叶C：N和羊草叶C：P、扁蓿豆叶C：N均有所降低，这一结果与李香真等（1998）研究结果相似，在一定的放牧强度下植物叶片C：N、C：P变小。C：N、C：P比值越小，植物生长发育越茂盛，说明放牧压力下植物产生了补偿性增长（白玉婷等，2017）。

生态系统中，土壤养分供应和植物养分回归相互密切联系。植物体N、P可作为判断环境对植物养分供应状况（张丽霞等，2003；白玉婷等，2017）。张丽霞等（2003）通过对内蒙古羊草草原施肥实验研究表明，当N：P<21时，植物生长受氮的限制，当N：P>23时，受磷的限制。本实验中4种植物叶N：P均小于14，表明贝加尔针茅、羊草和扁蓿豆3种植物生长主要受氮元素的限制。本研究结果表明，不同的草地利用方式并未改变植物的氮限制的状态。相关研究表明不同功能群植物叶C、N、P化学计量比存在很大差异。不同功能群植物叶片化学计量比变化特征能有效地反映植物对草地不同利用方式的适应策略。本研究所选的贝加尔针茅、羊草、羽茅和扁蓿豆4种主要植物属于2种功能群。贝加尔针茅、羊草和羽茅属禾本科植物，扁蓿豆属豆科植物。不同利用方式下，贝加尔针茅、羊草和羽茅叶N、P含量和N：P有相同的变化趋势，体现了同一种功能群植物对不同利用方式的适应能力和养分利用效率等方面具有一致性（于海玲等，2017）。而不同利用方式下扁蓿豆和其他3种禾本科植物叶P含量和C：P变化趋势并不一致，说明养分吸收和利用在不同物种之间存在差异。此外本研究还发现，与围封相比，刈割降低了贝加尔针茅和羊草叶N含量，但扁蓿豆叶N含量却保持稳定，这原因可能是豆科植物具有共生固氮能力，在外界环境压迫下，可以对氮元素保持较强的吸收和利用能力。本研究只初步分析了不同利用方式下，贝加尔针茅、羊草、羽茅和扁蓿豆4种主要植物叶C、N、P化学计量特征，对不同功能群植物对环境变化的适应能力及生长策略还需进一步系统的研究。

土壤碳元素主要以有机碳的形式存在于土壤中，而有机碳的转化十分复杂，其对改善气候变化和维护生态系统稳定起着关键作用。本研究中贝加尔针茅草原0～10 cm土层土壤有机碳含量表现为围封>刈割>放牧，围封处理下土壤有机碳含量增加，主要原因是土壤有机碳主要是植物根系分泌物和凋落物通过土壤动物和微生物分解而来，围封处理有效地防止了人类活动干扰，促进植物的生长，增加了植物凋落物的归还（张光波，2011），促进土壤有机碳积累。这与安钰等（2018）放牧对荒漠草原土壤有机碳含量影响研究结果相一致。由于牲畜的采食，踩踏及刈割收获牧草，降低植物地上生物量，减少植物根系分泌物和凋落物的归还，从而导致了土壤有机碳含量的下降。氮元素是生物体内蛋白质的重要组成，也是基本营养元素，草原土壤氮含量主要受植物地上地下凋落物量、食草动物的排泄物、践踏程度以及土壤矿化作用综合影响。有研究表明，放牧草地牲畜排泄物含有丰富的铵态氮和硝态氮等氮元素，增加土壤全氮含量。其原因可能是放牧牲畜排泄物中的氮元素返还，缓解了放牧地凋落物减少所导致的土壤全氮含量下降的结果（杨林等，2020）。围封、放牧和刈割利用，0～10 cm 土层土壤全氮、全磷含量差异不显著，表明土壤全氮量、全磷含量具有一定的稳定性。土壤全磷含量的高低不仅受人为干扰，还主要受土壤母质、气候和植被类型的影响。10～20 cm 土层土壤有机碳含量表现为刈割＞围封＞放牧，刈割与围封差异不显著，刈割、围封与放牧存在显著差异。综上，利用方式对草原土壤 0～10 cm、10～20 cm 土层养分含量影响较大，而对 20～30 cm 土层土壤有机碳、全氮、全磷含量影响不显著。

土壤 C、N、P 化学计量特征反映土壤养分可获得性及 C、N、P 元素的循环和平衡状况的重要指标。本研究表明，围封、放牧和刈割 3 种不同利用方式下，土壤 C：N、C：P 发生了显著变化。土壤 N：P 相对比较稳定。0～10 cm 土层土壤 C：N 变化范围 4.85～5.47，平均值为 5.17，低于全球草地土壤 C：N 比平均值 11.8。土壤 C：P 比值可作为磷素矿化能力的指标，C：P 较低时（＜200）有助于养分的释放，C：P 比较高时（＞200）容易出现因磷元素的缺少，有效性较低（王绍强等，2008）。本研究中 0～10 cm 土层土壤 C：P 平均值为 38.76，低于 200，表明该区域植物生产主要受氮元素的限制。本研究发现，不同利用方式对草原土壤 C、N、P 化学计量比有显著影响。0～10 cm 土层土壤 C：N、C：P 均表现为围封＞放牧＞刈割。此结果与方昕等（2020）放牧对泥炭沼泽土壤化学计量学影响研究结果一致。放牧通过影响土壤环境、凋落物返还，增加了土壤氮、磷的矿化。刈割利用通过带走植物地上部分，减少了植物凋落物，减少对土壤养分供应的源，进而影响土壤 C：N、C：P 比。

植物与土壤 C、N、P 化学计量比存在着必然的联系，它们之间的共同作用对全球碳循环和调节气候起着重要作用。土壤作为植物生长的基质，土壤元素发生变化，植物元素也随即发生改变，两者相互促进、相互制约（2018）。本研究中贝加尔针茅、羊草和扁蓿豆 3 种主要植物与土壤生态化学计量特征之间存在一定的相关关系。植物在生长发育过程中不断地从土壤中吸收铵态氮、硝态氮等速效养分，在植物和土壤之间建立相对比较稳定的动态平衡。本研究也发现植物叶N、P、C∶N、N∶P与土壤C∶N、C∶P有密切相关。植物与土壤之间的化学元素循环是复杂的过程，并且植物的生理生态和遗传因素对调节自身养分含量和化学计量比起着重要作用。不同利用方式下，不同植物功能群和土壤化学计量的耦合关系有待进一步深入研究。

放牧处理对叶N含量影响最为明显，植物叶C∶N、N∶P变化显著，表明植物的生长是通过调节自身的化学计量比来主动适应不同的利用方式扰动的结果。不同利用方式对土壤0～20 cm土层有机碳、全氮、全磷含量影响比较大，对20～30 cm土层影响不显著。植物C、N、P与土壤C、N、P化学计量比相关密切，但不同物种与土壤C、N、P化学计量比间的相关关系存在分异。

第 11 章 呼伦贝尔草地基况变化与管理建议

11.1 呼伦贝尔草地基况变化

为了反映 20 世纪 80 年代以来呼伦贝尔草地基况变化，尽量减少或避免由于单一年份草地群落受水热等气候因子影响产生的不确定性，项目组以 4 个主要草地群落 1981—2003 年样地围栏内的植被作对照（作为原生植被），剖析近 10 a 来（1995—2004 年）围栏样地外植物群落发生的变化。

统计结果表明，近 10 a 来羊草 + 日荫菅草甸草原群落地上生物量下降 15.55%（表 11.1），与原生植被相比，群落相似指数为 75.64%，轻度退化；贝加尔针茅 + 羊草草甸草原群落地上生物量下降 24.50%，群落相似指数为 66.32%，轻度退化；羊草典型草原群落地上生物量下降 18.90%，群落相似指数为 62.28%，轻度退化；日荫菅草甸群落地上生物量下降 8.39%，群落相似指数为 82.45%，在正常范围内。以上分析表明，呼伦贝尔草原近年来出现了较普遍的退化现象，而且随着放牧压力的加大，草地群落的稳定性降低，草地退化速度在加快。

表 11.1 4 个草地群落地上生物量和草地基况变化

群落类型	原生植被生物量（g/m^2）	现有植被生物量（g/m^2）	生物量变化（%）	相似度指数（%）	等级评价
羊草 + 日荫菅群落	244.17 ± 35.86a	206.19 ± 38.67a	84.45	75.64	轻度退化
贝加尔针茅 + 羊草群落	225.13 ± 45.24ab	169.97 ± 49.68a	75.50	66.32	轻度退化
羊草群落	161.57 ± 38.17b	131.04 ± 42.81a	81.10	62.28	中度退化
日荫菅群落	201.99 ± 26.58ab	185.04 ± 28.11a	91.61	82.45	正常

从群落植物生活型功能群组成来看（表 11.2、图 11.1），羊草 + 日荫菅草甸草原群落灌木、小灌木和半灌木与一年生、二年生植物地上生物量有所增加，多年生丛生禾草、多年生根茎禾草和多年生杂类草的地上生物量均有所下降，其中多年生根茎禾草下降了 33.04%，下降幅度最大，占总下降生物量的 70.73%；灌木小灌木和半灌木、一年生、二年生植物和多年生杂类草地上相对生物量分别增

加 0.02%、0.11% 和 6.91%，多年生杂类草在群落中的地位提升明显，多年生丛生禾草、多年生根茎禾草地上相对生物量分别下降 0.10% 和 6.93%，多年生根茎禾草在群落中的地位下降明显。贝加尔针茅 + 羊草草甸草原群落灌木、小灌木和半灌木与一年生、二年生植物地上生物量有所增加，多年生丛生禾草、多年生根茎禾草和多年生杂类草的地上生物量均有所下降，其中多年生丛生禾草下降了 44.90%，下降幅度最大，占总下降生物量的 50.64%，多年生根茎禾草下降了 25.97%，占总下降生物量的 23.99%，多年生杂类草下降了 13.58%，占总下降生物量的 25.36%；灌木小灌木和半灌木、一年生、二年生植物和多年生杂类草地上相对生物量分别增加 1.03%、0.30% 和 6.84%，多年生杂类草在群落中的地位提升明显，多年生丛生禾草、多年生根茎禾草地上相对生物量分别下降 7.71% 和 0.45%，多年生根茎禾草在群落中的地位明显下降。羊草典型草原群落灌木、小灌木和半灌木、一年生、二年生植物和多年生丛生禾草地上生物量有所增加，多年生根茎禾草和多年生杂类草的地上生物量有所下降，其中多年生根茎禾草下降了 30.56%，下降幅度最大，占总下降生物量的 75.93%；灌木小灌木和半灌木、一年生、二年生植物、多年生丛生禾草和多年生杂类草相对生物量分别增加 2.68%、1.28%、4.14% 和 0.21%，它们在群落中的地位得到不同程度的提升，多年生根茎禾草地上相对生物量下降 8.32%，在群落中的地位明显下降。日荫菅草甸群落灌木、小灌木和半灌木与一年生、二年生植物地上生物量有所增加，多年生丛生禾草、多年生根茎禾草和多年生杂类草的地上生物量均有所下降；灌木小灌木和半灌木、一年生、二年生植物和多年生杂类草地上相对生物量分别增加 0.02%、0.11% 和 6.91%，多年生杂类草在群落中的地位得到明显提升，多年生丛生禾草、多年生根茎禾草地上相对生物量均分别下降 0.10% 和 6.93%，多年生根茎禾草在群落中的地位明显下降。

表 11.2 4 个草地群落植物生活型地上生物量的变化

群落类型	植物生活型	原生植被生物量（g/m^2）	群落现状生物量（g/m^2）
羊草 + 日荫菅群落	灌木、小灌木和半灌木	0.13 ± 0.08c	0.16 ± 0.04c
	多年生丛生禾草	22.02 ± 8.06c	18.38 ± 8.65bc
	多年生根茎禾草	81.75 ± 31.09b	54.74 ± 37.83b
	多年生杂类草	140.01 ± 23.85a	132.47 ± 24.44a
	一年生、二年生植物	0.26 ± 0.07c	0.44 ± 0.05c

（续）

群落类型	植物生活型	原生植被生物量（g/m²）	群落现状生物量（g/m²）
贝加尔针茅+羊草群落	灌木、小灌木和半灌木	1.64 ± 0.02c	2.98 ± 0.06c
	多年生丛生禾草	64.21 ± 24.77b	35.38 ± 0.75b
	多年生根茎禾草	52.60 ± 17.39b	38.94 ± 19.21b
	多年生杂类草	106.34 ± 21.11a	91.90 ± 21.86a
	一年生、二年生植物	0.33 ± 0.06c	0.75 ± 0.03c
羊草群落	灌木、小灌木和半灌木	3.93 ± 2.14c	6.70 ± 2.75c
	多年生丛生禾草	13.26 ± 5.55c	16.18 ± 11.72bc
	多年生根茎禾草	93.41 ± 32.51a	64.86 ± 34.73a
	多年生杂类草	49.41 ± 10.05b	40.35 ± 12.65ab
	一年生、二年生植物	1.57 ± 0.37c	2.96 ± 0.81c
日荫菅群落	灌木、小灌木和半灌木	2.43 ± 1.15b	2.79 ± 2.05b
	多年生丛生禾草	16.63 ± 7.36b	12.16 ± 8.49b
	多年生根茎禾草	22.62 ± 6.57b	18.02 ± 9.39b
	多年生杂类草	159.17 ± 22.59a	150.21 ± 27.64a
	一年生、二年生植物	1.15 ± 0.94b	1.86 ± 0.14b

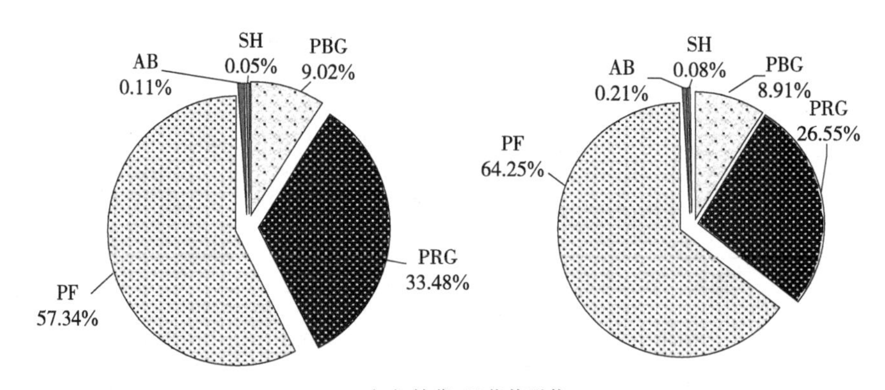

（a）羊草+日荫菅群落

AB—一年生、二年生植物；SH—灌木、小灌木和半灌木；
PBG—多年生丛生禾草；PRG—多年生根茎禾草；PF—多年生杂类草。

图 11.1　4 个草地群落植物生活型谱的变化

（左为原生植物群落，右为群落植被现状）

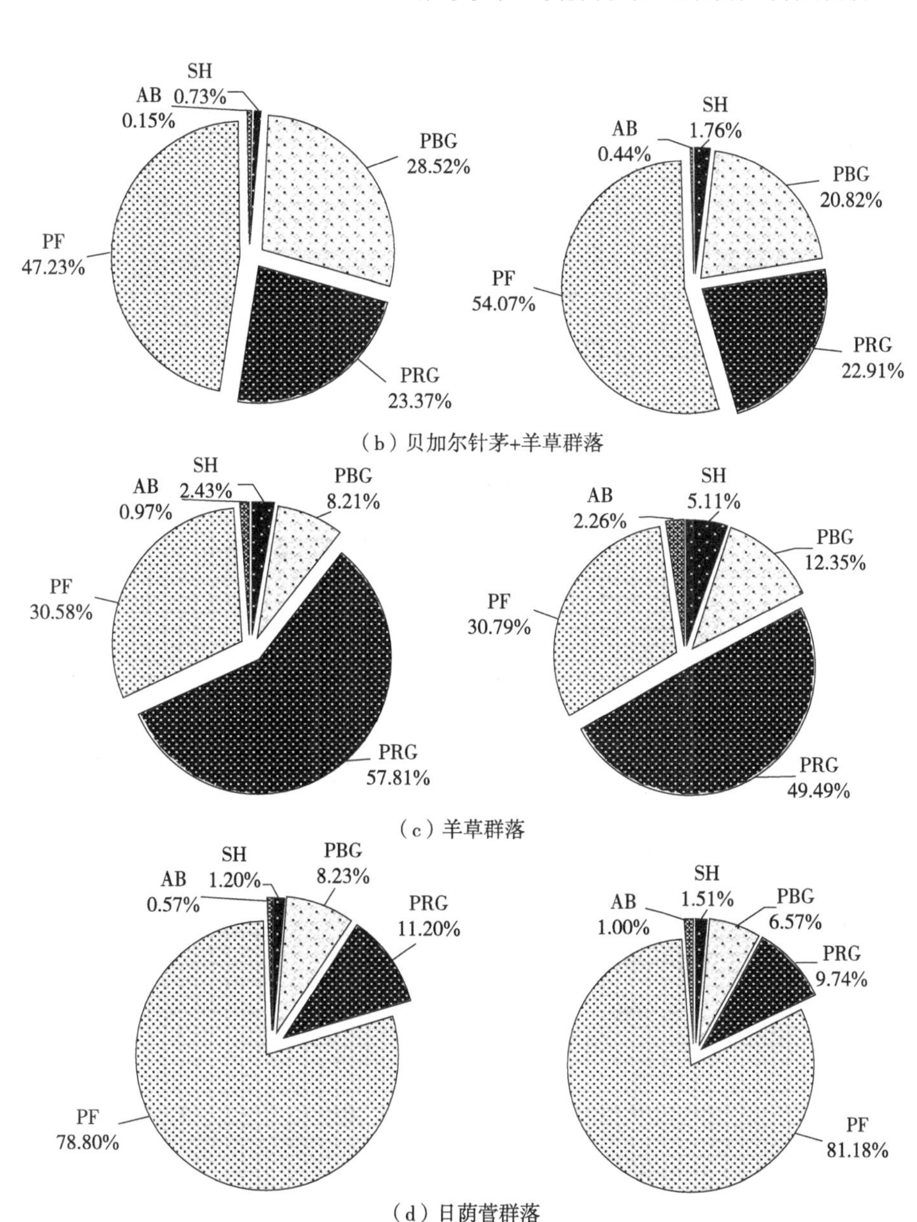

（b）贝加尔针茅+羊草群落

（c）羊草群落

（d）日荫菅群落

图 11.1（续）

从群落植物生态类型功能群组成来看（表 11.3、图 11.2），羊草 + 日荫菅草甸草原群落旱生植物地上生物量有所增加，中旱生植物、旱中生植物和中生植物地上生物量均有所减少，其中中旱生植物下降了 22.47%，下降幅度最大，占总下降生物量的 89.06%；旱生植物、旱中生植物和中生植物地上相对生物量分别增加 1.48%、0.66% 和 3.16%，中旱生植物地上相对生物量减少 5.30%。贝加尔针茅 + 羊草草甸草原群落旱生植物有所增加，中旱生植物、中生植物均有所减少，其中中旱生植物下降了31.13%，下降幅度最大，占总下降生物量的90.62%；旱生植物、旱中生植物和中生植物地上相对生物量分别增加5.17%、1.59%和0.17%，中旱生植物地上相对生物量减少6.93%。羊草典型草原群落旱生植物有所增加，中旱生植物、旱中生植物有所减少，其中中旱生植物下降了25.64%，下降幅度最大，占总下降生物量的96.93%；旱生植物、旱中生植物和中生植物地上相对生物量分别增加5.73%、0.17%和0.25%，中旱生植物地上相对生物量减少6.14%。日荫菅草甸群落旱生植物有所增加，中旱生植物、旱中生植物和中生植物均有所减少，其中中旱生植物下降了11.20%，下降幅度最大，占总下降生物量的76.77%；旱生植物和中生植物地上相对生物量分别增加1.50%和0.88%，中旱生植物和旱中生植物地上相对生物量减少1.94%和0.44%。

表11.3　4个草地群落生态类型地上生物量的变化

群落类型	植物生活型	原生植被生物量（g/m^2）	群落现状生物量（g/m^2）
羊草＋日荫菅群落	旱生植物	7.43 ± 3.44c	9.32 ± 3.81c
	中旱生植物	158.04 ± 36.18a	122.53 ± 38.58a
	旱中生植物	24.31 ± 9.57bc	21.88 ± 11.78bc
	中生植物	54.39 ± 11.05b	52.46 ± 12.52b
贝加尔针茅＋羊草群落	旱生植物	12.29 ± 6.99b	18.07 ± 9.28b
	中旱生植物	177.57 ± 40.60a	122.29 ± 42.04a
	旱中生植物	10.75 ± 4.52b	10.82 ± 5.52b
	中生植物	24.51 ± 9.09b	18.79 ± 10.54b
羊草群落	旱生植物	34.16 ± 10.42b	35.21 ± 13.53b
	中旱生植物	119.42 ± 35.00a	88.80 ± 37.31a
	旱中生植物	6.22 ± 2.71b	5.26 ± 3.18b
	中生植物	1.78 ± 1.19b	1.77 ± 1.41b
日荫菅群落	旱生植物	12.96 ± 3.76c	14.65 ± 4.45b
	中旱生植物	127.73 ± 20.89a	113.42 ± 21.91a
	旱中生植物	19.18 ± 5.70c	16.75 ± 5.77b
	中生植物	42.12 ± 9.04b	40.22 ± 13.97b

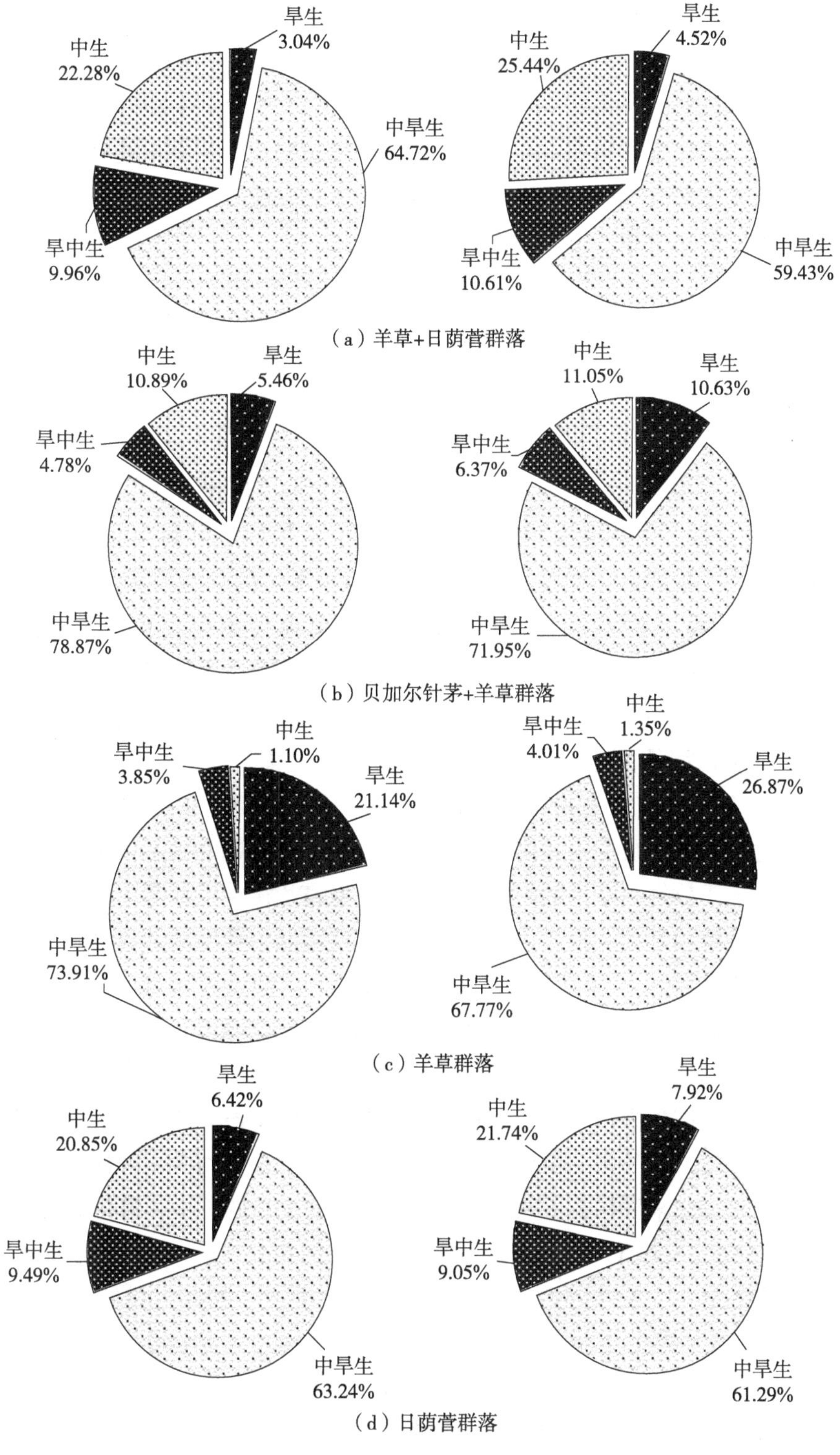

（a）羊草+日荫管群落

（b）贝加尔针茅+羊草群落

（c）羊草群落

（d）日荫管群落

图 11.2 4个草地群落植物生态类型谱的变化
（左为原生植物群落，右为群落植被现状）

综上所述，目前呼伦贝尔草地基况普遍出现了劣化现象，草地群落地上生物量下降 9.39%～24.50%；不仅如此，草地群落组成也发生了明显的变化，群落相似系数为 62.28%～82.45%；优质的多年生根茎禾草地上生物量有较大幅度的下降，灌木、小灌木和半灌木与一年生、二年生植物地上生物量均有所增加；旱生植物地上生物量有所增加，中旱生植物地上生物量明显下降；此外，各植物功能群在群落中的地位和作用也发生了相应的变化。

11.2 草地退化的主要原因

11.2.1 草地可利用面积减少、超载过牧和强度刈割

随着呼伦贝尔牧区人口的增多和工矿业的发展，居民区、公路、铁路、煤矿、石油开垦等占用草地面积不断扩大，呼伦贝尔草地可利用面积 1985 年为 698.15 万 hm^2，到 2000 年初步调查统计，可用于承包的草地仅为 571.11 万 hm^2，可利用草地面积减少 127.04 万 hm^2（表 11.4）。草地理论载畜量也由 1985 年的 512.3 万绵羊单位减少为 340.9 万绵羊单位。实际承包到户的草地仅为 498.89 万 hm^2，占草地总面积的 65.98%，理论载畜量为 292.7 万绵羊单位。减少的草地除被居民区及建设用地占用外，还包括机井、河湖周围极度退化（沙化、盐碱化）草地。2004 年呼伦贝尔现有载畜量为 632.4 万绵羊单位，是理论载畜量的 2.16 倍。笼统地讲草地退化的主要因素是由于季节性的草畜矛盾引起的是不正确的。因为草地牧草生长的季节性是草地的根本属性，其与家畜均衡性饲草需求之间矛盾延续了上千年并将继续延续，地广人稀是草原的真实写照，传统的游牧使草地的利用与恢复得到和谐统一，使畜牧业生产在低水平下徘徊。进入 20 世纪 80 年代以后，草原退化以其惊人的速度向深度和广度推进，究其原因，主要是当前的畜牧业生产在可利用草原面积减少、牲畜数量急骤增长的同时，没有很好地与建设养畜相结合，而是依然沿用“靠天养畜”传统畜牧业的生产方式，没有空间进行较大范围的牧场轮换，牲畜一年四季就在固定的草地上强度啃食，即便进行了小范围的轮牧，也是你来我往，天然草地根本没有休养生息的机会，退化是必然的。

对草原牧区人口增长，饲养牲畜数量变化的统计（表 11.5），2004 年呼伦贝尔草原牧区人口 12.57 万人，是中华人民共和国成立初期人口的 4.23 倍，是 20 世纪 80 年代初期的 1.76 倍；2004 年饲养的牲畜 632.4 万个绵羊单位，是中华人民共和国成立初期（1949 年）牲畜数量的 3.77 倍，是 20 世纪 80 年代初期的 1.71 倍。在现有牧区人口中拥有草场的牧户 1.35 万户，人口 5.07 万人，占牧区

总人口的 40.3%。其余 59.7% 的牧区人口，所饲养的牲畜只有通过自由采食“掠夺”其他牧户的草场，实质上的草地承包到户只不过是割草场的承包到户，放牧场的承包到户有名无实。草地成为人们争相发展牲畜的场所。另外，受利益驱动，大批城镇居民、下岗职工、干部和企事业单位纷纷购买牲畜，采用租用草地或转包牲畜等形式，使草地负荷更为雪上加霜。以新巴尔虎右旗达来东苏木伊和诺尔嘎查为例，全嘎查可利用草地 5.7 万 hm^2，已承包到户草场 4.6 万 hm^2，其中当地 21 户干部职工占用草场 0.7 万 hm^2，占总承包草场面积的 15.3%。31 户外来户租占草场 1.7 万 hm^2，占可利用草场面积的 29.2%。嘎查牧民的牲畜占牲畜总数 32.0%，外来户牲畜占 68.0%。陈巴尔虎旗完工镇宝日汗图嘎查因强度放牧 40% 的草地（9 652.7 hm^2）沦为流动半流动沙丘，且每年以 8～10 m 的速度侵袭外围草地，全嘎查年以草地 567.8 hm^2 的速度沙化。从整体来看，目前，呼伦贝尔中度以上退化草地正以年 2% 的速率向纵深扩展，而草地承载的家畜数量依然在持续增长，草地的前景令人担忧。

表 11.4　呼伦贝尔草地 20 年间草地面积与载畜量变化

旗（市）	草地总面积（$\times 10^4\ hm^2$）	1985 年可利用草地		2004 年可承包草地	
		面积（$\times 10^4\ hm^2$）	理论载畜量	面积（$\times 10^4\ hm^2$）	理论载畜量
鄂温克旗	120.13	119.26	99.4	82.24	58.7
陈巴尔虎旗	151.72	145.32	145.3	130.50	108.8
新巴尔虎左旗	180.97	171.75	114.5	154.13	82.0
新巴尔虎右旗	228.05	201.12	94.4	168.69	63.2
海拉尔区	8.28	7.16	6.0	4.77	3.2
满洲里市	6.20	5.11	4.3	3.51	2.3
额尔古纳市	60.74	48.43	48.4	27.27	22.7
合计	756.09	698.15	512.3	571.11	340.9

旗（市）	草地总面积（$\times 10^4\ hm^2$）	2004 年已承包到户草地			
		面积（$\times 10^4\ hm^2$）	其中割草场	理论载畜量	现有载畜量
鄂温克旗	120.13	73.50	38.85	52.5	98.6
陈巴尔虎旗	151.72	121.19	30.00	101.0	111.6
新巴尔虎左旗	180.97	142.31	14.94	75.7	181.0
新巴尔虎右旗	228.05	153.77	14.92	57.6	184.7
海拉尔区	8.28	2.94	0.12	2.0	19.8
满洲里市	6.20	2.40	0.00	1.6	8.0
额尔古纳市	60.74	2.77	1.60	2.3	28.7
合计	756.09	498.89	100.43	292.7	632.4

表 11.5 呼伦贝尔草地人口及其饲养的牲畜数量变化

项目	1949 年	1978 年	2004 年	2004 年 / 1949 年	2004 年 / 1978 年	1978 年 / 1949 年
人口（1×10^4）	2.97	7.13	12.57	4.23	1.76	2.40
牲畜数量（每单位羊 $\times10^4$）	167.9	369.6	632.4	3.77	1.71	2.20

11.2.2 草地开垦、开矿和滥采乱挖

在呼伦贝尔林缘的草甸草原地带，现有耕地 36.01 万 hm^2。单元开垦面积大则上万公顷，小的也要几百公顷，有的甚至几万公顷，管理粗放，掠夺经营，有的已出现严重的水土流失。尽管实耕面积仅占草原总面积的 4.76%，但却使草原千疮百孔，如果加上耕作机械对草原的碾压破坏，工作人员的滥采乱挖、非法狩猎，以及生产带来的防火隐患等，都对呼伦贝尔草原生态系统构成严重的威胁（表 11.6）。在呼伦贝尔草原，每年都要从外地涌入 2 000～3 000 人，滥采乱挖防风、黄芩、柴胡等野生药用植物。以防风为例，每人每天挖 2 050～2 280 株防风根，等于破坏草地 2.0～2.6 hm^2。全年因滥采乱挖使 24 万～48 万 hm^2 草地遭受不同程度的破坏，有的草地已经无法再利用（放牧和打草）。此外，在草地上盲目开矿，对草原的污染和破坏也是十分严重的，尽管面积不大，但往往成为新的风蚀发源地，对周围草地构成潜在威胁。

表 11.6 呼伦贝尔草原区 1946—2004 年耕地数量变化

所含旗（市）（$\times10^4\ hm^2$）	1946 年	1950 年	1960 年	1970 年	1980 年	1989 年	2004 年
鄂温克旗、新右旗、新左旗、陈旗、海拉尔区、满洲里市、额尔古纳市	0.62	1.62	21.99	6.37	13.52	14.01	36.01

11.2.3 鼠虫害、火烧等破坏

不科学的利用方式在引起草原退化的同时，也为草原鼠虫害频繁发生创造了条件，鼠、虫害的发生又进一步加剧了对草原的破坏；在呼伦贝尔典型草原地带，布氏田鼠鼠害 4～5 a 大爆发一次，受害面积在 100 万 hm^2 左右，严重地段每公顷就有 4 000 余个洞口，产草量每公顷仅有 50 kg。呼伦贝尔草原近年来每年受蝗虫、草地螟为害的草地 20 万 hm^2，严重地段植物叶片所剩无几，仅存纤

弱的植物茎秆，对草地的破坏是十分严重的。火烧对草原生态系统也有深刻地影响，尤其是对退化的典型草原破坏力更大，火烧后的草地地表裸露，土壤表层有机质风蚀严重，草地旱化，进一步加剧草地退化的进程。

综上所述，在呼伦贝尔草原因工矿建设用地、居民区、开垦和沙化等使草地可利用面积急剧减少的同时，放牧饲养的牲畜数量骤增，草地长期超载过牧（或强度刈割），是导致呼伦贝尔草原退化的主要原因，草地多灾并发以及草地管理薄弱放大了草地退化的进程。

11.3　草地生态系统恢复对策与建议

11.3.1　建立健全法律法规，有效保护草地资源

为了扭转部分草地生态危机，使畜牧业生产条件得到很好的改善，我国仍需建立健全相关法律法规，做到有法可依、严格执法，才能实现草地资源的合理开发和有效保护。深入宣传贯彻《中华人民共和国草原法》《中华人民共和国环境保护法》《中华人民共和国水土保持法》等法律规定，增强群众的环境意识和法制观念，强化草原保护建设重要性的认识和重视力度。放牧改变了植物群落特征、养分有效性和物种多样性，从而改变了生产力的形成过程。过度放牧会使草地生态系统生态环境恶化，草地退化，物种多样性下降，草地生产力下降，制约了畜牧业的发展。开展围栏育草，改变松散放牧为牲畜圈养，严格控制草地载畜量，实现草畜平衡。增加地面植被覆盖，对草地资源加以治理改良并逐步实现可持续管理，以达到草地资源开发和保护相辅相成，使破坏的植被逐步恢复起来。

11.3.2　建设人工草地和高产饲料基地

加快草原建设步伐，改变粗放的靠天养畜的生产方式，草原退化沙化的趋势才能从根本上得到遏制。应将牧区草原水利建设纳入国家中长期发展规划，在政策和资金上予以扶持。呼伦贝尔枯草期长达 7 个月，冬春季节饲草料缺乏，而现有的人工草地仅占草原总可利用面积 0.77%，与草原畜牧业发达国家人工草原 10% 的差距很大。建设人工草地和高产饲料基地，采用节水灌溉技术和丰产栽培技术，可显著提高饲草产量和质量，从根本上解决冬春季牲畜饲草不足、乏弱和限制动物增长的瓶颈问题。有效地减轻天然草场压力，缩短牲畜饲养周期，提高畜牧业生产的质量和效益。据统计 2000—2004 年在呼伦贝尔国家共投入 1.67 亿元对呼伦贝尔草原进行建设，建设总规模 70.1 万 hm^2，占可利用草原总面积的

9.3%，其中旱作人工草地 1.4 万 hm^2、灌溉人工草地 0.3 万 hm^2。由于项目建设规模小且分散，草原退化问题并没有从根本上得到遏止。因此，应多方筹措资金加大呼伦贝尔草原建设的力度。

11.3.3 合理转变生产方式，加强退化草原的生态恢复

退化草原的生态恢复的主要内容是实行草地休牧、轮牧（刈）制度，科学控制草地利用强度，通过“利用性改良”恢复植被，改善草原生态环境；对大于 15° 以上的坡耕地和水土流失严重的耕地退耕还林还草；实施草原防沙治沙工程和生态防护林建设等措施。在呼伦贝尔草原腹地有三条沙带，沙地总面积已达 88 万 hm^2，是整个草原生态保护与工程建设最艰巨的部分。流动沙丘每每侵袭铁路、公路，埋没大片草原和边沿村庄。因此，应对草原生态环境十分恶化的地区实施生态移民，并加强草场风蚀沙化控制技术的研究与推广，采用乔、灌、草结合，一年生牧草与多年生牧草混播，增加植被盖度，营造草原生态防护林，控制草地放牧强度。

11.3.4 加强鼠、虫害综合防治力度

草场退化为布氏田鼠的生存及种群扩张创造了有利条件。目前，草原布氏田鼠鼠害面积在 100 万 hm^2 左右，是 20 a 前鼠害发生面积的 13.8 倍，每 4～5 a 大爆发一次，危害之大，范围之广，周期之短前所未有。应根据鼠虫害发生、发展的特点，建立长期的鼠、虫害预测预报监测站，对鼠、虫害爆发的突发性、间歇性进行定位研究，探索综合的鼠、虫害防治方法。要因地制宜地采用物理防治、天敌控制、机械捕杀、生态防治等多项措施，把鼠虫害防治与草原围栏、草原改良、家庭牧场等建设结合起来，提高了鼠虫害防治的综合效果和持续控制的时限，通过综合防治途径，使主要害鼠种类的密度持续控制在经济阈值以下，达到无害化管理的目标。

11.3.5 进一步加强对草原生态系统研究与管理

可持续性是草原管理的根本目标，草原的持续管理主要依赖于土壤保持。大多数的草原植被，土壤生产力的不可逆损失主要是由风蚀或水蚀引起的。因此，对草地的评价不仅要考虑植被对特定用途的适宜性，更要注重对土壤保护的管理。今后要加强对草地基况综合评价研究，进一步探索土壤保护、植物多样性与植物群落生产力和稳定性的关系，推进草地管理的科学性与实用性。

我国的草地管理还十分薄弱，在生产实践中存在一些地区为完成生态建设项

目任务，不顾实际效果随意建设的现象，有的难以发挥项目预期整体效益，甚至造成新的污染和破坏现象。因此，在重大草原建设项目实施前，应进行生态环境影响评价，避免草原建设特别是人工饲草、饲料基地建设的随意性、盲目性，使有限的资金发挥最大的生态效益、经济效益和社会效益。

我国的草原生态建设起步晚、规模小，加之在认识、技术、管理和制度上的局限，在草原生态建设工程的规划、设计、监管和效果评价等方面存在许多不足甚至失误，影响草原生态建设的实际效果。因此，应研究并制定相应的国家标准和技术规范（准则），如草原生态建设项目设计技术规程，规范我国草原生态环境建设行为，保证建设效果，推进草业产业化。同时，建立项目建设质量追究制度，严格执行草原生态建设工程招投标制度和工程监理制度，强化生态建设项目管理，避免生态建设资金浪费。

第12章　主要结论与展望

12.1　主要结论

本研究利用在内蒙古呼伦贝尔贝加尔针茅草原建立的长期模拟氮沉降的氮添加实验、长期不同利用方式和养分添加实验为平台，研究了氮添加对贝加尔针茅草原植物光合作用、温室气体排放、植物性状及化学计量特征、土壤理化因子、土壤碳氮转化特征、土壤微生物群落结构和多样性以及土壤氮转化功能基因丰度的影响；研究了养分添加对草原主要植物和土壤化学计量特征的影响；研究了不同利用方式对草原主要植物叶性状、化学计量特征和土壤碳库的影响。分析了呼伦贝尔草原4个主要草地类型近年来植物群落变化，并阐明其主要诱因，为持续的草地生产提供科学依据。取得主要结论如下。

（1）长期氮添加会降低贝加尔针茅和羊草的净光合速率、气孔导度、蒸腾速率和水分利用效率，且氮添加量越大，光合作用能力所受抑制越强烈。长期氮添加，可提高贝加尔针茅和羊草叶N含量、比叶面积、叶N：P比值、叶片建成成本，降低叶片光合氮利用效率和光合能量利用效率。长期氮添加引起的土壤水分含量、土壤pH值改变是导致这种转变发生的主要因子。

（2）生长季内，内蒙古贝加尔针茅草原排放CO_2和N_2O，吸收CH_4，3种温室气体通量都有明显的季节变化特点。氮素添加对温室气体通量有影响，与对照相比，添加氮素促进CO_2和N_2O的排放，同时抑制土壤对CH_4的吸收，显著增加全球增温潜势。本研究中，添加50 kg N/（hm^2·a）处理与对照相比显著增加草原植物地上生物量，而与添加30 kg N/（hm^2·a）和100 kg N/（hm^2·a）处理相比，又能够减缓全球增温潜势的增加。CO_2、CH_4和N_2O 3种温室气体通量与土壤温度、有机碳和硝态氮含量有显著相关性，CO_2和N_2O通量与土壤含水量呈显著正相关关系，CH_4和N_2O通量与土壤铵态氮含量极显著相关。

（3）连续6 a氮添加提高了贝加尔针茅、羊草、羽茅、线叶菊和草地麻花头5种植物叶N含量，叶C：P和叶N：P，降低了叶P含量和叶C：N，而叶C含量无一致变化趋势。扁蓿豆叶片含N、P、C量无一致性变化规律。氮添加提高了土壤有机碳含量、土壤N：P，对土壤全氮含量和土壤C：N无显著性影响。连续6 a养分添加下，贝加尔针茅、羊草、羽茅、线叶菊、扁蓿豆和草地麻花头6种植物比叶面积、叶绿素含量、叶片养分在不同养分添加下都发生了变化，但变化的范围和方向都不尽相同。N 素添加处理对于 6 种植物叶片比叶面积和叶绿素含量的影响高于 P 素和 K 素添加处理。分析表明，贝加尔针茅草原植物叶含 N 量较低，植物叶片性状受氮素影响显著，但不同物种对 N 素添加的反应不同，土壤养分供给的差异是叶片结构特性和叶片养分组成发生变化的重要原因。

（4）连续 7 a 氮添加显著提高了土壤易氧化有机碳和可溶性有机碳含量，降低了土壤微生物量碳含量。施氮量 50 kg N/（hm^2·a）、100 kg N/（hm^2·a）提高了土壤易氧化有机碳分配比例，施氮量 200 kg N/（hm^2·a）、300 kg N/（hm^2·a）显著降低了土壤易氧化有机碳分配比例。施氮量 50 kg N/（hm^2·a）、100 kg N/（hm^2·a）和 200 kg N/（hm^2·a）处理提高了土壤可溶性有机碳分配比例，施氮量 300 kg N/（hm^2·a）显著降低了土壤可溶性有机碳分配比例。施氮量 50 kg N/（hm^2·a）、100 kg N/（hm^2·a）可提高贝加尔针茅草原土壤碳库活度指数和碳库管理指数，施氮量 100 kg N/（hm^2·a）提高最为显著；施氮量 200 kg N/（hm^2·a）、300 kg N/（hm^2·a）显著降低贝加尔针茅草原土壤碳库活度指数和土壤碳库管理指数。分析结果表明，土壤易氧化有机碳分配比例、可溶性有机碳分配比例、微生物量碳分配比例、碳库活度指数和碳库管理指数之间呈极显著相关性（$P<0.01$）。在未来氮沉降持续增加的情况下，贝加尔针茅草原土壤碳库质量可能会降低。

（5）氮添加提高了土壤净硝化速率，降低了土壤净氨化速率，施氮量 15 kg N/（hm^2·a）和 30 kg N/（hm^2·a）处理促进了土壤净氮矿化作用，施氮量 50 kg N/（hm^2·a）、100 kg N/（hm^2·a）、150 kg N/（hm^2·a）和 200 kg N/（hm^2·a）处理抑制了土壤净氮矿化作用。施氮量 15 kg N/（hm^2·a）和 30 kg N/（hm^2·a）处理提高了有机碳转化速率，施氮量 50 kg N/（hm^2·a）、100 kg N/（hm^2·a）、150 kg N/（hm^2·a）、200 kg N/（hm^2·a）和 300 kg N/（hm^2·a）处理降低了有机碳转化速率。有机碳与土壤全氮呈极显著正相关，土壤可溶性有机碳与土壤可溶性有机氮呈极显著正相关，土壤微生物量碳与土壤微生物量氮呈极显著负相关。有机碳转化速率显著影响微生物量氮转化速率，且符合一元线性回归方程，土壤碳氮转化过程相互影响且紧密耦合。本研究在一定程度上表明，贝加尔针茅草原土壤碳氮转化速率受氮沉降水平的显著影响。连续高氮沉降会降低土壤净氮矿化速率和有机碳转化速率，对土壤碳氮循环产生负面影响。

（6）氮添加提高了＞0.25 mm 土壤大团聚体有机碳、全氮的含量，其中以 0.25～2 mm 粒径团聚体最为显著，且在同一处理下，0.25～2 mm 粒径团聚体有机碳、全氮、全磷含量最高，最适合养分的积累；氮添加未显著影响各粒径土壤团聚体全磷含量。氮添加导致团聚体碳氮比降低，碳磷比、氮磷比升高；提高了土壤团聚体有机质的矿化速率，随着氮添加量的增大，土壤团聚体中磷元素成为限制草原植物生长的主要限制因素。氮添加显著提高了 0.25～2 mm 土壤团聚体微生物群落磷脂脂肪酸总量、真菌磷脂脂肪酸含量和真菌 / 细菌、革兰氏阳性菌 / 革兰氏阴性菌的比值，降低了土壤团聚体微生物 Margalef 丰富度指数。连续 8 a 氮素添加提高了 0.25～2 mm 土壤团聚体真菌群落，土壤有机碳、全氮的固持与真菌群落的增加有关。

（7）低氮添加［15 kg N/（hm^2·a）、30 kg N/（hm^2·a）和 50 kg N/（hm^2·a）］对 0～10 cm 土层土壤有机碳、全氮和硝态氮含量与 10～20 cm 土层土壤 pH 值和硝态氮含量无显著性影响。高氮添加［100 kg N/（hm^2·a）、150 kg N/（hm^2·a）、200 kg N/（hm^2·a）和 300 kg N/（hm^2·a）］提高了 0～10 cm 土层、10～20 cm 土层土壤有机碳、硝态氮、铵态氮和速效磷含量，降低了土壤 pH 值。相同氮沉降处理不同土层土壤有机碳、全氮、全磷、硝态氮、铵态氮含量大致表现为 0～10 cm＞10～20 cm 土层。高氮添加［100 kg N/（hm^2·a）、150 kg N/（hm^2·a）、200 kg N/（hm^2·a） 和 300 kg N/（hm^2·a）］降低了 0～10 cm 土层、10～20 cm 土层土壤微生物量碳，提高了土壤微生物量氮，降低了土壤微生物量碳氮比。高氮沉降［100 kg N/（hm^2·a）、150 kg N/（hm^2·a）、200 kg N/（hm^2·a）和 300 kg N/（hm^2·a）］降低了 0～10 cm 土层脲酶、过氧化氢酶、酸性磷酸酶、过氧化物酶和蔗糖酶活性，降低了 10～20 cm 土层过氧化物酶和蔗糖酶活性。同一氮处理水平，不同深度土层的脲酶、酸性磷酸酶、多酚氧化酶和蔗糖酶活性表现为 0～10 cm 土层＞10～20 cm 土层。土壤 pH 值、硝态氮、微生物量碳和微生物量氮是影响土壤酶活性的主要环境因子。

（8）连续 6 a 氮添加提高了 0～10 cm 土层土壤微生物类群含量，降低了 10～20 cm 土层土壤细菌 PLFAs、革兰氏阳性细菌 PLFAs 和革兰氏阴性细菌 PLFAs 含量；降低了 2 个土层的细菌 / 真菌比值，改变了土壤微生物群落结构。土壤磷脂脂肪酸类群与土壤化学因子的相关性分析显示，引起土壤微生物类群含量和组成发生变化的主要土壤环境因子是土壤 pH 值和速效磷含量。高氮添加降低了土壤微生物碳源利用能力，不利于草地土壤微生物多样性提高。在该实验条件下，施氮量 100 kg N/（hm^2·a）是研究区微生物活性从促进到抑制的一个阈值。因此选择合适的氮添加量对于促进贝加尔针茅草原土壤微生物碳源利用能力尤为重要。土壤微生物功能多样性与土壤 pH 值、有机碳、全氮、全磷、微生物量氮、微生物熵、微生物量碳氮比、硝态氮密切相关，说明土壤 pH 值、微生物生物量和土壤养分影响土壤微生物功能多样性。研究结果可为该区合理施肥和科学管理提供依据。

（9）连续6 a氮添加下，在群落中占主导的细菌门类有酸杆菌门，变形菌门，放线菌门，疣微菌门，绿弯菌门，芽单胞菌门。氮添加处理（N30～N300）降低了酸杆菌门、疣微菌门和绿弯菌门相对丰度，提高了变形菌门、放线菌门和芽单胞菌门相对丰度。氮添加改变了土壤细菌群落结构，且高氮添加对土壤细菌群落结构影响高于低氮添加。土壤pH值、硝态氮、铵态氮和全磷含量是引起土壤细菌群落结构变化的主要影响因素。随着氮添加量的增加，α 多样性指数呈先升高后下降趋势，氮添加量为300 kg N/（hm^2·a）时，土壤细菌OTUs丰富度和 α 多样性指数均低于对照处理，但无显著差异。

（10）连续6 a氮添加下，土壤真菌优势菌相对丰度发生改变，这种改变在真菌门、纲和属分类水平上均有体现，且受土层梯度、氮添加水平和土层和氮添加水平的交互效应显著影响。真菌群落结构发生改变，且高氮添加水平处理的真菌群落变化比低氮添加水平的变化大。子囊菌门和担子菌门是研究区主要优势类群，土壤真菌群落结构的变化主要与子囊菌门和担子菌门变化有关。典范对应分析表明土壤pH值、有机碳、硝态氮和速效磷含量是引起土壤真菌群落组成发生变化的主要土壤环境因子。氮添加条件下，0～10 cm土层与10～20 cm土层，真菌OTUs丰富度无显著性变化，氮添加降低了真菌的shannon多样性指数；氮添加降低了10～20 cm土层Chao1、Observed-species和PD-whole-tree丰富度指数。土壤全氮、全磷、速效磷含量是引起土壤真菌OTUs丰富度的主要环境因子。土壤pH值、有机碳、全氮和全磷含量是引起真菌 α 丰富度指数的主要环境因子。

（11）低于200 kg N/（hm^2·a）氮添加量有利于固氮菌*nifH*生长。高氮添加（N100～N300）显著提高了氨氧化细菌AOB基因丰度，降低了氨氧化古菌AOA基因丰度。高氮添加（N150～N300）显著降低了反硝化细菌*nirK*基因丰度。高氮添加促进了氨氧化细菌AOB主导的氨氧化过程，而反硝化微生物丰度的减少促进了氨氧化产物硝酸盐的积累，继而提高了土壤硝酸盐含量。

（12）连续6 a养分添加，6种植物的比叶面积、叶绿素含量、叶片养分在不同养分添加下都发生了变化，但变化的范围和方向都不尽相同。综合6种植物进行分析，比叶面积与叶绿素含量、叶N含量呈极显著正相关（$P<0.01$），与叶P含量呈显著正相关（$P<0.05$）；叶绿素含量与叶N含量、土壤铵态氮含量呈极显著正相关（$P<0.01$）；叶N含量与土壤pH值呈显著正相关（$P<0.05$）；叶P含量与土壤全磷、土壤速效磷含量和土壤pH值呈极显著正相关（$P<0.01$）。综合研究表明，贝加尔针茅草原植物叶N含量较低，植物叶片性状受氮素影响显著，但不同物种对氮素添加的反应不同，土壤养分供给的差异是叶片结构特性和

叶片养分组成发生变化的重要原因。

（13）围封、放牧和刈割 3 种不同草原利用方式显著改变了贝加尔针茅、羊草、羽茅和扁蓿豆 4 种植物叶片功能性状。放牧提高了植物比叶面积和叶绿素含量，显著增加植物叶 N 含量和叶 N：P；刈割显著降低贝加尔针茅、羊草和扁蓿豆叶 C：N 和贝加尔针茅、羊草叶 N 含量和叶 N：P。利用方式、物种以及两者之间的交互作用对植物叶片 C、N、P 化学计量比影响显著。植物与土壤 C、N、P 化学计量比相关密切，但不同物种与土壤 C、N、P 化学计量比间的相关关系存在分异。围封和刈割有利于土壤有机碳、土壤微生物量碳和土壤易氧化有机碳的积累。贝加尔针茅草原中土壤可溶性碳含量和土壤可溶性有机碳比例表现为放牧＞围封＞刈割，放牧提升了土壤可溶性有机碳含量。围封和刈割有利于土壤有机碳、易氧化有机碳和微生物量碳的积累提升了土壤有机碳的稳定性。

12.2 研究展望

利用方式、氮沉降、养分添加对草原生态系统的影响是一个非常复杂的课题。贝加尔针茅草原是亚洲中部草原区所特有的草原群系，是草甸草原的代表类型之一，在我国主要分布在松辽平原、蒙古高原东部的森林草原地带。该区域属于全球气候变化影响下碳源汇效应高度不确定性的敏感区域。开展温带草甸草原生态系统碳氮转化耦合关系、碳源汇作用研究，能够与相近气候的温带草原对气候变化的响应特征进行对比研究。

本文揭示了贝加尔针茅草原植物光合作用、温室气体排放以及土壤碳氮动态对氮添加的响应，证实了土壤有机碳转化速率显著影响微生物量氮转化速率，土壤碳氮转化过程紧密耦合；证实氮添加对土壤真菌群落组成的影响存在明显土层梯度效应；高氮添加降低真菌多样性，显著改变土壤真菌组成；发现子囊菌门和担子菌门可作为贝加尔针茅草原土壤真菌群落结构变化的指示类群。发现贝加尔针茅草原土壤中 AOB 基因丰度显著高于 AOA 基因丰度，高氮添加提高了 AOB/AOA 和氨氧化 / 反硝化比值，促进了 AOB 在硝化作用中的主导地位和土壤中硝态氮的累积。本研究表明，长期氮沉降增加不利于维持贝加尔针茅草原土壤微生物群落结构、菌群平衡和持续稳定，对土壤碳氮循环产生负面影响。

本研究取得了一些有意义的研究结果，但仍有诸多问题需要进一步研究。

（1）氮添加水平显著影响贝加尔针茅草原土壤碳氮转化特征、土壤微生物生物量、土壤酶活性和土壤微生物组成，且土壤微生物、细菌、真菌和氮转化功能微生物受土壤化学因子显著影响。土壤微生物是草地生态系统生物地球化学循环的驱动者，是对环境变化最为敏感的生命指标，在土壤碳氮循环及其对自然和人为干扰响应中具有十分重要的表征功能。本研究仅对氮循环相关部分功能微生物开展了研究，对与土壤碳氮循环有关的其他功能微生物（反硝化细菌菌群的功能酶基因，如 *narG*、*nirS*、*norS* 等，固碳功能酶基因，如 *cbbLR* 和 *cbbLG* 等）有何影响？这些影响又怎样反馈作用于碳氮循环过程？诸如这类问题，依然不是很清楚。由于碳氮循环作用非常复杂，人们对其相互作用耦合过程认识不完整，还需要进一步研究土壤碳氮转化特征与碳氮转化功能微生物之间的耦合关系，探讨其相互作用机制。

（2）贝加尔针茅草原土壤中氨氧化细菌 AOB 基因丰度远高于基因氨氧化古菌 AOA 丰度，且氮添加进一步提高了氨氧化细菌 AOB 与氨氧化古菌 AOA 相对丰度，初步推测了 AOB 在研究区氨氧化作用中的主导地位，但氨氧化作用的主导究竟是氨氧化细菌还是氨氧化古菌，探究氨氧化细菌和氨氧化古菌在研究区草地中生态位分异，应进一步采用 RNA-SIP 方法进行不同氮添加水平下 AOA、AOB 在氨氧化过程中相对贡献率研究。氮添加水平提高显著抑制贝加尔针茅草原土壤水解酶和氧化酶活性，但有关微生物群落代谢底物、有机碳的积累的生物机制还不清楚，利用同位素标记方法，评价氮素类型和添加水平对微生物群落碳利用效率的影响，结合土壤碳相关的水解酶、氧化酶活性，阐明氮素添加水平提高影响有机碳分解的微生物学机制。

（3）氮沉降对草原生态系统的影响是一个长期的过程，对于草原的碳库以及温室气体变化，必须以大量详细而全面的观测点数据为基准。本研究中，由于数据有限，故在结果中存在一定程度的不确定性。在研究中未区分氮素形态影响差异，难以解释贝加尔针茅草原土壤碳氮通量对增氮的响应机理，在对 CO_2、CH_4 和 N_2O 通量来源上的研究是独立进行的，未考虑不同通量组分对增氮响应的差异，无法解释 CO_2、CH_4 和 N_2O 通量之间的耦合关系。为了减少研究中的不确定性，在未来需要在多形态、多水平的氮沉降模拟实验，需要更长时间的监测并在不同草原类型中进行监测比较。

（4）土壤质量的改变是长期积累的效应，是一个缓慢的过程，而土壤微生物群落结构和多样性随着土壤理化性质的改变而改变。本研究仅表征研究区对不同氮添加水平、不同利用方式的短期响应，土壤细菌、真菌作为土壤科学研究重要的生物指标，本研究仅将其与部分土壤理化因子进行了相关性分析，分析得出土壤理化性质是影响微生物的一个重要因素。未来研究可增加其他土壤性状指标的测定，如土壤容重、土壤团聚体的团粒结构、团聚体各粒级分布情况等，从更多个角度分析，做到更深入解析影响机制。本论文没有对关于氮沉降水平提高引起微生物数量、多样性等变化的贡献量进行量化分析，氮沉降与土壤微生物和植被组成变化交互作用机理以及氮沉降控制在什么水平可以保持草原生态系统可持续性，这些问题还需进一步研究探讨。

（5）目前，有关植物和土壤 C、N 和 P 生态化学计量学特征对氮沉降增加、养分添加和不同利用方式的响应研究多为短期的控制实验，植物-土壤 C、N 和 P 元素传递与调节的机理尚不明确，应进一步开展长期控制实验研究。人类活动与全球变化共同影响着碳氮循环过程，并且全球变化多因子之间也是相互影响相互制约的。若单纯探讨某一因子变化对生态系统碳氮循环过程影响，其研究结果在另一个因子背景发生变化后就很难反映其影响的真实状况，这就在一定程度上限制了研究成果的应用，同时也很难充分发挥不同因子之间的协同作用。因此，应当加强全球变化多因子以及环境变化与人类活动的耦合影响效应研究，形成系统的研究网络体系，对包括气候变暖、降水变化、氮沉降等在内的全球变化因素进行大尺度交互模拟研究，以便更准确地预测和有效调节生态系统的碳氮循环过程。

（6）当前的实验研究多数是在小尺度均质生境中开展的短期受控实验，今后在较长的时间尺度和大的空间尺度上开展研究是非常必要的。生物多样性本身不是一个独立变量，其维持受到非生物因素的控制，同时也影响着生态系统过程的运转，并反过来对小尺度非生物环境以及大尺度上的生物地化过程产生影响。小尺度生境的物种多样性与生态系统功能可以被看作处于大的“生态网”中的 2 个节点，其他因素以及调节机制对它们之间的关系会有决定或修正功能。将非生物因素、物种多样性动态、生态系统功能之间的交互关系整合到一个统一框架中进行研究是今后努力的方向。

参 考 文 献

安慧，徐坤，2013. 放牧干扰对荒漠草原土壤性状的影响[J]. 草业学报，22(4)：35-42.

安钰，安慧，李生兵，2018. 放牧对荒漠草原土壤和优势植物生态化学计量特征的影响[J]. 草业学报，27(12)：94-102.

安卓，牛得草，文海燕，等，2011. 氮素添加对黄土高原典型草原长芒草氮磷重吸收率及 C：N：P 化学计量特征的影响[J]. 植物生态学报，35(8)：801-807.

白洁冰，徐兴良，付刚，等，2011. 温度和氮素输入对青藏高原 3 种高寒草地土壤氮矿化的影响[J]. 安徽农业科学，39(24)：14698-14700，14756.

白永飞，李凌浩，黄建辉，等，2001. 内蒙古高原针茅草原植物多样性与植物功能群组成对群落初级生产力稳定性的影响[J]. 植物学报，43(3)：280-287.

白玉婷，卫智军，代景忠，等，2017. 施肥对羊草割草地植物群落和土壤 C：N：P 生态化学计量学特征的影响[J]. 生态环境学报，26(4)：620-627.

鲍士旦，2000. 土壤农化分析[M]. 3 版 . 北京：中国农业出版社.

宾振钧，王静静，张文鹏，等，2014. 氮肥添加对青藏高原高寒草甸 6 个群落优势种生态化学计量学特征的影响[J]. 植物生态学报，38(3)：231-237.

蔡进军，董立国，李生宝，等，2016. 黄土丘陵区不同土地利用方式土壤微生物功能多样性特征[J]. 生态环境学报，25(4)：555-562.

蔡祖聪，Mosier A R，1999. 土壤水分状况对 CH_4 氧化，N_2O 和 CO_2 排放的影响[J]. 土壤，31(6)：289-294，298.

曹翠玲，李生秀，2004. 氮素形态对作物生理特性及生长的影响[J]. 华中农业大学学报，23(5)：581-586.

曹红兵，2016. 增温和施氮条件下 AM 真菌对松嫩草地土壤和植物碳、氮、磷化学计量特征的影响[D]. 长春：东北师范大学.

曹志平，李德鹏，韩雪梅，2011. 土壤食物网中的真菌 / 细菌比率及测定方法[J]. 生态学报，31(16)：4741-4748.

陈磊，朱广宇，刘玉林，等，2018. 黄土高原人工油松林土壤碳氮对短期氮添加的响应[J]. 水土保持学报，32(4)：346-352.

陈全胜，李凌浩，韩兴国，等，2004. 典型温带草原群落土壤呼吸温度敏感性与土壤水分的关系[J]. 生态学报，24(4)：831-836.

陈苇，卢婉芳，段彬伍，等，2002. 稻草还田对晚稻稻田甲烷排放的影响[J]. 土壤学报，39(2)：170-176.

陈盈，闫颖，张满利，等，2008. 长期施肥对黑土团聚化作用及碳、氮含量的影响[J]. 土壤通报，39(6)：1288-1292.

陈云峰，韩雪梅，胡诚，等，2013. 长期施肥对黄棕壤固碳速率及有机碳组分影响[J]. 生态环境学报，22(2)：269-275.

陈佐忠，汪诗平，王艳芬，2003. 内蒙古典型草原生态系统定位研究最新进展[J]. 植物学进展，20(4)：423-427.

崔亚潇，2016. 川南马尾松人工林不同改造措施土壤微生物特性及其与有机碳的关系[D]. 成都：四川农业大学.

邓钰，柳小妮，辛晓平，等，2012. 不同放牧强度下羊草的光合特性日动态变化[J]. 草业学报，21(3)：308-313.

邓昭衡，高居娟，周雨露，等，2015. 氮沉降对冻融培养期泥炭土二氧化碳排放的影响[J]. 土壤通报，46(4)：962-966.

丁洪，王跃思，向红艳，等，2004. 菜田氮素反硝化损失与 N_2O 排放的定量评价[J]. 园艺学报，31(6)：762-766.

丁小慧，宫立，王东波，等，2012. 放牧对呼伦贝尔草地植物和土壤生态化学计量学特征的影响[J]. 生态学报，32(15)：4722-4730.

丁雪丽，韩晓增，乔云发，等，2012. 农田土壤有机碳固存的主要影响因子及其稳定机制[J]. 土壤通报，43(3)：737-744.

方华军，程淑兰，于贵瑞，等，2014. 大气氮沉降对森林土壤甲烷吸收和氧化亚氮排放的影响及其微生物学机制[J]. 生态学报，34(17)：4799-4806.

方昕，郭雪莲，郑荣波，等，2020. 不同放牧干扰对滇西北高原泥炭沼泽土壤生态化学计量特征的影响[J]. 水土保持研究，27(2)：9-14.

方圆，王娓，姚晓东，等，2017. 我国北方温带草地土壤微生物群落组成及其环境影响因素[J]. 北京大学学报（自然科学版），53(1)：142-150.

冯玉龙，曹坤芳，冯志立，等，2002. 四种热带雨林树种幼苗比叶重，光合特性和暗呼吸对生长光环境的适应[J]. 生态学报，22(6)：901-910.

高永恒，2007. 不同放牧强度下高山草甸生态系统碳氮分布格局和循环过程研究[D]. 成都：中国科学院成都生物研究所.

耿会立，2004. 典型草地生态系统 CO_2、CH_4 和 N_2O 通量特征及其与环境因子的关系[D]. 杨陵：西北农林科技大学.

谷晓楠，贺红士，陶岩，等，2017. 长白山土壤微生物群落结构及酶活性随海拔的分布特征与影响因子[J]. 生态学报，37(24)：8374-8384.

顾大形，陈双林，黄玉清，2011. 土壤氮磷对四季竹叶片氮磷化学计量特征和叶绿素含量的影响[J]. 植物生态学报，35(12)：1219-1225.

关松荫，1986. 土壤酶及其研究方法[M]. 北京：中国农业出版社.

郭虎波，袁颖红，吴建平，等，2013. 氮沉降对杉木人工林土壤团聚体及其有机碳分布的影响[J]. 水土保持学报，27(4)：268-272.

郭梨锦，曹凑贵，张枝盛，等，2013. 耕作方式和秸秆还田对稻田表层土壤微生物群落的短期影响[J]. 农业环境科学学报，32(8)：1577-1584.

韩广轩，朱波，张中杰，等，2004. 水旱轮作土壤-小麦系统 CO_2 排放及其影响因素[J]. 生态环境，13(2)：182-185.

韩国栋，李博，卫智军，等，1999. 短花针茅草原放牧系统植物补偿生长的研究[J]. 草地学报，7(1)：1-7.

郝广，闫勇智，李阳，等，2018. 不同刈割频次对呼伦贝尔羊草草原土壤碳氮变化的影响[J]. 应用与环境生物学报，24(2)：195-199.

郝亚群，谢麟，陈岳民，等，2018. 中亚热带地区氮沉降对杉木幼林土壤细菌群落多样性及组成的影响[J]. 应用生态学报，29(1)：53-58.

何亚婷，齐玉春，董云社，等，2010. 外源氮输入对草地土壤微生物特性影响的研究进展[J]. 地球科学进展，25(8)：877-886.

和文祥，谭向平，王旭东，等，2010. 土壤总体酶活性指标的初步研究[J]. 土壤学报，47(6)：1232-1236.

贺桂香，李凯辉，宋韦，等，2014. 新疆天山高寒草原不同放牧管理下的 CO_2，CH_4 和 N_2O 通量特征[J]. 生态学报，34(3)：674-681.

洪丕征，刘世荣，于浩龙，等，2016. 模拟氮沉降对红椎人工幼龄林土壤微生物生物量和微生物群落结构的影响[J]. 山东大学学报，51(5)：18-28.

胡钧宇，朱剑霄，周璋，等，2014. 氮添加对 4 种森林类型林下植物多样性的影响[J]. 北京大学学报，50(5)：904-910.

黄桂林，赵峰侠，李仁强，等，2012. 生态系统服务功能评估研究现状挑战和趋势[J]. 林业资源管理，(4)：17-23.

黄建辉，白永飞，韩兴国，2001. 物种多样性与生态系统功能：影响机制及有关假说[J]. 生物多样性，9(1)：1-7.

黄菊莹，赖荣生，余海龙，等，2013. N 添加对宁夏荒漠草原植物和土壤 C∶N∶P 生态化学计量特征的影响[J]. 生态学杂志，32(11)：2850-2856.

黄菊莹，余海龙，王丽丽，等，2017. 不同氮磷比处理对甘草生长与生态化学计量特征的影响[J]. 植物生态学报，41(3)：325-336.

黄菊莹，袁志友，李凌浩，2009. 羊草绿叶氮、磷浓度和比叶面积沿氮、磷和水分梯度的变化[J]. 植物生态学报，33(3)442-448.

纪翔，2019. 退牧还草政策影响下呼伦贝尔草地土壤有机碳变化[D]. 喀什：喀什大学.

贾丙瑞，周广胜，王风玉，2004. 放牧与围栏羊草草原生态系统土壤呼吸作用比较[J]. 生态学报，15(9)：1611-1615.

蒋丽，2012. 松嫩草地光合特性对增温和氮素添加的响应[D]. 长春：东北师范大学.

蒋跃利，赵彤，闫浩，等，2014. 宁南山区不同草地土壤原位矿化过程中氮素的变化特征[J]. 环境科学，35(6)：2365-2373.

康俊霞，王瑞珍，寻芬，等，2014. 长期氮素添加对内蒙古典型草原有机碳库的影响[J]. 中国草地学报，36(1)：79-83.

孔雨光，张金池，张东海，等，2009. 土地利用变化对土壤及团聚体结合有机碳的影响[J]. 中南林业科技大学学报，29(2)：39-44.

兰瑞君，郭建英，尹忠东，等，2017. 不同放牧强度下土壤侵蚀对典型草原土壤有机碳的影响[J]. 水土保持学报，31(4)：172-177.

李博，2015. 温度升高和氮沉降对松嫩草地羊草种群生理与生态特性的影响[D]. 长春：东北师范大学.

李海防，夏汉平，熊燕梅，等，2007. 土壤温室气体产生与排放影响因素研究进展[J]. 生态环境，16(6)：1781-1788.

李焕茹，朱莹，田纪辉，等，2018. 碳氮添加对草地土壤有机碳氮磷含量及相关酶活性的影响[J]. 应用生态学报，29(8)：2470-2476.

李凯，江洪，由美娜，等，2011. 模拟氮沉降对石栎和苦槠幼苗土壤呼吸的影响[J]. 生态学报，31(1)：82-89.

李林芝，张德罡，辛晓平 . 等，2009. 呼伦贝尔草甸草原不同土壤水分梯度下羊草的光合特性[J]. 生态学报，29(10)：5271-5279.

李明月，王健，王振兴，等，2013. 模拟氮沉降条件下木荷幼苗光合特性、生物量与 C、N、P 分配格局[J]. 生态学报，33(5)：1569-1577.

李秋嘉，薛志婧，周正朝，2019. 宁南山区植被恢复对土壤团聚体养分特征及微生物特性的影响[J]. 应用生态学报，30(1)：137-145.

李瑞瑞，卢艺，王益明，等，2019. 氮添加对墨西哥柏人工林土壤碳氮磷化学计量特征及酶活性的影响[J]. 生态学杂志，38(2)：384-393.

李睿，江长胜，郝庆菊，2015. 缙云山不同土地利用方式下土壤团聚体中活性有机碳分布特征[J]. 环境科学，36(9)：3429-3437.

李世朋，汪景宽，2003. 温室气体排放与土壤理化性质的关系研究进展[J]. 沈阳农业大学学报，34(2)：155-159.

李硕，李有兵，王淑娟，等，2015 . 关中平原作物秸秆不同还田方式对土壤有机碳和碳库管理指数的影响[J]. 应用生态学报，26(4)：1215-1222.

李伟，白娥，李善龙，等，2013. 施氮和降水格局改变对土壤 CH_4 和 CO_2 通量的影响[J]. 生态学杂志，32(8)：1947-1958.

李玮，郑子成，李廷轩，2015. 不同植茶年限土壤团聚体碳氮磷生态化学计量学特征[J]. 应用生态学报，26(1)：9-16.

李文娇，刘红梅，赵建宁，等，2015. 氮素和水分添加对贝加尔针茅草原植物多样性及生物量的影响[J]. 生态学报，35(19)：6460-6469.

李香真，陈佐忠，1998. 不同放牧率对草原植物与土壤 C、N、P 含量的影响[J]. 草地学报，6(2)：3-5.

李新爱，童成立，蒋平，等，2006. 长期不同施肥对稻田土壤有机质和全氮的影响[J]. 土壤，38(3)：298-303.

李寅龙，红梅，白文明，等，2014. 水、氮控制对短花针茅草原气体交换的影响[J]. 生态环境学报，23(2)：217-222.

李永宏，汪诗平，1999. 放牧对草原植物的影响[J]. 中国草地 (3)：11-19.

李玉霖，崔建垣，苏永中，2005. 不同沙丘生境主要植物比叶面积和叶干物质含量的比较[J]. 生态学报，25(2)：304-311.

李月芬，刘泓杉，王月娇，等，2018. 退化草地的生态化学计量学研究现状及发展动态[J]. 吉林农业大学学报，40(3)：253-257.

李宗明，沈菊培，张丽梅，等，2018. 模拟氮沉降对干旱半干旱温带草原土壤细菌群落结构的影响[J]. 环境科学，39(12)：5665-5671.

梁龙，梁小兵，2014. 氨氧化细菌和氨氧化古菌在百花湖沉积物中的垂直分布[J]. 矿物岩石地球化学通报，33(2)：221-225.

梁艳，干珠扎布，曹旭娟，等，2017. 模拟氮沉降对藏北高寒草甸温室气体排放的影响[J]. 生态学报，37(2)：1-10.

林明月，邓少虹，苏以荣，等，2012. 施肥对喀斯特地区植草土壤活性有机碳组分和牧草固碳的影响[J]. 植物营养与肥料学报，18(5)：1119-1126.

林先贵，2010. 土壤微生物研究原理与方法[M]. 北京：高等教育出版社.

刘彩霞，焦如珍，董玉红，等，2015. 模拟氮沉降对杉木林土壤氮循环相关微生物的影响[J]. 林业科学，51(4)：96-102.

刘合明，杨志新，刘树庆，2008. 不同粒径土壤活性有机碳测定方法的探讨[J]. 生态环境，17(5)：2046-2049.

刘红梅，赖欣，宋晓龙，等，2012. 转双价基因（*Bt+CpTI*）棉种植对根际土壤微生物群落功能多样性的影响[J]. 中国农学通报，28(36)：231-236.

刘晶，张跃伟，张巧明，等，2018. 土地利用方式对豫西黄土丘陵区土壤团聚体微生物生物量及群落组成的影响[J]. 草业科学，35(4)：771-780.

刘满强，胡锋，何园球，等，2003. 退化红壤不同植被恢复下土壤微生物量季节动态及其指示意义[J]. 土壤学报，40(6)：937-944.

刘朴方，2012. 农肥和化肥施用对大豆根瘤菌和土壤固氮菌多样性的影响[D]. 哈尔滨：东北农业大学.

刘蔚秋，刘滨扬，王江，等，2010. 不同环境条件下土壤微生物对模拟大气氮沉降的响应[J]. 生态学报，30(7)：1691-1698.

刘晓东，尹国丽，武均，等，2015. 青藏高原东部高寒草甸草地土壤物理性状对氮元素添加的响应[J]. 草业学报，24(10)：12-21.

刘晓雨，李志鹏，潘根兴，等，2011. 长期不同施肥下太湖地区稻田净温室效应和温室气体排放强度的变化[J]. 农业环境科学学报，30(9)：1783-1790.

刘星，汪金松，赵秀海，2015. 模拟氮沉降对太岳山油松林土壤酶活性的影响[J]. 生态学报，35(14)：4613-4624.

刘学东，2017. 荒漠草原不同群落类型土壤活性有机碳组分特征研究[D]. 银川：宁夏大学.

刘学东，陈林，杨新国，等，2016. 荒漠草原典型植物群落土壤活性有机碳组分特征及其与酶活性的关系[J]. 西北植物学报，36(9)：1882-1890.

刘洋，黄懿梅，曾全超，2016. 黄土高原不同植被类型下土壤细菌群落特征研究[J]. 环境科学，37(10)：3931-3938.

刘月娇，倪九派，张洋，等，2015. 三峡库区紫色土旱坡地农桑配置模式对土壤养分的影响[J]. 草业学报，24(12)：38-45.

罗亲普，龚吉蕊，徐沙，等，2016. 氮磷添加对内蒙古温带典型草原净氮矿化的影响[J]. 植物生态学报，40(5)：480-492.

罗希茜，陈哲，胡荣桂，等，2010. 长期施用氮肥对水稻土亚硝酸还原酶基因多样性的影响[J]. 环境科学，31(2)：423-430.

吕超群，田汉勤，黄耀，2007. 陆地生态系统氮沉降增加的生态效应[J]. 植物生态报，31(2)：205-218.

吕世海，冯长松，高吉喜，等，2008. 呼伦贝尔沙化草地围封效应及生物多样性变化研究[J]. 草地学报，16(5)：442-447.

吕玉，周龙，龙光强，等，2016. 不同氮水平下间作对玉米土壤硝化势和氨氧化微生物数量的影响[J]. 环境科学，37(8)：3229-3236.

马钢，王平，王冬雪，等，2015. 高寒灌丛土壤温室气体释放对添加不同形态氮素的响应[J]. 草业学报，24(3)：20-29.

马克平，1993. 试论生物多样性的概念[J]. 生物多样性，1(1)：20-22.

马思文，2016. 草域管理对自然生草苹果园碳库行为调控及植株光合生理响应研究[D]. 沈阳：沈阳农业大学.

米雪，李晓兵，王宏，等，2015. 内蒙古典型草原不同放牧强度下羊草光合生理生态特性分析[J]. 中国草地学报，37(3)：92-98.

莫江明，方运霆，徐国良，等，2005. 鼎湖山苗圃和主要森林土壤 CO_2 排放和 CH_4 吸收对模拟 N 沉降的短期响应[J]. 生态学报，25(4)：682-690.

倪银霞，黄懿梅，牛丹，等，2015. 宁南山区林地土壤原位矿化过程中碳氮转化耦合特征[J]. 环境科学，36(9)：3401-3410.

聂成，牛磊，张旭博，等，2019. 放牧模式对内蒙古典型草原生长季土壤呼吸速率的影响[J]. 植物营养与肥料学报，25(3)：402-411.

潘潇，朱豪杰，陈鹏冲，等，2015. 生态湿地植物资源管理和利用途径刍议[J]. 湿地科学与管理，11(3)：28-33.

潘玉雪，田瑜，徐靖，等，2018. IPBES 框架下生物多样性和生态系统服务情景和模型方法评估及对我国的影响[J]. 生物多样性，26(1)：89-95.

潘占磊，王忠武，韩国栋，等，2016. 短花针茅荒漠草原甲烷通量对增温和施氮的响应[J]. 生态环境学报，25(2)：209-216.

彭少麟，黄忠良，2003. 生产力与生物多样性之间的相互关系研究概述[J]. 生态科学，19(1)：1-5.

蒲宁宁，孙宗玖，范燕敏，等，2013. 放牧强度对昭苏草甸草原土壤有机碳及微生物碳的影响[J]. 新疆农业大学学报，36(1)：66-70.

蒲玉琳，叶春，张世熔，等，2017. 若尔盖沙化草地不同生态恢复模式土壤活性有机碳及碳库管理指数变化[J]. 生态学报, 37(2): 367-377.

齐丽雪, 2019. 不同恢复改良措施对退化羊草草原群落及植物功能性状的影响[D]. 呼和浩特: 内蒙古大学.

齐玉春, 彭琴, 董云社, 等, 2014. 温带典型草原土壤总有机碳及溶解性有机碳对模拟氮沉降的响应[J]. 环境科学, 35(8): 3073-3082.

祁瑜, Mulder J, 段雷, 等, 2015. 模拟氮沉降对克氏针茅草原土壤有机碳的短期影响[J]. 生态学报, 35(4): 1104-1113.

秦嘉海, 张勇, 赵芸晨, 等, 2014. 祁连山黑河上游不同退化草地土壤理化性质及养分和酶活性的变化规律[J]. 冰川冻土, 36(2): 335-346.

秦赛赛, 2014. 冻融交替对北方温带草甸草原土壤 N_2O 排放通量的影响研究[D]. 郑州: 河南大学.

邱旋, 赵建宁, 李文亚, 等, 2016. 不同利用方式对小针茅荒漠草原土壤活性有机碳的影响[J]. 草业学报, 25(9): 1-9.

珊丹, 韩国栋, 赵萌莉, 等, 2009. 控制性增温和施氮对荒漠草原土壤呼吸的影响[J]. 干旱区资源与环境, 23(9): 106-112.

施瑶, 王忠强, 张心昱, 等, 2014. 氮磷添加对内蒙古温带典型草原土壤微生物群落结构的影响[J]. 生态学报, 34(17): 4943-4949.

史作民, 唐敬超, 程瑞梅, 等, 2015. 植物叶片氮分配及其影响因子研究进展[J]. 生态学报, 35(18): 5909-5919.

舒展, 张晓素, 陈娟, 等, 2010. 叶绿素含量测定的简化[J]. 植物生理学通讯, 46(4): 399-402.

斯贵才, 袁艳丽, 王建, 等, 2014. 藏东南森林土壤微生物群落结构与土壤酶活性随海拔梯度的变化[J]. 微生物学通报, 41(10): 2001-2011.

宋彦涛, 周道玮, 李强, 等, 2012. 松嫩草地 80 种草本植物叶片氮磷化学计量特征[J]. 植物生态学报, 36(3): 222-230.

苏洁琼, 李新荣, 鲍婧婷, 2014. 施氮对荒漠化草原土壤理化性质及酶活性的影响[J]. 应用生态学报, 25(3): 664-670.

孙海群, 1999. 草地退化演替研究进展[J]. 中国草地 (1): 51-56.

孙娇, 赵发珠, 韩新辉, 等, 2016. 不同林龄刺槐林土壤团聚体化学计量特征及其与土壤养分的关系[J]. 生态学报, 36(21): 6879-6888.

孙瑞, 孙本华, 高明霞, 等, 2015. 长期不同土地利用方式下塿土土壤微生物特性的变化[J]. 植物营养与肥料学报, 21(3): 655-663.

孙亚男，李茜，李以康，等，2016. 氮、磷养分添加对高寒草甸土壤酶活性的影响[J]. 草业学报，25(2)：18-26.

涂利华，胡庭兴，张健，等，2009. 华西雨屏区苦竹林土壤酶活性对模拟氮沉降的响应[J]. 应用生态学报，20(12)：2943-2948.

万宏伟，杨阳，白世勤，等，2008. 羊草草原群落 6 种植物叶片功能特性对氮素添加的响应[J]. 植物生态学报，32(3)：611-621.

汪诗平，李永宏，王艳芬，等，1998. 不同放牧率下冷蒿小禾草草原放牧演替规律与数量分析[J]. 草地学报，6(4)：199-304.

汪文雅，郭建侠，王英舜，等，2015. 锡林浩特草原 CO_2 通量特征及其影响因素分析[J]. 气象科学，35(1)：100-107.

王春燕，张晋京，吕瑜良，等，2014. 长期封育对内蒙古羊草草地土壤有机碳组分的影响[J]. 草业学报，23(5)：31-39.

王栋，李辉信，李小红，等，2011. 覆草旱作对稻田土壤活性有机碳的影响[J]. 中国农业科学，44(1)：75-83.

王改玲，陈德立，李勇，2010. 土壤温度、水分和 NH_4^+-N 浓度对土壤硝化反应速度及 N_2O 排放的影响[J]. 中国生态农业学报，18(1)：1-6.

王改玲，李立科，郝明德，2017. 长期施肥和秸秆覆盖土壤活性有机质及碳库管理指数变化[J]. 植物营养与肥料学报，23(1)：20-26.

王国兵，赵小龙，王明慧，等，2013. 苏北沿海土地利用变化对土壤易氧化碳含量的影响[J]. 应用生态学报，24(4)：921-926.

王合云，董智，郭建英，等，2015. 不同放牧强度对大针茅草原土壤全土及轻组碳氮储量的影响[J]. 水土保持学报，29(6)：101-106，207.

王贺正，张均，吴金芝，等，2013. 不同氮素水平对小麦旗叶生理特性和产量的影响[J]. 草业学报，22(4)：69-75.

王慧颖，徐明岗，马想，等，2018. 长期施肥下我国农田土壤微生物及氨氧化菌研究进展[J]. 中国土壤与肥料 (2)：1-12.

王建林，钟志明，王忠红，等，2014. 青藏高原高寒草原生态系统土壤碳氮比的分布特征[J]. 生态学报，34(22)：6678-6691.

王晶苑，张心昱，温学发，等，2013. 氮沉降对森林土壤有机质和凋落物分解的影响及其微生物学机制[J]. 生态学报，33(5)：1337-1346.

王楠楠，韩冬雪，孙雪，等，2017. 降水变化对红松阔叶林土壤微生物功能多样性的影响[J]. 生态学报，37(3)：1-9.

王启兰，曹广民，王长庭，2007. 放牧对小嵩草草甸土壤酶活性及土壤环境因素的影响[J]. 植物营养与肥料学报，13(5)：856-864.

王汝南，2012. 模拟大气氮沉降对温带森林土壤温室气体交换通量的影响[D]. 北京：北京林业大学.

王绍强，于贵瑞，2008. 生态系统碳氮磷元素的生态化学计量学特征[J]. 生态学报，28(8)：3937-3947.

王朔林，杨艳菊，王改兰，等，2015. 长期施肥对栗褐土活性有机碳的影响[J]. 生态学杂志，34(5)：1223-1228.

王学霞，董世魁，高清竹，等，2018. 青藏高原退化高寒草地土壤氮矿化特征以及影响因素研究[J]. 草业学报，27(6)：1-9.

王娅琳，朱文琰，侯将将，等，2020. 放牧对贵南县 4 种退化指示植物叶片性状的影响[J]. 草业科学，37(3)：423-431.

王跃思，薛敏，黄耀，等，2003. 内蒙古天然与放牧草原温室气体排放研究[J]. 应用生态学报，14(3)：372-376.

王长庭，王根绪，刘伟，等，2013. 施肥梯度对高寒草甸群落结构、功能和土壤质量的影响[J]. 生态学报，33(10)：3103-3113.

韦兰英，上官周平，2008. 黄土高原不同退耕年限坡地植物比叶面积与养分含量的关系[J]. 生态学报，28(6)：2526-2535.

魏达，旭日，王迎红，等，2011. 青藏高原纳木错高寒草原温室气体通量及与环境因子关系研究[J]. 草地学报，19(3)：412-419.

翁恩生，周广胜，2005. 用于全球变化研究的中国植物功能型划分[J]. 植物生态学报，29(1)：81-97.

吴金水，林启美，黄巧云，等，2006. 土壤微生物生物量测定方法及其应用[M]. 北京：气象出版社.

吴愉萍，2009. 基于磷脂脂肪酸（PLFA）分析技术的土壤微生物群落结构多样性的研究[D]. 杭州：浙江大学.

吴则焰，林文雄，陈志芳，等，2013. 中亚热带森林土壤微生物群落多样性随海拔梯度的变化[J]. 植物生态学报，37(5)：397-406.

肖胜生，2010. 温带半干旱草地生态系统碳固定及土壤有机碳库对外源氮输入的响应[D]. 北京：中国科学院研究生院.

肖胜生，董云社，齐玉春，等，2010. 内蒙古温带草原羊草叶片功能特性与光合特征对外源氮输入的响应[J]. 环境科学学报，30(12)：2535-2543.

谢锦升，杨玉盛，解明曙，等，2008. 植被恢复对退化红壤轻组有机质的影响[J]. 土壤学报，45(1)：170-175.

谢义琴，张建峰，姜慧敏，等，2015. 不同施肥措施对稻田土壤温室气体排放的影响[J]. 农业环境科学学报，34(3)：578-584.

谢正苗，倪进治，徐建民，2003. 土壤水溶性有机碳的研究进展[J]. 生态环境学报，12(1)：71-75.

邢玮，赵慧敏，徐钰，等，2014. 短期氮添加对杨树人工林土壤表层水稳态团聚体的影响[J]. 贵州农业科学，42(12)：129-133.

邢雪荣，韩兴国，陈灵芝，2000. 植物养分利用效率研究综述[J]. 应用生态学报，11(5)：785-790.

徐海峰，2017. 不同利用方式对龙里草地有机碳含量的影响[J]. 南方农业，11(28)：80-82.

徐明岗，于荣，孙小凤，等，2006. 长期施肥对我国典型土壤活性有机质及碳库管理指数的影响[J]. 植物营养与肥料学报，12(4)：459-465.

徐星凯，周礼恺，1999. 土壤源 CH_4 氧化的主要影响因子与减排措施[J]. 生态农业研究，7(2)：20-24.

许大全，1997. 光合作用气孔限制分析中的一些问题[J]. 植物生理学通讯，33(4)：241-244.

薛萐，刘国彬，潘彦，等，2009. 黄土丘陵区人工刺槐林土壤活性有机碳与碳库管理指数演变[J]. 中国农业科学，42(4)：1458-1464.

杨殿林，翰国栋，胡跃高，等，2006. 放牧对贝加尔针茅草原群落植物多样性和生产力的影响[J]. 生态学杂志，25(12)：1470-1475.

杨飞霞，曹广超，于东升，等，2018. 引黄灌溉耕作对土壤团聚体有机碳的影响 . 水土保持学报，32(4)：190-196.

杨涵越，张婷，黄永梅，等，2016. 模拟氮沉降对内蒙古克氏针茅草原 N_2O 排放的影响[J]. 环境科学，37(5)：1900-1907.

杨浩，罗亚晨，2015. 糙隐子草功能性状对氮添加和干旱的响应[J]. 植物生态学报，39(1)：32-42.

杨合龙，孙宗玖，范燕敏，等，2013. 短期放牧对昭苏草甸草原土壤活性有机碳组分的影响[J]. 草业科学，30(12)：1926-1932.

杨惠敏，王冬梅，2011. 草-环境系统植物碳氮磷生态化学计量学及其对环境因子的响应研究进展[J]. 草业学报，20(2)：244-252.

杨江龙，2002. 大气 CO_2 与植物氮素营养的关系[J]. 土壤与环境，11(2)：163-166.

杨林，马秀枝，李依倩，2020. 放牧对荒漠草原克氏针茅种群和土壤生态化学计量特征的影响[J]. 西北植物学报，40(2)：328-334.

杨山，李小彬，王汝振，等，2015. 氮水添加对中国北方草原土壤细菌多样性和群落结构的影响[J]. 应用生态学报，26(3)：739-746.

杨文航，任庆水，秦红，等，2018. 三峡库区消落带不同海拔狗牙根草地土壤微生物生物量碳氮磷含量特征[J]. 草业学报，27(2)：57-68.

杨亚东，张明才，胡君蔚，等，2017. 施氮肥对华北平原土壤氨氧化细菌和古菌数量及群落结构的影响[J]. 生态学报，37(11)：3636-3646.

叶子飘，于强，2008. 光合作用光响应模型的比较[J]. 植物生态学报，32：1356-1361.

雍太文，陈平，刘小明，等，2018. 减量施氮对玉米-大豆套作系统土壤氮素氨化、硝化及固氮作用的影响[J]. 作物学报，44(10)：1485-1495.

于贵瑞，高扬，王秋凤，2013. 陆地生态系统碳-氮- 水循环的关键耦合过程及其生物调控机制探讨[J]. 中国生态农业学报，21(1)：1-13.

于海玲，樊江文，钟华平，等，2017. 青藏高原区域不同功能群植物氮磷生态化学计量学特征[J]. 生态学报 . 37(11)：3755-3764.

于鸿莹，陈莹婷，许振柱，等，2014. 内蒙古荒漠草原植物叶片功能性状关系及其经济谱分析[J]. 植物生态学报，38(10)：1029-1040.

于雯超，宋晓龙，修伟明，等，2014. 氮素添加对贝加尔针茅草原凋落物分解的影响[J]. 草业学报，23(5)：49-60.

俞月凤，彭晚霞，宋同清，等，2014. 喀斯特峰丛洼地不同森林类型植物和土壤 C、N、P 化学计量特征[J]. 应用生态学报，25(4)：947-954.

曾嬿冰，周运超，汪建文，2018. 马尾松人工林生态系统碳库的研究进展[J]. 贵州科学，36(5)：74-82.

詹书侠，郑淑霞，王扬，等，2016. 羊草的地上-地下功能性状对氮磷施肥梯度的响应及关联[J]. 植物生态学报，40(1)：36-47.

张爱林，赵建宁，洪杰，等，2018. 贝加尔针茅草原土壤线虫与微生物群落特征及其相互作用[J]. 草地学报，26(1)：77-84.

张成霞，南志标，2010. 土壤微生物生物量的研究进展[J]. 草业科学，27(6)：50-57.

张闯，邹洪涛，张心昱，等，2016. 氮添加对湿地松林土壤水解酶和氧化酶活性的影响[J]. 应用生态学报，27(11)：3427-3434.

张春华，王宗明，居为民，等，2011. 松嫩平原玉米带土壤碳氮比的时空变异特征[J]. 环境科学，32(5)：1407-1414.

张东秋，石培礼，张宪洲，2005. 土壤呼吸主要影响因素的研究进展[J]. 地球科学进展，20(7)：778-785.

张付申，1996. 长期施肥条件下塿土和黄绵土有机质氧化稳定性研究[J]. 土壤肥料，(6)：32-41.

张光波，2011. 草地不同植物多样性背景下放牧对植物和土壤生态化学计量学特征的影响[D]. 长春：东北师范大学.

张海芳，2017. 贝加尔针茅草原植物与土壤微生物群落对氮素和水分添加的响应[D]. 北京：中国农业科学院.

张海芳，刘红梅，赵建宁，等，2018. 模拟氮沉降和降雨变化对贝加尔针茅草原土壤细菌群落结构的影响[J]. 生态学报，38(1)：244-253.

张焕军，郁红艳，丁维新，2011. 长期施用有机无机肥对潮土微生物群落的影响[J]. 生态学报，31(12)：3308-3314.

张静妮，赖欣，李刚，等，2010. 贝加尔针茅草原植物多样性及土壤养分对放牧干扰的响应[J]. 草地学报，18(2)：177-182.

张菊，康荣华，赵斌，等，2013. 内蒙古温带草原氮沉降的观测研究[J]. 环境科学，34(9)：3552-3556.

张丽霞，白永飞，韩兴国，2003. N：P 化学计量学在生态学研究中的应用（英文）[J]. Acta Botanica Sinica. 45(9)：1009-1018.

张林，罗天祥，2004. 植物叶寿命及其相关叶性状的生态学研究进展[J]. 植物生态学报，28(6)：844-852.

张林，孙向阳，乔永，等，2009. 不同放牧强度下荒漠草原土壤有机碳及其 $\delta^{13}C$ 值分布特征[J]. 水土保持学报，23(6)：149-153.

张璐，2018. 不同利用方式对内蒙古典型草原优势种功能性状及功能多样性的影响[D]. 呼和浩特：内蒙古大学.

张璐，黄建辉，白永飞，等，2009. 氮素添加对内蒙古羊草草原净氮矿化的影响[J]. 植物生态学报，33(3)：563-569.

张璐，张文菊，徐明岗，等，2009. 长期施肥对中国 3 种典型农田土壤活性有机碳库变化的影响[J]. 中国农业科学，42(5)：1646-1655.

张苗苗，王伯仁，李冬初，等，2015. 长期施加氮肥及氧化钙调节对酸性土壤硝化作用及氨氧化微生物的影响[J]. 生态学报，35(19)：6362-6370.

张裴雷，方华军，程淑兰，等，2013. 增氮对青藏高原东缘高寒草甸土壤甲烷吸收的早期影响[J]. 生态学报，33(13)：4101-4110.

张树萌，黄懿梅，倪银霞，等，2018. 宁南山区人工林草对土壤真菌群落的影响[J]. 中国环境科学，38(4)：1449-1458.

张薇，胡跃高，黄国和，等，2007. 西北黄土高原柠条种植区土壤微生物多样性分析[J]. 微生物学报，47(5)：751-756.

张炜，莫江明，方运霆，等，2008. 氮沉降对森林土壤主要温室气体通量的影响[J]. 生态学报，28(5)：2309-2319.

张文敏，吴明，邵学新，等，2014. 杭州湾南岸不同围垦年限农田土壤有机碳及其活性组分变化[J]. 水土保持学报，28(2)：226-231.

张新时，唐海萍，董孝斌，等，2016. 中国草原的困境及其转型[J]. 科学通报，61(2)：165-177.

张艺，王春梅，许可，等，2017. 模拟氮沉降对温带森林土壤酶活性的影响[J]. 生态学报，37(6)：1956-1965.

张子荷，龚吉蕊，晏欣，等，2018. 放牧干扰对内蒙古草甸草原羊草光合特性的影响[J]. 草业学报，27(11)：36-48.

赵娜，庄洋，赵吉，2014. 放牧和补播对草地土壤有机碳和微生物量碳的影响[J]. 草业科学，31(3)：367-374.

赵威，2006. 羊草对过度放牧和刈割的生理生态响应[D]. 北京：中国科学院植物研究所.

赵晓琛，刘红梅，皇甫超河，等，2014. 贝加尔针茅草原土壤微生物功能多样性对养分添加的响应[J]. 农业环境科学学报，33(10)：1933-1939.

赵学超，徐柱文，刘圣恩，等，2020. 氮添加对多伦草原土壤微生物呼吸及其温度敏感性的影响[J]. 生态学报，40(5)：1-11.

郑淑霞，上官周平，2007. 不同功能型植物光合特性及其与叶氮含量比叶重的关系[J]. 生态学报，27(1)：171-181.

周存宇，张德强，王跃思，等，2004. 鼎湖山针阔叶混交林地表温室气体排放的日变化[J]. 生态学报，24(8)：1741-1745.

周华坤，周兴民，赵新全，2000. 模拟增温效应对矮嵩草草甸影响的初步研究[J]. 植物生态学报，24(5)：547-553.

周纪东，史荣久，赵峰，等，2016. 施氮频率和强度对内蒙古温带草原土壤 pH 及碳、氮、磷含量的影响[J]. 应用生态学报，27(8)：2467-2476.

周嘉聪，刘小飞，郑永，等，2017. 氮沉降对中亚热带米槠天然林微生物生物量及酶活性的影响[J]. 生态学报，37(1)：127-135.

周正虎，王传宽，张全智，2015. 土地利用变化对东北温带幼龄林土壤碳氮磷含量及其化学计量特征的影响[J]. 生态学报，35(20)：6694-6702.

朱慧，马瑞君，2009. 入侵植物马缨丹（*Lantana camara*）及其伴生种的光合特性[J]. 生态学报，29(5)：2701-2709.

朱秋丽，王纯，仝川，等，2016. 废弃物与粒级对土壤团聚体生态化学计量比的影响[J]. 实验室研究与探索，35(11)：16-21.

朱湾湾，许艺馨，王攀，等，2020. 降水量及N添加对荒漠草原植物和土壤微生物C：N：P生态化学计量特征的影响[J]. 西北植物学报，40(4)：676-687.

宗宁，石培礼，蒋婧，等，2013. 短期氮素添加和模拟放牧对青藏高原高寒草甸生态系统呼吸的影响[J]. 生态学报，33(19)：6191-6201.

邹亚丽，牛得草，杨益，等，2014. 氮素添加对黄土高原典型草原土壤氮矿化的影响[J]. 草地学报，22(3)：461-468.

Aarssen L W，1997. High productivity in grassland ecosystems：effected by species diversity or productive species? [J]. Oikos，80：183-184.

Aber J D，Magill A H，2004. Chronic nitrogen additions at the Harvard Forest（USA）：the first 15 years of a nitrogen saturation experiment [J]. Forest Ecology and Management，196(1)：1-5.

Aerts R，Chapin III F S，2000. The mineral nutrition of wild plants revisited：a re-evaluation of processes and patterns[J]. Advances in Ecological Research，30(8)：1-67.

Aerts R，Caluwe H，1999. Nitrogen deposition effects on carbon dioxide and methane emissions from temperate peatland soils[J]. Oikos，84(1)：44-54.

Ai C，Liang G Q，Sun J W，et al.，2013. Different roles of rhizosphere effect and long-term fertilization in the activity and community structure of ammonia oxidizers in a calcareous fluvo-aquic soil[J]. Soil Biology and Biochemistry，57：30-42.

Allison S D，Lu Y，Weihe C，et al.，2013. Microbial abundance and composition influence litter decomposition response to environmental change[J]. Ecology，94(3)：714-725.

Alvarez S，Guerrero M C，2000. Enzymatic activities associated with decomposition of particulate organic matter in two shallow ponds[J]. Soil Biology and Biochemistry，32(13)：1941-1951.

An H，Shangguan Z P，2008. Specific leaf area，leaf nitrogen content，and photosynthetic acclimation of *Trifolium repens* L. seedlings grown at different irradiances and nitrogen concentrations[J]. Photosynthetica, 46(1): 143-147.

An S, Mentler A, Mayer H, et al., 2010. Soil aggregation, aggregate stability, organic carbon and nitrogen in different soil aggregate fractions under forest and shrub vegetation on the Loess Plateau, China[J]. Catena, 81(3): 226-233.

Anderson, H T, 2003. Microbial eco-physiological indicators to asses soil quality[J]. Agriculture ecosystems and environment, 98(1): 285-293.

Asner G P, Townsend A R, Riley W J, et al., 2001. Physical and biogeochemical controls over terrestrial ecosystem responses to nitrogen deposition[J]. Biogeochemistry, 54(1): 1-39.

Bai Y F, Wu J G, Xing Q, et al., 2008. Primary production and rain use efficiency across a precipitation gradient on the Mongolia Plateau[J]. Ecology, 89(8): 2140-2153.

Bartram A, Jiang X, Lynch M D J, et al., 2014. Exploring links between pH and bacterial community composition in soils from the Craibstone experiment farm[J]. FEMS Microbiology Ecology, 87(2): 403-415.

Bekele A, Hundnall W H, Tiarks A E, 2003. Response of densely stocked loblolly pine (*Pinus taeda* L.) to applied nitrogen and phosphorus[J]. Southern Journal of Applied Forestry, 27(3): 181-190.

Belay-Tedla A, Zhou X, Su B, et al., 2009. Labile, recalcitrant, and microbial carbon and nitrogen pools of a tallgrass prairie soil in the US Great Plains subjected to experimental warming and clipping[J]. Soil biology & biochemistry, 41(1): 110-116.

Bengtsson G, Bengtson P, Månsson K F, 2003. Gross nitrogen mineralization-, immobilization-, and nitrification rates as a function of soil C/N ratio and microbial activity[J]. Soil Biology and Biochemistry, 35(1): 143-154.

Bergstrom A K, Faithfull C, Karlsson D, et al., 2013. Nitrogen deposition and warming-effects on phytoplankton nutrient limitation in subarctic lakes[J]. Global Change Biology, 19(8): 2557-2568.

Bertness M D, .Leonard G H, 1997. The rode of positive interactions in communities: lessons from intertidal habitats[J]. Ecology, 78(7): 1976-1989.

Blair G J, Lefroy R D B, Lisle L, 1995. Soil carbon fractions based on their degree of oxidation, and the development of a carbon management index for agricultural systems[J]. Australian Journal of Agricultural Research, 46(7): 393-406.

Bloor J M G, Niboyet A, Leadley P W, et al., 2009. CO_2 and inorganic N supply modify competition for N between co-occurring grass plants, treeseedlings and soil microorganisms[J]. Soil Biology and Biochemistry, 41(3): 544-552.

Bobbink R, Hicks K, Galloway J, et al., 2010. Global assessment of nitrogen deposition effects on terrestrial plant diversity: a synthesis[J]. Ecological Applications, 20: 30-59.

Bonti E E, Burke I C, Lauenroth W K, 2011. Nitrogen partitioning between microbes and plants in the shortgrass steppe[J]. Plant and Soil, 342(1-2): 445-457.

Bossio D A, Scow K M, 1995. Impact of carbon and flooding on the metabolic diversity of microbial communities in soils[J]. Applied and Environmental Microbiology, 61(11): 4043-4050.

Bouma T J, Nielsen K L, Eissenstat D M, 1997. Estimating respiration of roots in soil: Inter actions with soil CO_2, soil temperature and soil water content[J]. Plant and Soil, 195: 221-232.

Bowden R D, Davidson E A, Savage K, et al., 2004. Chornic N addition reduce total soil respiration and microbial respiration in temperate forest soils at the Harvard Forest[J]. Forest Ecology and Magagement, 196(1): 43-56.

Braker G, Conrad R, 2011. Diversity, structure, and size of N_2O producing microbial communities in soils-What matters for their functioning?[J]. Advances in Applied Microbiology, 75: 33-70.

Bremer C, Braker G, Matthies D, et al., 2007. Impact of plant functional group, plant species, and sampling time on the composition of *nirK*-Type denitrifier communities in soil[J]. Applied & Environmental Microbiology, 73(21): 6876-6884.

Brewer J S, 2003. Nitrogen addition does not reduce belowground competition in a salt marsh clonal plant community in Mississippi (USA) [J]. Plant Ecology, 168(1): 93-106.

Brockerhoff E G, Barbaro L, Castagneyrol B, et al., 2017. Forest biodiversity, ecosystem functioning and the provision of ecosystem services[J]. Biodiversity and Conservation, 26(13): 3005-3035.

Butchart S H M, Walpole M, Collen B, et al., 2010. Global biodiversity: indicators of recent declines[J]. Science, 328(5982): 1164-1168.

Castellanos A E, Martinez M J, Llano J M, et al., 2005. Successional trends in Sonoran desert abandoned agricultural fields in northern Mexico[J]. Journal of Arid Environments, 60(3): 437-455.

Castro M S, Peterjohn W T, et al., 1994. Effects of nitrogen fertilization on the fluxes of N_2O, CH_4 and CO_2 from soils in a Florida slash pine plantation[J]. Canadian Journal of Forest Research, 24: 9-13.

Cavagnaro T R, Cunningham S C, Fitzpatrick S, 2016. Pastures to woodlands: changes in soil microbial communities and carbon following reforestation[J]. Applied Soil Ecology, 107: 24-32.

Ceulemans R, Janssens I A, Jach M E, 1999. Effects of CO_2 enrichment on trees and forests: lessons to be learned in view of future ecosystem studies[J]. Annuals of Botany, 84(5): 577-590.

Chapman L A Y, Mcnulty S G, Sun G, et al., 2013. Net nitrogen mineralization in natural ecosystems across the conterminous US[J]. International Journal of Geosience, 4(9): 1300-1312.

Chen D, Lan Z, Bai X, et al., 2013. Evidence that acidification-induced declines in plant diversity and productivity are mediated by changes in belowground communities and soil properties in a semi-arid steppe[J]. Journal of Ecology, 101: 1322-1334.

Chen D M, Lan Z C, Hu S J, et al., 2015. Effects of nitrogen enrichment on belowground communities in grassland: Relative role of soil nitrogen availability vs soil acidification[J]. Soil Biology & Biochemistry, 89: 99-108.

Chen W Q, Xu R, Chen J Y, et al., 2018. Consistent responses of surface– and subsurface soil fungal diversity to N enrichment are mediated differently by acidification and plant community in a semi-arid grassland[J]. Soil Biology and Biochemistry, 127: 110-119.

Chen Y L, Xu T L, Veresoglou S D, et al., 2017. Plant diversity represents the prevalent determinant of soil fungal community structure across temperate grasslands in northern China[J]. Soil Biology & Biochemistry, 110: 12-21.

Chen Z, Luo X Q, Hu R G, et al., 2010. Impact of long-term fertilization on the composition of denitrifier communities based on nitrite reductase analyses in a paddy soil[J]. Microbial Ecology, 60(4): 850-861.

Cheng L, Fuehigami L H, 2000. Rubisco activation state decreases with increasing nitrogen content in apple leaves[J]. Journal of Experimental Botany, 51(351): 1687-1694.

Chown S L, Labber S, Mcgeoch M A, et al., 2007. Phenotypic plasticity mediates climate change responses among invasive and indigenous arthropods[J]. Proceedings of the Royal Society B: Biological Sciences, 274: 2531-2537.

Clemmensen K E, Finlay R D, Dahlberg A, et al., 2015. Carbon sequestration is related to mycorrhizal fungal community shifs during long-term succesion in boreal forests[J]. New Phytologist, 205(4): 1525-1536.

Cleveland CC, Liptzin D, 2007. C : N : P stoichiometry in soil: is there a "Redfield ratio" for the microbial biomass?[J]. Biogeochemistry, 85(3): 235-252.

Cline L C, Hobbie S E, Madritch M D, et al., 2018. Resource availability underlies the plant-fungal diversity relationship in a grassland ecosystem[J]. Ecology, 99(1): 204-216.

Coelho M R R, Vos M D, Carneiro N P, et al., 2008. Diversity of *nifH* gene pools in the rhizosphere of two cultivars of sorghum (Sorghum bicolor) treated with contrasting levels of nitrogen fertilizer[J]. FEMS Microbiology Letters, 279, 15-22.

Conant R T, Klopatek J M, Malin R C, et al., 1998. Carbon pools and fluxes along an environmenial gradient in northem Arizona[J]. Biogeochemistry, 43(l): 43-61.

Contosta A R, Frey S D, Cooper A B, 2015. Soil microbial communities vary as much over time as with chronic warming and nitrogen additions[J]. Soil Biology and Biochemistry, 88: 19-24.

Cooper J M, Burton D, Daniell T J, et al., 2011. Carbon mineralization kinetics and soil biological characteristics as influenced by manure addition in soil incubated at a range of temperatures[J]. European Journal of Soil Biology, 47(6): 392-399.

Corrales A, Turner B L, Tedersoo L, et al., 2017. Nitrogen addition alters ectomycorrhizal fungal communities and soil enzyme activities in a tropical montane forest[J]. Fungal Ecology, 27: 14-23.

Corre M D, Befse F O, 2003. Brumme R. Soil nitrogen cycle in high nitrogen deposition forest: changes under nitrogen saturation and liming[J]. Ecological Applications, 13(2): 287-298.

Craine J M, Morrow C, Fierer N, 2007. Microbial nitrogen limitation increases decomposition[J]. Ecology, 88(8): 2105-2113.

Craine J M, Morrow C, Stock W D, 2008. Nutrient concentration ratios and co-limitation in South African grasslands[J]. New Phytologist, 179(3): 829-836.

Currie W S, 2015. Units of nature or processes across scales? The ecosystem concept at age 75[J]. New Phytologist, 190(1): 21-34.

Cusack D F, Silver W L, Torn M S, et al., 2011. Changes in microbial community characteristics and soil organic matter with nitrogen additions in two tropical forests[J]. Ecology, 92(3): 621-632.

Daufresne T, Hedin L O, 2005. Plant coexistence depends on ecosystem nutrient cycles: Extension of the resource ratio theory[J]. Proceedings of the National Academy of Sciences of the United States of America, 102(26): 9212-9217.

Deforest J L, Zaka D R, Pregitzerc K S, et al., 2004. Atmospheric nitrate deposition and the microbial degradation of cellobiose and vanillinin a northern hardwood forest[J]. Soil Biology & Biochemistry, 36(6): 965-971.

Del Grosso S J, Parton W J, Moiser A R, et al., 2006. DAYCENT national-scale simulations of nitrous oxide emissions from cropped soils in the United State[J]. Journal of Environmental Quality, 35: 1451-1460.

Demoling F, Nilsson L O, Bååth E, 2008. Bacterial and fungal response to nitrogen fertilization in three coniferous forest soils[J]. Soil Biology & Biochemistry, 40(2): 370-379.

Di H J, Cameron K C, Shen J P, et al., 2010. Ammonia-oxidizing bacteria and archaea grow under contrasting soil nitrogen conditions[J]. FEMS Microbiology Ecology, 72: 386-394.

Di H J, Cameron K C, Shen J P, et al., 2009. Nitrification driven by bacteria and not archaea in nitrogen-rich grassland soils[J]. Nat Geosci, 2: 621-624.

Diepen L T A V, Lilleskov E A, Pregitze K S, et al., 2010. Simulated nitrogen deposition causes a decline of intra-and extraradical abundance of arbuscular mycorrhizal fungi and changes in microbial community structure in Northern Hardwood forests[J]. Ecosystems, 13(5): 683-695.

Donovan L A, Maherali H, Caruso C M, et al., 2011. The evolution of the worldwide leaf economics spectrum[J]. Trends in Ecology and Evolution, 26(2): 88-95.

Eady R R, 1996. Structure-function relationships of alternative nitrogenases[J]. Chemical Reviews, 96(7): 3013-3030.

Edwards I P, Zak D R, Kellner H, et al., 2011. Simulated atmospheric N deposition alters fungal community composition and suppresses ligninolytic gene expression in a northern hardwood forest[J]. Plos One, 6(6): e20421.

Eisenlord S D, Freedman Z, Zak D R, et al., 2013. Microbial mechanisms mediating increased soil C storage under elevated atmospheric N deposition[J]. Applied and Environmental Microbiology, 79: 1191-1199.

Elser J J, Bracken M E S, Cleland E E, et al., 2007. Global analysis of nitrogen and phosphorus limitation of primary producers in freshwater, marine and terrestrial ecosystems[J]. Ecology Letters, 10: 1135-1142.

Elser J J, Fagan W F, Denno R F, et al., 2000. Nutritional constraints in terrestrial and freshwater food webs[J]. Nature, 408: 578-580.

Elton C S, 1958. The ecology of invasions by animals and plants[M]. London: Chapman and Hall.

Entwistle E M, Zak D R, Edwards I P, 2013. Long-term experimental nitrogen deposition alters the composition of the active fungal community in the forest floor[J]. Soil Science Society of America Journal, 77(5): 1648-1658.

Evans J R, 1983. Nitrogen and photosynthesis in the flag leaf of wheat(*Triticum aestivum* L.)[J]. Plant Physiology, 72: 297-302.

Fang H J, Cheng S L, Yu G R, et al., 2012. Responses of CO_2 efflux from an alpine meadow soil on the Qinghai Tibetan Plateau to multi-form and low-level N addition[J]. Plant and Soil, 351(1): 177-190.

Farquhar G D, Sharkey T D, 1982. Stomatal conductance and photosynthesis[J]. Annual review of Plant Physiology, 33(1): 317-345.

Feyisa K, Beyene S, Angassa A, et al., 2017. Effects of enclosure management on carbon sequestration, soil properties and vegetation attributes in East African rangelands[J]. Catena, 159: 9-19.

Fierer N, Allen A S, Schimel J P, et al., 2003. Controls on microbial CO_2 production: A comparison of surface and subsurface soil horizons[J]. Global Change Biology, 9: 1322-1332.

Fierer N, Lauber C L, Ramirez K S, et al., 2012. Comparative metagenomic, phylogenetic and physiological analyses of soil microbial communities across nitrogen gradients[J]. The ISME Journal, 6(5): 1007-1017.

Fornara D A , Tilman D, 2012. Soil carbon sequestration in prairie grasslands increased by chronic nitrogen addition[J]. Ecological Society of America, 93(9): 2030-2036.

Forkel M, Carvalhais N, Rödenbeck C, et al., 2016. Enhanced seasonal CO_2 exchange caused by amplified plant productivity in northern ecosystems[J]. Science, 351: 696-699.

Francioli D, Schulz E, Lentendu G, et al., 2016. Mineral vs. organic amendments: microbial community structure, activity and abundance of agriculturally relevant microbes are driven by long-term fertilization strategies[J]. Frontiers in Microbiology, 14(7): 289.

Franzluebbers A J, Stuedemann J, 2002. Particulate and non-particulate fractions of soil organic carbon under pastures in the Southern Piedmont USA[J]. Environmental Pollution, 116: S53-S62.

Freedman Z B, Romanowicz K J, Upchurch R A, et al., 2015. Differential responses of total and active soil microbial communities to long-term experimental N deposition[J].

Soil Biology & Biochemistry, 23: 1144-1153.

Freitag T E, Chang L S, Clegg C D, et al., 2005. Influence of inorganic nitrogen management regime on the diversity of nitrite-oxidizing bacteria in agricultural grassland soils[J]. Applied and Environmental Microbiology, 71(12): 8323-8334.

Frey S D, Knorr M, Parrent J L, et al., 2004. Chronic nitrogen enrichment affects the structure and function of the soil microbial community in temperate hardwood and pine forests[J]. Forest Ecology and Management, 196(1): 159-171.

Fridley J D, 2002. Resource availability dominates and alters the relationship between species diversity and ecosystem productivity in experimental plant communities[J]. Oecologia, 132: 271-277.

Frostegard Å, Bååth E, Tunlio A, 1993. Shift in the structure of soil microbial communities in limed forests as revealed by phospholipid fatty acid analysis[J]. Soil Biology & Biochemistry, 25(6): 723-730.

Funk J L, Vitousek P M, 2007. Resource-use efficiency and plant invasion in low-resource systems[J]. Nature, 446: 1079-1081.

Galloway J N, Dentener F J, Capone D G, et.al., 2004. Nitrogen cycles, past, present, and future[J]. Biogeochemistry, 70(2): 152-226.

Gao W L, Yang H, Kou L, et al., 2015. Effects of nitrogen deposition and fertilization on N transformations in forest soils: a review[J]. Journal of Soil and Sediments, 15(4): 863-875.

Gardner M R, Ashby W R, 1970. Connectance of large dynamic (cybernetic) systems: critical values for stability[J]. Nature, 228: 784.

Garland J L, Mills A L, 1991. Classification and characterization of heterotrophic microbial communities on the basis of patterns of community-level sole carbon source utilization[J]. Applied and Environmental Microbiology, 57(18): 2351-2359.

Glenn S M, Collins S L, 1992. Effects of scale and disturbance on rates of immigration and extinction of species in prairies[J]. Oikos, 63: 273-280.

Goodman D, 1975. The theory of diversity-stability relationships in ecology[J]. Quarterly Review of Biology, 50: 237-266.

Goulet E, Dousset S, Chaussod R, et al., 2004. Water-stable aggregates and organic matter pools in a calcareous vineyard soil under four soil-surface management systems[J]. Soil Use and Management, 20(3): 318-324.

Grime J P, Thompson K, Hunt R, et al., 1997. Integrated screening validates primary axes of specialisation in plants[J]. Oikos, 79(2): 259-281.

Grimm V, Wissel C, 1997. Babel, or the ecological stability discussion: an inventory and analysis of terminology and a guide for avoiding confusion[J]. Oecologia , 109: 323-334.

Gruber N, Galloway J N, 2008. An Earth-system perspective of the global nitrogen cycle[J]. Nature, 451: 293-296.

Guekert J B, Aatworth C P, Niehols P D, et al., 1985. Phospholipid, ester linked fatty acid profiles as reproducible assays for changes in prokaryotic community structure of estuarine sediments[J]. FEMS Microbial Ecology Letters, 31(3): 147-158.

Gulledge J, Schimel J P, 1998. Moisture control over atmospheric CH_4 consumption and CO_2 production in diverse Alaskan soils[J]. Soil Biology and Biochemistry, 30: 1127-1132.

Gundersen P, Emmetee B A, 1998. Impacts of nitrogen deposition on N cycling: A synthesis of NITREX data[J]. Forest Ecology and Management, 101: 37-55.

Guo J H, Liu X J, Zhang Y, et al., 2010. Significant acidification in major Chinese croplands[J]. Science, 327(5968): 1008-1010.

Hagedorn F, Spinnler D, Siegwolf R, 2003. Increased N deposition retards mineralization of old soil organic matter[J]. Soil Biology and Biochemistry, 35(12): 1683-1692.

Hai B, Dialo N H, Sall S, et al., 2009. Quantification of key genes steering the microbial nitrogen cycle in the rhizosphere of sorghum cultivars in tropical agroecosystems[J]. Applied and Environmental Microbiology, 75: 4993-5000.

Hammesfahr U, Heuer H, Manzke B, et al., 2008. Impact of the antibiotic sulfadiazine and pig manure on the microbial community structure in agricultural soils[J]. Soil Biology & Biochemistry, 40: 1583-1591.

Han W X, Fang J Y, Guo D L, et al., 2005. Leaf nitrogen and phosphorus stoichiometry across 753 terrestrial plant species in China[J]. New Phytologist, 168(2): 377-385.

Han X, Sistla S A, Zhang Y, et al., 2014. Hierarchical responses of plant stoichiometry to nitrogen deposition and mowing in a temperate steppe[J]. Plant and Soil, 382(1–2): 175-187.

Harpole W S, Ngai J T, Cleland E E, et al., 2011. Nutrient co-limitation of primary producer communities[J]. Ecology Letters, 14: 852-862.

Hayden H L, Drake J, Imhof M, et al., 2010. The abundance of nitrogen cycle genes *amoA* and *nifH* depends on land-uses and soil types in South-Eastern Australia[J]. Soil Biology & Biochemistry, 42(10): 1774-1783.

He D, Xiang X X, He J S, et al., 2016. Composition of the soil fungal community is more sensitive to phosphorus than nitrogen addition in the alpine meadow on the Qinghai-Tibetan Plateau[J]. Biology and Fertility of Soils, 52(8): 1059-1072.

He J S, Fang J Y, Wang Z H, et al., 2006. Stoichiometry and large-scale patterns of leaf carbon and nitrogen in the grassland biomes of China[J]. Oecologia, 149(1): 115-122.

He J S, Wang L, Flynn, et al., 2008. Leaf nitrogen: phosphorus stoichiometry across Chinese grassland biomes[J]. Oecologia, 155(2): 301-310.

He J Z, Hu H W, Zhang L M, 2012. Current insights into the autotrophic thaumarchaeal ammonia oxidation in acidic soils[J]. Soil Biology and Biochemistry, 55: 146-154.

Hector A, Schmid B, Beierkuhnlein C, et al., 1999. Plant diversity and productivity experiments in European grasslands[J]. Science, 286(5442): 1123-1127.

Hessen D O, Ågren G I, Anderson T R, et al., 2004. Carbon, sequestration in ecosystems: The role of stoichiometry[J]. Ecology, 85(5): 1179-1192.

Hiiesalu I, Paertel M, Davison J, et al., 2014. Species richness of arbuscular mycorrhizal fungi: associations with grassland plant richness and biomass[J]. New Phytologist, 203: 233-244.

Högberg M N, Yarwood S A, Myrold D D, 2014. Fungal but not bacterial soil communities recover after termination of decadal nitrogen additions to boreal forest[J]. Soil Biology and Biochemistry, 72: 35-43.

Holland E A, Dentene F J R, Braswell B H, et al., 1999. Contemporary and pre-industrial global reactive nitrogen budgets[J]. Biogeochemistry, 46: 7-43.

Hooper D U, Chapin III F S, Ewel J J, et al., 2005. Effects of biodiversity on ecosystem functioning: a consensus of current knowledge[J]. Ecological Monographs, 75(1): 3-35.

Hooper D U, Johnson L, 1999. Nitrogen limitation in dryland ecosystems: Responses to geographical temporal variation in precipitation[J]. Biogeochemistry, 46: 247-293.

Hooper D U, Vitousek P M, 1997. The effects of plant composition and diversity on ecosystem processes[J]. Science, 277: 1302-1305.

Horswill P, Osullivan O, Phoenix G K, et al., 2008. Base cation depletion, eutrophication and acidification of species rich grasslands in response to long-term simulated nitrogen deposition[J]. Environmental Pollution, 155(2): 336-349.

Hossain A K M A, Raison R J, Khanna P K, 1995. Effect of fertilize application and fire regime on soil mineralization in an Australia subalpine eucalypt forest[J]. Biology and Fertility of Soils, 19: 246-252.

Hu X J, Liu J J, Wei D, et al., 2017. Effects of over 30-year of different fertilization regimes on fungal community compositions in the black soils of northeast China[J]. Agriculture, Ecosystems and Environment, 248: 113-122.

Hu Y, Jiang S, Yuan S, et al., 2017. Changes in soil organic carbon and its active fractions in different desertification stages of alpine-cold grassland in the eastern Qinghai-Tibet Plateau[J]. Environmental Earth Sciences, 76(1): 348.

Huang G, Li Y, Su Y G, 2015. Divergent responses of soil microbial communities to water and nitrogen addition in a temperate desert[J]. Geoderma, 251: 55-64.

Huenneke L F, Hamburg S P, Koide R, et al., 1990. Effects of soil resources on plant invasion and community structure in Californian serpentine grassland[J]. Ecology Usa, 71(2): 478-491.

Hui L, Xu Z W, Shan Y, et al., 2016. Response of soil bacterial communities to nitrogen deposition and precipitation increment are closely linked with aboveground communty variation[J]. Microbial Ecology, 71(4): 974-989.

Huston M A, 1997. Hidden treatments in ecological experiments: reevaluating the ecosystem function of biodiversity[J]. Oecologia, 110: 449-460.

Huston M A, Aarssen L W, Austin M P, et al., 2000. No consistent effect of plant diversity on productivity[J]. Science, 289: 1255.

Hyde B P, Hawkins M J, Fanning A F, et al., 2006. Nitrous oxide emissions from a fertilized and grazed grassland in the South East of Ireland[J]. Nutrient Cycling in Agroecosystems, 75(1): 187-200.

Hyvönen R, Persson T, Anderson S, et al., 2008. Impact of long-term nitrogen addition on carbon stocks in trees and soils in northern Europe[J]. Biogeochemistry, 89(1): 121-137.

Inclan R, Alonso R, Pujadas M, et al., 1998. Ozone and drought stress: Interactive effects on gas exchange in Aleppo pine (*Pinus halepensis* Mill.) [J]. Chemosphere, 36(4-5): 685-690.

Ives R A, Gross K, klug J L, 1999. Stability and variability in competitive communities[J]. Science, 286: 542-544.

Izauralde R C, Megill W B, Rosenberg N J, 2000. Carbon cost of applying nitrogen fertilizer[J]. Science, 288(5467): 811-812.

Jahangir M M R, Khalil M I, Johnston P, et al., 2012. Denitrification potential in subsoils: a mechanism to reduce nitrate leaching to groundwater[J]. Agriculture,

Ecosystems & Environment, 147: 13-23.

Janssens I A, Dieleman W, Luyssart, 2010. Reduction of forest soil respiration in response to nitrogen deposition[J]. Nature Geoscience, 3(5): 315-322.

Jiang C M, Yu G R, Fang H J, et al., 2010. Short-term effect increasing nitrogen deposition on CO_2, CH_4 and N_2O fluxes in an alpine meadow on the Qinghai-Tibetan Plateau, China[J]. Atmospheric Environment, 44(24): 2920-2926.

Jiang Y M, Chen C R, Liu Y Q, et al., 2010. Soil soluble organic carbon and nitrogen pools under mono-and mixed species forest ecosystems in subtropical China[J]. Journal of Soils and Sediments, 10(6): 1071-1081.

John R E. 1989. Photosynthesis and nitrogen relationships in leaves of C_3 plants[J]. Oecologia, 78(1): 3-19.

Jorquera M A, Martinez O A, Marileo L G, et al., 2014. Effects of nitrogen and phosphorus fertilization on the composition of rhizobacterial communities of two Chilean Andisol pastures[J]. World Journal of Microbiology and Biotechnology, 30(1): 99-107.

Jungk A, 2001. Root hairs and the acquisition of plant nutrients from soil[J]. Journal of Plant Nutrition and Soil Science, 164: 121-129.

Jussy J H, Colin-Belgrand M, Dambrine É, et al., 2004. N deposition, N transformation and N leaching in acid forest soils[J]. Biogeochemistry, 69(2): 241-262.

Kaiser C A, Frank B, 2010. Negligible contribution from roots to soil-borne phospholipid fatty acid fungal biomarkers 18: 2ω6, 9 and 18: 1ω9[J]. Soil Biology and Biogeochemistry, 42(9): 1650-1652.

Kandeler E, Luxhoi J, Tscherko D, et al., 1999. Xylanase, invertase and protease at the soil-litter interface of a loam sand[J]. Soil Biology and Biochemistry, 31(8): 1171-1179.

Ke X B, Angel R, Lu Y H, et al., 2013. Niche differentiation of ammonia oxidizers and nitrite oxidizers in rice paddy soil[J]. Environmental Microbiology, 15(8): 2275-2292.

Keller J K, Bridgham S D, Chapin C T, et al., 2005. Limited effects of six years of fertilization on carbon mineralization dynamics in a Minnesota fen[J]. Soil Biology and Biochemistry, 37: 1197-1204.

Kennedy I R, Islam N, 2001. The current and potential contribution of a symbiotic nitrogen fixation to nitrogen requirements on farms: a review[J]. Australian Journal of Experimental Agriculture, 41: 447-457.

Kennedy T A, Naeem S, Howe K .M, et al., 2002. Biodiversity as a barrier to ecological invasion[J]. Nature, 417: 636-638.

Kim H, Kang H, 2011. The impacts of excessive nitrogen additions on enzyme activities and nutrient leaching in two contrasting forest soils[J]. Journal of Microbiology, 49(3): 369-375.

Kim Y C, Gao C, Zheng Y, et al., 2015. Arbuscular mycorrhizal fungal community response to warming and nitrogen addition in a semiarid steppe ecosystem[J]. Mycorrhiza, 25: 267-276.

Klaubauf S, Inselsbacher E, Zechmeister-Boltenstern S, et al., 2010. Molecular diversity of fungal communities in agricultural soils from lower Austria[J]. Fungal Diversity, 44(1): 65-75.

Knops J M H, Reinhart K, 2000. Specific leaf area along a nitrogen fertilization gradient[J]. American Midland Naturalist, 144(2): 265-272.

Koerselman W, Meuleman A F M, 1996. The vegetation N : P ratio: a new tool to detect the nature of nutrient limitation[J]. Journal of Applied Ecology, 33: 1441-1450.

Kravchenko I, Boeckx P, Galchenko V, et al., 2002. Short-and medium-term effects of NH_4^+ on CH_4 and N_2O fluxes in arable soils with a different texture[J]. Soil Biology and Biochemistry, 34(5): 669-678.

Kulmatiski A, Beard K H, 2011. Long-term plant growth legacies overwhelm short-term plant growth effects on soil microbial community structure[J]. Soil Biology and Biochemistry, 43(4): 823-830.

Kunlanit B, Vityakon P, Puttaso A, et al., 2014. Mechanisms controlling soil organic carbon composition pertaining to microbial decomposition of biochemically contrasting organic residues: evidence from midDRIFTS peak area analysis[J]. Soil Biology and Biochemistry, 76: 100-108.

Lambers H, Chapin III F S, Pons T L, 2008. Plant physiological ecology[M]. 2nd ed. New York: Springer-Verlag.

Lambers H, Poorter H, 1992. Inherent variation in growth rate between higher plants: A search for physiological causes and ecological consequences[J]. Advances in Ecological Research, 23: 187-261.

Lashof D A, Ahuja D R, 1990. Relative contributions of greenhouse gas emissions to the global warming[J]. Nature, 344: 529-531.

Lauber C L, Hamady M, Knight R, et al., 2009. Pyrosequencing-based assessment of soil pH as a predictor of soil bacterial community structure at the continental scale[J]. Applied and Environmental Microbiology, 75: 5111-5120.

Leff J W, Jones S E, Prober S M, et al., 2015. Consistent responses of soil microbial communities to elevated nutrient inputs in grasslands across the globe[J]. Proceedings of the National Academy of Sciences of the United States of America, 112(35): 10967-10972.

Leifeld J, Kögel-Knabner I, 2005. Soil organic matter fractions as early indicators for carbon stock changes under different land-use?[J]. Geoderma, 124: 143-155.

Li C S, Salas W, DeAngelo B, et al., 2006. Assessing alternatives for mitigating net greenhouse gas emissions and increasing yields from rice production in China over the next twenty years[J]. Journal of Environmental Quality, 35(4): 1554-1565.

Li L J, Zeng D H, Yu Z Y, et al., 2010. Soil microbial properties under N and P additions in a semi-arid, sandy grassland[J]. Biology and Fertility of Soils, 46(6): 653-658.

Li X X, Ying J Y, Chen Y, et al., 2011. Effects of nitrogen addition on the abundance and composition of soil ammonia oxidizers in Inner Mongolia grassland[J]. Acta Ecologica Sinica, 31(31): 174-178.

Li Y, Chapman S J, Nicol G W, et al., 2018. Nitrification and nitrifiers in acidic soils[J]. Soil Biology and Biochemistry, 116: 290-301.

Li Y C, Li Y F, Chang S X, et al., 2017. Linking soil fungal community structure and function to soil organic carbon chemical composition in intensively managed subtropical bamboo forests[J]. Soil Biology & Biochemistry, 107: 19-31.

Lienhard P, Terrat S, Mathieu O, et al., 2013. Soil microbial diversity and C turnover modified by tillage and cropping in Laos tropical grassland[J]. Environmental Chemistry Letters, 11(4): 391-398.

Lin C S, Wu J T, 2014. Environmental factors affecting the diversity and abundance of soil photomicrobes in arid lands of subtropical Taiwan[J]. Geomicrobiology Journal, 31(4): 350-359.

Ling N, Chen D M, Guo H, et al., 2017. Differential responses of soil bacterial communities to long-term N and P inputs in a semi-arid steppe[J]. Geoderma, 292: 25-33.

Liptzin C D, 2007. C : N : P stoichiometry in soil: Is there a "Redfield ratio" for the microbial biomass? [J]. Biogeochemistry, 85(3): 235-252.

Liu J J, Sui Y Y, Yu Z H, et al., 2015. Soil carbon content drives the biogeographical distribution of fungal communities in the black soil zone of northeast China[J]. Soil Biology and Biochemistry, 83: 29-39.

Liu L, Zhang T, Gilliam F S, et al., 2013. Interactive effects of nitrogen and phosphorus on soil microbial communities in a tropical forest[J]. Plos One, 8(4): e61188.

Liu X J, Zhang Y, Han W X, et al., 2013. Enhanced nitrogen deposition over China[J]. Nature, 494, 459-462.

Liu X R, Dong Y S, Ren J Q, et al., 2010. Drivers of soil net nitrogen mineralization in the temperate grasslands in Inner Mongolia, China[J]. Nutrient Cycling in Agroecosystems, 87(1): 59-69.

Lobell D B, Schlenker W, Costa-Roberts J, 2011. Climate trends and global crop production since 1980[J]. Science, 333: 616-620.

Lopez-Iglesias B, Villar R, Poorter L, 2014. Functional traits predict drought performance and distribution of Mediterranean woody species[J]. Acta Oecologica, 56: 10-18.

Lovieno P, Alfani A, Bååth E, 2010. Soil microbial community structure and biomass as affected by Pinus pinea plantation in two mediterranean areas[J]. Applied Soil Ecology, 45(1): 56-63.

Lu C Q, Tian H Q, 2014. Half-century nitrogen deposition increase across China: A gridded time-series data set for regional environmental assessments[J]. Atmospheric Environment, 97: 68-74.

Luis P, Walther G, Kellner H, et al., 2004. Diversity of laccase genes from basidiomycetes in a forest soil[J]. Soil Biology & Biochemistry, 36(7): 1025-1036.

Luo Y Q, Wan S Q, Hui D F, et al., 2001. Acclimatization of soil respiration to warming in a tall grass prairie[J]. Nature, 413: 622-625.

Lü X T, Cui Q, Wang Q B, et al., 2011. Nutrient resorption response to fire and nitrogen addition in a semi-arid grassland[J]. Ecological Engineering, 37: 534-538.

Lü XT, Reed S, Yu Q, et al., 2013. Convergent responses of nitrogen and phosphorus resorption to nitrogen inputs in a semiarid grassland[J]. Global Change Biology, 19: 2775-2784.

Maaroufi N I, Nordin A, Hasselquist N J, et al., 2015. Anthropogenic nitrogen deposition enhances carbon sequestration in boreal soils[J]. Global Change Biology, 21(8): 3169-3180.

Mack M C, Schuur E A, Bretharte M S, et al., 2004. Ecosystem carbon storage in arctic tundra reduced by long-term nutrient fertilization[J]. Nature, 431: 440-443.

Magnani F, Mencuccini M, Borghetti M, et al., 2007. The human footprint in the carbon cycle of temperate and boreal forests[J]. Nature, 447(7146): 848-851.

Mahajan S, Tuteja T, 2005. Cold, salinity and drought stresses: An overview[J]. Archives of Biochemistry & Biophysics, 444(2): 139-158.

Mark E R, David T, Johannes M H K, 1998. Herbivore effects on plant and nitrogen dynamics in Oak Savanna[J]. Ecology, 79(1): 3-19.

Maskell L C, Smart S M, Bullock J M, 2010. Nitrogen deposition causes widespread loss of species richness in British habitats[J]. Global Change Biology, 16(2): 671-679.

Maston P A, Lohse K A, Hall S J, 2002. The globalization of nitrogen deposition: consequences for terrestrial ecosystems[J]. Ambio, 31(2): 113-119.

Mattingly W B, Reynolds H L, 2014. Soil fertility alters the nature of plant-resource interactions in invaded grassland communities[J]. Biological Invasions, 16: 2465-2478.

Maysoon M M, Charles W R, 2004. Tillage and manure effects on soil and aggregate-associated carbon and nitrogen[J]. Soil Science Society of America Journal, 68(3): 809-816.

McDonnell T C, Belyazid S, Sullivan T J, et al., 2014. Modeled subalpine plant community response to climate change and atmospheric nitrogen deposition in Rocky Mountain National Park, USA[J]. Environmental Pollution, 187: 55-64.

Mclntyre S, Lavorel S, Landsberg J, et al., 1999. Disturbance response in vegetation-towards a global prespective on functional traits[J]. Journal of Vegetation Science, 10(5): 621-630.

Milchunas D G, Lauenroth W K, 1993. Quantitative Effects of Grazing on Vegetation and Soils Over a Global Range of Environments: Ecological Archives M063-001[J]. Ecological monographs, 63(4): 327-366.

Mittelbach G G, Steiner C F, Scheiner S M, et al., 2001. What is the observed relation between species richness and productivity[J]. Ecology, 82(9): 2381-2396.

Mosier A R, Delgado J A, Keller M, 1998. Methane and nitrous oxide fluxes in an acid Oxisol in western Puerto Rico: effects of tillage, liming and fertilization[J]. Soil Biology and Biochemistry, 30(14): 2087-2098.

Mosier A R, Halvoson A D, Reule C A, et al., 2006. Net global warming potential and greenhouse gas intensity in irrigated cropping systems in Northeastern Colorado[J]. Journal of Environmental Quality, 35(4): 1584-1598.

Mueller R C, Balasch M M, Kuske C R, 2014. Contrasting soil fungal community responses to experimental nitrogen addition using the large subunit rRNA taxonomic marker and cellobiohydrolase I functional marker[J]. Molecular Ecology, 23: 4406-

4417.

Myneni R B, Dong J, Tucker C J, et al., 2001. A large carbon sink in the woody biomass of northern forests[J]. Proceedings of the National Academy of Sciences of the United States of America, 98(26): 14784-14789.

Naeem S, Thompson L J, Lawler S P, et al., 1994. Declining biodiversity can alter the performance of ecosystems[J]. Nature, 368: 734-737.

Nakaji T, Fukami M, Dokiya Y, et al., 2001. Effects of high nitrogen load on growth photosynthesis and nutrient status of Cryptomeria japonica and Pinus densiflora seedlings[J].Trees, 15(8): 453-461.

Neff JC, Townsend AR, Gleixner G, et al., 2002. Variable effects of nitrogen additions on the stability and turnover of soil carbon[J]. Nature, 419(6910): 915-917.

Nemergut D R, Townsend A R, Sattin S R, et al., 2008. The effects of chronic nitrogen fertilization on alpine tundra soil microbial communities: implications for carbon and nitrogen cycling[J]. Environmental Microbiology, 10(11): 3093-3105.

Ning Q S, Gu Q, Shen J P, et al., 2015. Effects of nitrogen deposition rates and frequencies on the abundance of soil nitrogen-related functional genes in temperate grassland of northern China[J]. Journal of Soils and Sediments, 15(3): 694-704.

Novriyanti E, Watanabe M, Makoto K, et al., 2012. Photosynthetic nitrogen and water use efficiency of acacia and eucalypt seedlings as afforestation species[J]. Photosynthetica, 50(2): 273-281.

Ochoa-Hueso R, Bell M D, Manrique E, 2014. Impacts of increased nitrogen deposition and altered precipitation regimes on soil fertility and functioning in semiarid Mediterranean shrublands[J]. Journal of Arid Environments, 104: 106-115.

Ordoñez JC, van Bodegom PM, Witte JPM, et al., 2009. A global study of relationships between leaf traits, climate and soil measures of nutrient fertility[J]. Global Ecology and Biogeography, 18: 137-149.

Orr C H, Leifert C, Cummings S P, et al., 2012. Impacts of organic and conventional crop management on diversity and activity of free-living nitrogen fixing bacteria and total bacteria are subsidiary to temporal effects[J]. Plos One, 7: 483-496.

Osnas J L D, Lichstein J W, Reich P B, et al., 2013. Global leaf trait relationships: mass, area, and the leaf economics spectrum[J].. Science, 340: 741-744.

Pablo C, Fernando L F D Q, Jean P T, et al., 2010. Leaf Traits as Functional Descriptors of the Intensity of Continuous Grazing in Native Grasslands in the South of Brazil[J].

Rangeland Ecology & Management, 63(3): 350-358.

Palmroth S, Holm Bach L, Nordin A, et al., 2014. Nitrogen-addition effects on leaf traits and photosynthetic carbon gain of boreal forest understory shrubs[J]. Oecologia, 175: 457-470.

Pare D, Bernier B, 1989. Phosphorus-fixing potential of Ah and H horizons subjected to acidification[J]. Canadian Journal of Forest Research, 19(1): 132-134.

Paungfoo-Lonhienne C, Yeoh Y K, Kasinadhuni N R, et al., 2015. Nitrogen fertilizer dose alters fungal communities in sugarcane soil and rhizosphere[J]. Scientific Report, 5: 8678.

Peng Q, Qi Y C, Dong Y S, et al., 2014. Decomposing litter and the C and N dynamics as affected by N additions in a semi-arid temperate steppe, Inner Mongolia of China[J]. Journal of Arid Land, 6(4): 432-444.

Penningde Vries F W T, Brunsting A H M, Van LAAR H H, 1974. Products, requirements and efficiency of biosynthesis: A quantitative approach[J]. Journal of Theoretical Biology, 45(2): 339-377.

Pennings S C, Clark C M, Cleland E E, et al., 2005. Do individual plant species show predictable responses to nitrogen addition across multiple experiments?[J].Oikos, 110(3): 547-555.

Peñuelas J, Sardans J, Rivas-ubach A, et al., 2012. The human-induced imbalance between C, N and P in Earth's life system[J]. Global Change Biology, 18: 3-6.

Pfisterer A B, Schmid B, 2002. Diversity dependent production can decrease the stability of ecosystem functioning[J]. Nature, 416: 84-86.

Phoenix G K, Emmett A J, Britton S J, et al., 2012. Impacts of atmospheric nitrogen deposition: responses of multiple plant and soil parameters across contrasting ecosystems in long-term field experiments[J]. Global Change Biology, 18(4): 1197-1215.

Post W M, Kwon K C, 2000. Soil carbon sequestration and land-use change: processes and potential[J]. Global Change Biology, 6(3): 317-327.

Prieto L H, Bertiller M B, Carrera A L, et al., 2011. Soil enzyme and microbial activities in a grazing ecosystem of Patagonian Monte, Argentina[J]. Geoderma, 162(3-4): 281-287.

Prietzel J, Stetter U, Klemmt H J, et al., 2006. Recent carbon and nitrogen accumulation and acidification in soils of two Scots pine ecosystems in Southern Germany[J]. Plant and Soil, 289(1): 153-170.

Prober S M, Leff J W, Bates ST, et al., 2015. Plant diversity predicts beta but not alpha diversity of soil microbes across grasslands worldwide[J]. Ecology Letters, 18: 85-95.

Proulx M, Mazumder A, 1998. Reversal of grazing impact on plant species richness in nutrient-poor vs. nutrient-rich ecosystems[J]. Ecology, 79: 2581-2592.

Qin J, Liu H M, Zhao J N, et al., 2020. The roles of bacteria in soil organic carbon accumulation under nitrogen deposition in *Stipa baicalensis* steppe[J]. Microorganisms, 8(3): 2076-2607.

Rahman M T , Zhu Q H , Zhang Z B , et al., 2017. The roles of organic amendments and microbial community in the improvement of soil structure of a vertisol[J]. Applied Soil Ecology, 111 : 84-93.

Rapson G L, Thompson K, Hodgson J G, 1997. The humped relationship between species richness and biomass-testing its sensitivity to sample quadrat size[J]. Ecology, 85: 99-100.

Ray D, Sheshshayee M S, Mukhopadyooy K, et al., 2003. High nitrogen use efficiency in rice genotypes is associated with higher net photosynthetic rate at lower Rubisco content[J]. Biologia Plantarum, 46(2): 251-256.

Read Q D, Moorhead L C, Swenson N G, et al., 2014. Convergent effects of elevation on functional leaf traits within and among species[J]. Functional Ecology, 28(1): 37-45.

Reardon C L, Gollany H T, Wuest S B, 2014. Diazotroph community structure and abundance in wheat-fallow and wheat-pea crop rotations[J]. Soil Biology & Biochemistry, 69: 406-412.

Recous S, Aita C, Mary B, 1999. In situ changes in gross N transformations in bare soil after addition of straw[J]. Soil Biology & Biochemistry, 31: 119-133.

Ren J Z, Hu Z Z, Zhao J, et al., 2008. A grassland classification system and its application in China[J]. Rangeland Journal, 30(2): 119-209.

Rösch C, Mergel A, Bothe H, 2002. Biodiversity of denitrifying and dinitrogen-fixing bacteria in an acid forest soil[J]. Applied & Environmental Microbiology, 68(8): 3818-3829.

Rotthauwe J H, Witzel K P, Liesack W, 1997. The ammonia monooxygenase structural gene *amoA* as a functional marker: molecular fine-scale analysis of natural ammonia-oxidizing populations[J]. Applied and Environmental Microbiology, 63(12): 4704-4712.

Saarsalmi A, Smolander A, KukkolaM, et al., 2012. 30-year effects of wood ash and nitrogen fertilization on soil chemical properties, soil microbial processes and stand growth in a Scots pine stand[J]. Forest Ecology and Management, 278: 63-70.

Sankarn M, Mcnaughton S J, 1999. Determinants of biodiversity regulate compositional stability of communities[J]. Nature, 401: 691-693.

Schimel J P, Bennett J, 2004. Nitrogen mineralization: challenges of a changing paradigm[J]. Ecology, 85(3): 591-602.

Scott D, Daniel M, Paul H, et al., 2014. Soil aggregates and associated organic matter under conventional tillage, no-tillage, and forest succession after three decades[J]. Plos One, 9(1): 1-12.

Shang Q Y, Yang X X, Gao C M, et al., 2011. Net annual warming potential and greenhouse gas intensity in Chinese double rice-cropping systems: A 3-years filed measurement in long-term fertilizer experiments[J]. Global Change Biology, 17(6): 2196-2210.

Shen X Y, Zhang L M, Shen J P, et al., 2011. Nitrogen loading levels affect abundance and composition of soil ammonia oxidizing prokaryotes in semiarid temperate grassland[J]. Journal of Soils and Sediments, 11(7): 1243-1252.

Shi Y, Sheng L X, Wang Z Q, et al., 2016. Responses of soil enzyme activity and microbial community compositions to nitrogen addition in bulk and microaggregate soil in the temperate steppe of Inner Mongolia[J]. Eurasian Soil Science, 49: 1149-1160.

Singh B K, Bardgett R D, Smith P, et al., 2010. Microorganisms and climate change: terrestrial feedbacks and mitigation options[J]. Nature Reviews Microbiology, 8(11): 779-790.

Sinsabaugh R L, 2010. Phenol oxidase, peroxidase and organic matter dynamics of soil[J]. Soil Biology and Biochemistry, 24: 391-401.

Sinsabaugh R L, Zak D R, Gallo M, et al., 2004. Nitrogen deposition and dissolved organic carbon production in northern temperate forests[J]. Soil Biology and Biochemistry, 36(9): 1509-1515.

Sitaula B K, Hansen S, Sitaula J I B, et al., 2000. Methane oxidation potentials and fluxes in agricultural soil: Effects of fertilisation and soil compaction[J]. Biogeochemistry, 48: 323-39.

Silveira M L, Liu K S, Gundersen P, et al., 2003. The impact of nitrogen deposition on carbon-and nitrogen-limitation[J]. Ecology Letters, 6: 594-598.

Six J, Bossuyt H, Degryze D, et al., 2004. A history of research on the link between

(micro) aggregates, soil biota, and soil organic matter dynamics[J]. Soil and Tillage Research, 79(1): 7-31.

Smolander A, Kurka A, Kitunen V, et al., 1994. Microbial biomass C and N, and respiratory activity in soil of repeatedly limed and N-and P-fertilized Norway spruce stands[J]. Soil Biology & Biochemistry, 26(8): 957-962.

Song C C, Wang L L, Tian H Q, et al., 2013. Effect of continued nitrogen enrichment on greenhouse gas emissions from a wetland ecosystem in the Sanjiang Plain, Northeast China: A 5 year nitrogen addition experiment[J]. Journal of Geophysical Research Biogeosciences, 118(2): 741-751.

Song M H, Jiang J, Xu X L, et al., 2011. correlation between CO_2 efflux and net nitrogen mineralization and its response to external C or N supply in an alpine meadow soil[J]. Pedosphere, 21: 666-675.

Sterinkamp R, Butterbach B K, Papwn H, 2001. Methane oxidation by soils of an N limited and N fertilized spruce forest in the Black Forest, Germany[J]. Soil Biology and Biochemistry, 33(2): 145-153.

Stevens C J, Dise N B, Mountford J O, et al., 2004. Impact of nitrogen deposition on the species richness of grasslands[J]. Science, 303(5665): 1876-1879.

Stevens C J, Dupre C, Dorland, et al., 2011. The impact of nitrogen deposition on acid grasslands in the Atlantic region of Europe[J]. Environmental Pollution, 159(10): 2243-2250.

Sun L, Xun W B, Huang T, et al., 2016. Alteration of the soil bacterial community during parent material maturation driven by different fertilization treatments[J]. Soil Biology & Biochemistry, 96: 207-215.

Tago K, Okubo T, Shimomura Y, et al., 2015. Environmental factors shaping the community structure of ammonia-oxidizing bacteria and archaea in sugarcane field soil[J]. Microbes and environments, 30(1): 21-28.

Tate K R, Ross D J, Sonc N A, et al., 2006. Postharvest patterns of carbon dioxide production, methane uptake and nitrous oxide production in a Pinus radiata D. Don plantation[J]. Forest Ecology and Management, 228(1): 40-50.

Taylor D L, Hollingsworth T N, McFarland J W, et al., 2014. A first comprehensive census of fungi in soil reveals both hyperdiversity and fine-scale niche partitioning[J]. Ecological Monographs, 84(1): 3-20.

Thomsen M S, Garcia C, Bolam S G, et al., 2017. Consequences of biodiversity loss diverge from expectation due to post-extinction compensatory responses[J]. Scientific

Reports, 7: 43695.

Tian H, Chen G, Zhang C, et al., 2010. Pattern and variation of C : N : P ratios in China's soils: a synthesis of observational data[J]. Biogeochemistry, 98(1-3): 139-151.

Tian Q Y, Liu N N, Bai W M, et al., 2016. A novel soil manganese mechanism drives plant species loss with increased nitrogen deposition in a temperate steppe[J]. Ecology, 97(1): 65-74.

Tilman D, 1997. Distinguishing between the effects of species diversity and species composition[J]. Oikos, 80: 185.

Tilman D, 1999. Diversity by default[J]. Science, 283: 495-496.

Tilman D, 2000. Causes, consequences and ethics of biodiversity[J]. Nature, 405: 208-211.

Tilman D D, Wedin J, 1996. Productivity and sustainability influenced by biodiversity in grassland ecosystems[J]. Nature, 379: 718-720.

Tittensor D P, Walpole M, Hill S L L, et al., 2014. A mid-term analysis of progress toward international biodiversity targets[J]. Science, 346(6206): 241-244.

Throop H L, 2005. Nitrogen deposition and herbivory affect biomass production and allocation in an annual plant[J]. Oikos, 111(1): 91-100.

Tjoelker M G, Craine J M, Wedin D, et al., 2005. Linking leaf and root trait syndromes among 39 grassland and savannah species[J]. New Phytologist, 167(2): 493-508.

Treseder K K, 2008. Nitrogen additions and microbial biomass: a meta-analysis of ecosystem studies[J]. Ecology Letters, 11(10): 1111-1120.

Treseder K K, Vitousek P M, 2001. Effects of soil nutrient availability on investment in acquisition of N and P in Hawaiian rain forests[J]. Ecology, 82(4): 946-954.

Tsialtas J T, Pritsa T S, Veresoglou D S, 2004. Leaf physiological traits and their importance for species success in a Mediterranean grassland[J]. Photosynthetica, 42(3): 371-376.

Turner B L, Meyer W B, Skole D L, 1994. Global Land-Use/Land-Cover Change: Towards an Integrated Study[J]. Ambio, 23(1): 91-95.

Turner B L, Wright S J, 2014. The response of microbial biomass and hydrolytic enzymes to a decade of nitrogen, phosphorus, and potassium addition in a lowland tropical rain forest[J]. Biogeochemistry, 117(1): 115-130.

Verena B, Seraina B, Matthias V, et al., 2012. Nitrogen deposition effects on subalpine grassland: The role of nutrient limitations and changes in mycorrhizal abundance[J].

Acta Oecologica, 45: 57-65.

Vitousek P M, Hattenschwiler S, Olander L, et al., 2002. Nitrogen and nature[J]. Ambio, 31(2): 97-101.

Vitousek P M, Porder S, Houlton B Z, et al., 2010. Terrestrial phosphorus limitation: Mechanisms, implications, and nitrogen-phosphorus interactions[J]. Ecological Application, 20(1): 5-15.

Waide R B, Willig M R, Steiner C F, et al., 1999. The relationship between productivity and species richness[J]. Annual Review of Ecology and systematics, 30: 257-300.

Wallenstein M D, Mcnulty S, Fernandez I J, et al., 2006. Nitrogen fertilization decreases forest soil fungal and bacterial biomass in three long-term experiments[J]. Forest Ecology and Management, 222(1): 459-468.

Wan H W, Yang Y, Bai S Q, et al., 2008. Variations in leaf functional traits of six species along a nitrogen addition gradient in Leymus Chinensis steppe in Inner Mongolia[J]. Journal of Plant Ecology, 32(3): 611-621.

Wang C, Liu D W, Bai E, 2018. Decreasing soil microbial diversity is associated with decreasing microbial biomass under nitrogen addition[J]. Soil Biology and Biochemistry, 120: 126-133.

Wang C H, Zhu F, Zhao X, et al., 2014. The effects of N and P additions on microbial N transformations and biomass on saline-alkaline grassland of loess plateau of northern china[J]. Geoderma, 213(1): 419-425.

Wang C T, Cao G M, Wang Q L, et al., 2008. Changes in plant biomass and species composition of *alpine Kobresia* meadows along altitudinal gradient on the Qinghai-Tibetan Plateau[J]. Science in China Series C: Life Sciences, 51(1): 86-94.

Wang C T, Long R J, Wang Q L, et al., 2010. Fertilization and litter effects on the functional group biomass, species diversity of plants, microbial biomass, and enzyme activity of two alpine meadow communities[J]. Plant and Soil, 331(1-2): 377-389.

Wang C Y, Han G M, Jia Y, et al., 2011. Response of litter decomposition and related soil enzyme activities to different forms of nitrogen fertilization in a subtropical forest[J]. Ecological Research, 26(3): 505-513.

Wang H, Liu S R, Zhang X, et al., 2018. Nitrogen addition reduces soil bacterial richness, while phosphorus addition alters community composition in an old-growth N-rich tropical forest in southern China[J]. Soil Biology & Biochemistry, 127: 22-30.

Wang J, Bao J T, Su J Q, et al., 2015. Impact of inorganic nitrogen additions on microbes in biological soil crusts[J]. Soil Biology & Biochemistry, 88: 303-313.

Wang J C, Zhang D, Zhang L, et al., 2016. Temporal variation of diazotrophic community abundance and structure in surface and subsoil under four fertilization regimes during a wheat growing season[J]. Agriculture Ecosystems and Environment, 216: 116-124.

Wang J C, Zhang L, Lu Q, et al., 2014. Ammonia oxidizer abundance in paddy soil profile with different fertilizer regimes[J]. Applied soil ecology, 84: 38-44.

Wang J T, Zheng Y M, Hu H W, et al., 2015. Soil pH determines the alpha diversity but not beta diversity of soil fungal community along altitude in a typical Tibetan forest ecosystem[J]. Journal Soils and Sediments, 15(5): 1224-1232.

Wang Q K, Wang S L, Liu Y X, 2008. Responses to N and P fertilization in a young Eucalyptus dunnii plantation: Microbial properties, enzyme activities and dissolved organic matter[J]. Applied Soil Ecology, 40(3): 484-490.

Wang Y, Ruan H, Huang L, et al., 2010. Soil labile organic carbon with different land uses in reclaimed land area from Taihu Lake[J]. Soil Science, 175(12): 624-630.

Wang Z P, Ineson P, 2003. Methane oxidation in a temperate coniferous forest soil: effects of inorganic N[J]. Soil Biology and Biochemistry, 35: 427-433.

Williams K, Percival F, Merino J, et al., 1987. Estimation of tissue construction cost from heat of combustion and organic nitrogen content[J]. Plant, Cell & Environment, 10(9): 725-734.

Wardle D A, Gundale M J, Jaderlund A, et al., 2013. Decoupled long-term effects of nutrient enrichment on aboveground and belowground properties in subalpine tundra[J]. Ecology, 94: 904-919.

Warren C R, Dreyer E, Adams M A, 2003. Photosynthesis-Rubisco relationships in foliage of Pinus sylvestris in response to nitrogen supply and the proposed role of Rubisco and amino acids as nitrogen stores[J]. Trees, 17(4): 359-366.

Weintraub M N, Schimel J P, Interactions between carbon and nitrogen mineralization and soil organic matter chemistry in arctic tundra soils[J]. Ecosystems, 2003, 6(2): 129-143.

Wendel S, Moore T, Bubier J, et al., 2011. Experimental nitrogen, phosphorus, and potassium deposition decreases summer soil temperatures, water contents, and soil CO_2 concentrations in a northern bog[J]. Biogeosciences, 8(3): 585-595.

Whalen S C, Reeburgh W S, 2000. Effect of nitrogen fertilization on atmospheric methane oxidation in boreal forest soils[J]. Chemosphere-Global Change Science, 2(2): 151-155.

Wright A L, Reddy K R, 2001. Phosphorus loading effects on extracellular enzyme activity in Everglades Wetland soils[J]. Soil Science Society of America Journal, 65(2): 588-595.

Wright I J, Reich P B, Westoby M, 2001. Strategy shifts in leaf physiology, structure and nutrient content between species of high-and low-rainfall and high-and low-nutrient habitats[J]. British Ecological Society, 15(4): 423-434.

Wright I J, Reich P B, Westoby M, et al., 2004. The worldwide leaf economics spectrum[J]. Nature, 428(6895): 821-827.

Xie Z, Roux X L, Wang C P, et al., 2014. Identifying response groups of soil nitrifiers and denitrifiers to grazing and associated soil environmental drivers in Tibetan alpine meadows[J]. Soil Biology & Biochemistry, 77(7): 89-99.

Xing G X, Yan X Y, 1999. Direct nitrous oxide emissions from agricultural fields in China estimated by the revised 1996 IPPC guidelines for national greenhouse gases[J]. Environmental Science and Policy, 2(3): 355-361.

Yang C, Liu N, Zhang Y J, 2019. Soil aggregates regulate the impact of soil bacterial and fungal communities on soil respiration[J]. Geoderma, 337: 444-452.

Yang F, Wu J W, Zhang D D, et al., 2018. Soil bacterial community composition and diversity in relation to edaphic properties and plant traits in grasslands of southern China[J]. Applied Soil Ecology, 128: 43-53.

Yang H, Wu M, Liu W X, et al., 2011. Community structure and composition in response to climate change in a temperate steppe[J]. Global Change Biology, 17(1): 452-465.

Yang K, Zhu J J, Gu J C, et al., 2015. Changes in soil phosphorus fractions after 9 years of continuous nitrogen addition in a *Larix gmelinii* plantation[J]. Annals of Forest Science, 72: 435-442.

Yang X H, Zou Q, Zhao S J, 2005. Photosynthetic characteristics and chlorophyll fluorescence in leaves of cotton plants grown in full light and 40% sunlight[J]. Journal of Plant Ecology, 29(1): 8-15.

Yang Y D, Wang P X, Zeng Z H, 2019. Dynamics of Bacterial Communities in a 30-year fertilized paddy field under different organic-inorganic fertilization strategies[J]. Agronomy, 9(1): 14.

Yang Z L, Ruijven J V, Du G Z, 2011. The effects of long-term fertilization on the temporal stability of alpine meadow communities[J]. Plant and Soil, 345: 315-324.

Yao H, Campbell C D, Chapman S J, et al., 2013. Multi-factorial drivers of ammonia oxidizer communities: evidence from a national soil survey[J]. Environmental Microbiology, 15(9): 2545-2556.

Yao M, Rui J, Li J, et al., 2014. Rate-specific responses of prokaryotic diversity and structure to nitrogen deposition in the leymus chinensis steppe[J]. Soil Biology & Biochemisty, 79: 81-90.

Yao X D, Zhang N L, Zeng H, et al., 2018. Effects of soil depth and plant-soil interaction onmicrobial community in temperate grasslands of northern China[J]. Science of the Total Environment, 630: 96-102.

Ye Z P, 2007. A new model for relationship between light intensity and the rate of photosynthesis in *Oryza sativa*[J]. Photosynthetica, 45(4): 637-640.

Yin C, Fan F L, Song A L, et al., 2014. Different denitrification potential of aquic brown soil in Northeast China under inorganic and organic fertilization accompanied by distinct changes of *nirS*-and *nirK*-denitrifying bacterial community[J]. European Journal of Soil Biology, 65: 47-56.

Yoshida M, Ishii S, Otsuka S, et al., 2010. *nirK*-harboring denitrifiers are more responsive to denitrification-inducing conditions in rice paddy soil than *nirS*-harboring bacteria[J]. Microbes and Environments, 25(1): 45-48.

Yu Q, Wu H H, He N P, et al., 2012. Testing the growth-rate hypothesis in vascular plants with above-and below-ground biomass[J]. Plos One, 7(3): e32162.

Zechmeister-Boltenstern S, Michel K, Pfeffer M, 2011. Soil microbial community structure in European forests in relation to forest type and atmospheric nitrogen deposition[J]. Plant & Soil, 343(1-2): 37-50.

Zeglin L H, Stursova M, Sinsabaugh R L, et al., 2007. Microbial responses to nitrogen addition in three contrasting grassland ecosystems[J]. Oecologia, 154(2): 349-359.

Zeng D H, Li L J, Timothy J F, et al., 2010. Effects of nitrogen addition on Vegetation and ecosystem carbon in a semi-arid grass-land[J]. Biogeochemistry, 98: 185-193.

Zeng J, Liu X J, Song L, et al., 2016. Nitrogen fertilization directly affects soil bacterial diversity and indirectly affects bacterial community composition[J]. Soil Biology and Biochemistry, 92: 41-49.

Zha T S, Wang K Y, Ryyppo A, et al., 2002. Needle dark respiration in relation to within-crown position in Scots pine trees grown in long-term elevation of CO_2 concentration and temperature[J]. New Phytologist, 156(1): 33-41.

Zhang J Y, Ai Z M, Liang C T, 2017. Response of soil microbial communities and nitrogen thresholds of Bothriochloa ischaemum to short-term nitrogen addition on the Loess Plateau[J]. Geoderma, 308: 112-119.

Zhang L M, Offre P R, He J Z, et al., 2010. Autotrophic ammonia oxidation by soil thaumarchaea[J]. Proceedings of the National Academy of Sciences of the United States of America, 107(40): 17240-17245.

Zhang L X, Bai Y F, Han X Q, 2004. Differential Responses of N: P Stoichiometry of *Leymus chinensis* and *Carex korshinskyi* to N Additions in a Steppe Ecosystem in Nei Mongol[J]. Acta Botanica Sinica, 46(3): 259-270.

Zhang N, Wan S, Li L, et al., Impacts of urea N addition on soil microbial community in a semi-arid temperate steppe in northern China[J]. Plant and Soil, 2008, 311(1): 19-28.

Zhang X M, Han X G, 2012. Nitrogen deposition alters soil chemical properties and bacterial communities in the Inner Mongolia Grassland[J]. Journal of Environmental Science, 24(8): 1483-1491.

Zhang X M, Liu W, Schloter M, et al., 2013. Response of the abundance of key soil microbial nitrogen-cycling genes to multi-factorial global changes[J]. Plos One, 8(10): e76500.

Zhang X M, Liu W, Zhang G M, et al., 2015. Mechanisms of soil acidification reducing bacterial diversity[J]. Soil Biology and Biochemistry, 81: 275-281.

Zhang Y H, Han X, He N P, et al., 2014. Increase in ammonia volatilization from soil in response to N deposition in Inner Mongolia grasslands[J]. Atmospheric Environment, 84: 156-162.

Zhao H, Sun J, Xu X L, 2017. Stoichiometry of soil microbial biomass carbon and microbial biomass nitrogen in China's temperate and alpine grasslands[J]. European Journal of Soil Biology, 83: 1-8.

Zhou J, Guan D W, Zhou B K, et al., 2015. Influence of 34-years of fertilization on bacterial communities in an intensively cultivated black soil in northeast China[J]. Soil Biology and Biochemistry, 90: 42-51.

Zhou J, Jiang X, Zhou B K, et al., 2016. Thirty four years of nitrogen fertilization decreases fungal diversity and alters fungal community composition in black soil in northeast China[J]. Soil Biology & Biochemistry, 95: 135-143.

Zhong X L, Li J T, Li X J, et al., 2017. Physical protection by soil aggregates stabilizes soil organic carbon under simulated N deposition in a subtropical forest of China[J]. Geoderma, 285: 323-332.

Zhou Z H, Wang C K, Zheng M H, et al., 2017. Patterns and mechanisms of responses by soil microbial communities to nitrogen addition[J]. Soil Biology & Biochemistry, 115: 433-441.

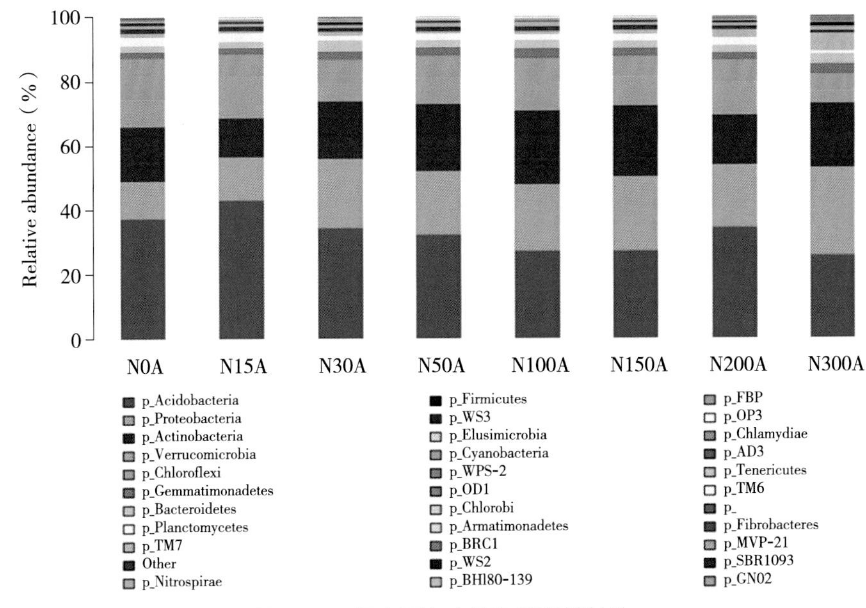

图 7.22　门水平上土壤细菌菌群结构

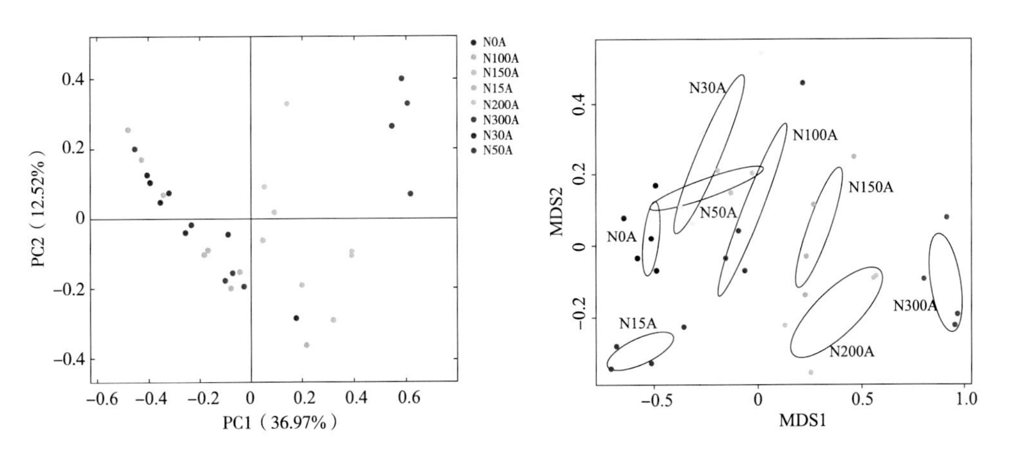

图 7.24　不同氮处理之间有显著差异的细菌 OTUs 丰度的 PCA 图

图 7.25　基于差异细菌 OTUs 丰度的 NMDS 分析

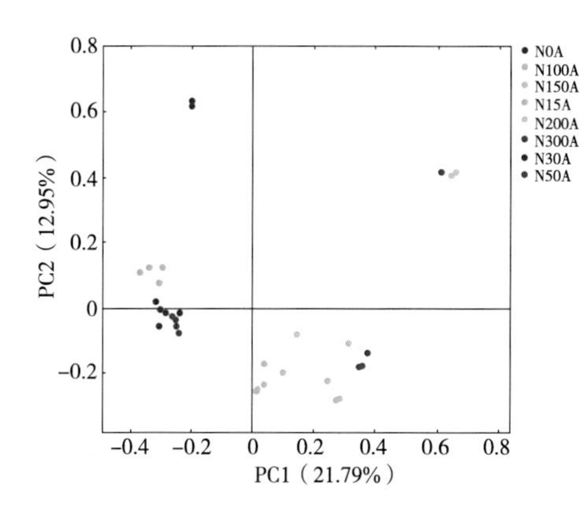

图 7.31　不同氮添加处理之间 0～10 cm 土层有显著差异的真菌 OTUs 丰度的 PCA 图

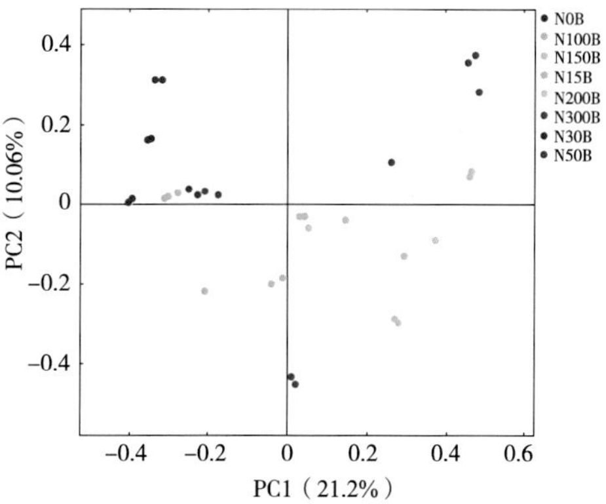

图 7.32　不同氮添加处理之间 10～20 cm 土层有显著差异的真菌 OTUs 丰度的 PCA 图

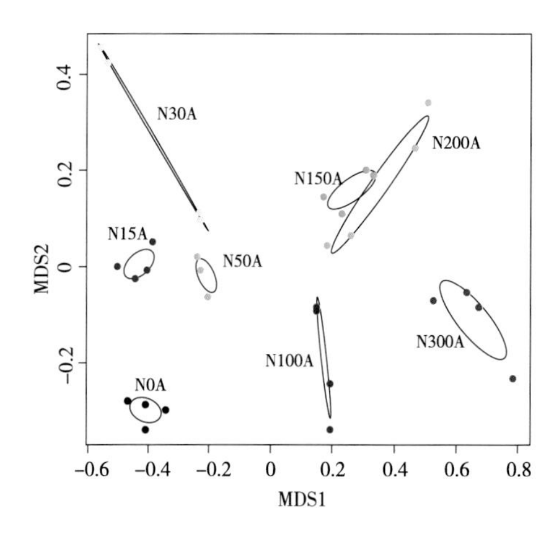

图 7.33　基于差异 OTUs 丰度的 0～10 cm 土层 NMDS 分析

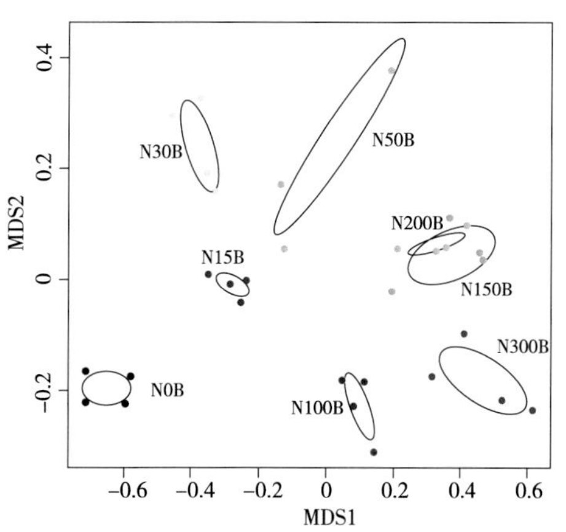

图 7.34　基于差异 OTUs 丰度的 10～20 cm NMDS 分析